图解电焊工现场操作实用技巧

王影建　主　编
张建景　副主编

科学出版社
北　京

内 容 简 介

本书分为上下两篇内容——基础知识和操作技巧。基础知识篇包括焊接工艺基础知识、焊条电弧焊、钨极氩弧焊和CO_2气体保护焊的基本知识以及焊后检验、安全与劳动保护知识；操作技巧篇包括焊条电弧焊、钨极氩弧焊、CO_2气体保护焊、氩电联焊、不锈钢/铝材/灰铸铁焊接以及异种钢焊接的操作要点内容。

本书理论联系实际，语言通俗易懂，配有大量现场操作图片，以方便读者学习。

本书可供广大焊接工作者，尤其是青年焊工或农民焊工阅读，也可供工科院校相关专业师生、企业技术人员参考。

图书在版编目（CIP）数据

图解电焊工现场操作实用技巧/王影建主编. —北京：科学出版社，2016

ISBN 978-7-03-049121-3

Ⅰ. 图…　Ⅱ. 王…　Ⅲ. 电焊-图解　Ⅳ. TG443-64

中国版本图书馆CIP数据核字（2016）第144185号

责任编辑：张莉莉　杨　凯 / 责任制作：魏　谨

责任印制：张　倩 / 封面设计：杨安安

北京东方科龙图文有限公司 制作

http://www.okbook.com.cn

科学出版社 出版

北京东黄城根北街16号

邮政编码：100717

http://www.sciencep.com

北京凌奇印刷有限责任公司 印刷

科学出版社发行　各地新华书店经销

*

2016年7月第　一　版　　开本：890×1240　1/32

2016年7月第一次印刷　　印张：8

印数：1—3 500　　字数：230 000

POD定价：　39.80元

（如有印装质量问题，我社负责调换）

序　言

焊接技术作为一种先进的制造技术，是机械制造产业的关键技术之一。随着我国现代化高端制造业的进一步发展，焊接技术在国民经济建设和社会发展中发挥着无可替代的重要作用，它不仅是一个国家工业化发达程度的标志，也是我国由“中国制造”转向“中国创造”的强大支撑，更关系到将我国打造成世界性的制造业强国的“中国梦”。北京科技高级技术学校作为担负为国家培养专业技术人才的职业院校，在多年焊接技术的教育教学和培训中积累了丰富的经验。

《图解电焊工现场操作实用技巧》一书是由我校焊接专业带头人、行业专家王影建老师结合企业生产实际，采用图文并茂的方式，就如何能够熟练地综合运用焊接基本操作技能、全面掌握焊接操作技术，并具有一定的工艺分析能力和解决生产实际问题能力等焊接技术综合知识进行梳理，与焊接同仁协作共同编撰而成。

该书细致地阐述和分析实际生产中的200多个焊接技术关键知识点，主要内容包括焊接基础知识、焊接材料、各种常用的电焊方法和焊接设备、焊接工艺及操作技术、焊接缺陷和质量检查、常用金属材料的焊接方法、焊接应力与变形和焊接安全技术等。

该书化繁为简，直击操作技能关键和培养方法。读者既可以通过系统的学习，循序渐进地提高焊接操作技能，也可以通过目录，直接找到需要的内容进行查阅。该书适合初、中、高级焊工学习阅读，也可供职业院校相关专业的师生参考。

北京科技高级技术学校校长　张殿勇

前　言

现代社会中几乎所有金属加工的产品,小到不足一克的微电子元件,大到几十万吨巨轮，在生产中都不同程度地依赖焊接技术。焊接已渗透到现代制造业的各个领域，对产品的质量、可靠性、寿命，以及生产的成本、效率产生直接影响。据统计，我国目前每年需要焊接加工之后使用的钢材就占钢总产量的 40% 左右，这些钢材主要应用于机械、船舶、汽车、航空航天、电力、化工、冶金、电子技术、建筑及家用电器等行业。

随着科学技术不断发展，许多新材料、新工艺不断涌现，对焊工的要求也日益提高。在焊接实际工作中，焊工如果仅靠操作手艺，而缺乏理论知识的指导要达到要求越来越高的焊接质量要求是很困难的。为了使焊接技术的初学者，尤其是青年焊工能够快速成长，或使具有一定焊接技术水平的师傅能再上一个台阶，编者根据自己从事电力行业 20 年的施工经验，结合在焊接培训机构和学校担任教师数年积累的经验，邀请同行共同编写本书。

本书的特点如下：

（1）采用图文并茂的形式，语言通俗易懂，使读者能一看就懂，一学就会。

（2）着重讲解焊接操作中的重点、难点问题，力求使复杂问题简单化，以方便读者学习和理解。

（3）对焊接理论知识进行梳理，精心选取一些焊工必备的理论知识，力求使枯燥的理论知识简明化。

（4）基础知识及实际操作内容立意新。本书收集、整理了最新的一些焊接理论、实际操作方面的知识，以适应当前社会的发展需求。

由于编者水平有限，本书在编写中难免有不妥与疏漏之处，恳请各位读者予以批评指正。

目 录

上篇 基础知识

第 1 章 焊接工艺基础知识

第 2 章　焊条电弧焊的基本知识

第 3 章　钨极氩弧焊的基本知识

第 4 章　CO_2 气体保护焊的基本知识

第 5 章 焊后检验

第2章 钨极氩弧焊

第 3 章 CO_2 气体保护电弧焊

第 4 章 氩电联焊操作

第 5 章 不锈钢 / 铝材 / 灰铸铁焊接

第 6 章 异种钢焊接

上 篇

基础知识

第 1 章　焊接工艺基础知识

1.1　定位焊的一般要求

定位焊时，除焊接材料，焊接工艺、焊工和预热温度应与正式焊接相同外，还应满足以下条件：

（1）在对口部位点焊时，定位焊完成后应检查各个焊点的质量，如有缺陷（缩孔、裂纹、未熔合等）应立即清除，重新进行定位焊接。

（2）厚壁大径管若采用添加物方法定位焊（图 1.1），添加物（固定母材，防止变形或间隙减小）必须采用同种材料，当焊到添加物附近，去除临时添加物时，不应损伤母材，并将点焊时产生的疤痕清除干净，打磨平整（图 1.2）。

图 1.1　采用添加物方法定位焊

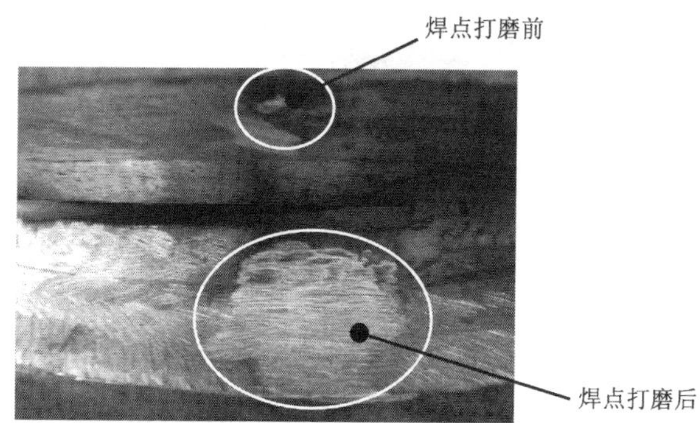

图 1.2　清除疤痕，打磨平整

1.2　厚壁大径管焊接的一般要求

焊接厚壁大径管应采用多层多道焊的焊接方法。当壁厚大于 35mm 时，还应符合下列规定：

（1）氩弧焊打底的焊层厚度不小于 3mm。

（2）对于铬含量大于等于 5%或合金总含量不小于 10%的耐热钢焊缝，其单层焊道厚度不能超过焊条直径，焊道宽度不能超过焊条直径的 4 倍。

（3）其他材料单层焊道的厚度不大于所用焊条直径加 2mm，单焊道宽度不大于所用焊条直径 ϕ 的 5 倍。厚壁大径管多道排列要求见图 1.3。

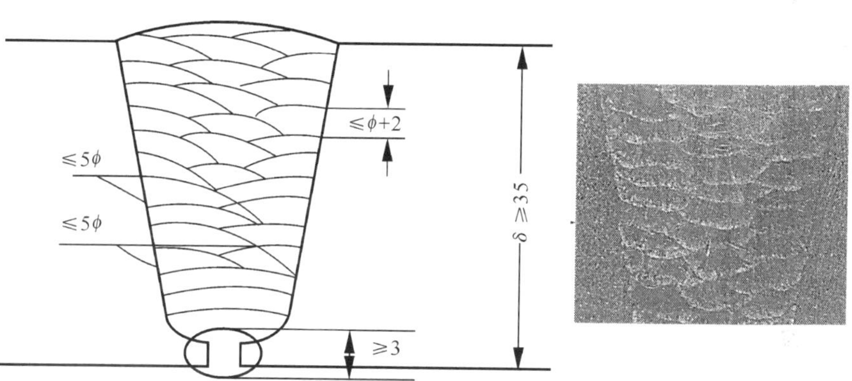

图 1.3　厚壁大径管多道排列要求

1.3 焊口（俗称焊缝）布置的位置

布置焊口位置时要注意以下要点：

（1）焊口的位置应避开应力集中区，且便于施焊及焊后热处理。

（2）锅炉受热面管子焊接，焊口中心线距离管子弯曲起点或联箱外壁以及支架边缘至少 70mm，同一管子两个对接焊口焊接间距不得少于 150mm，见图 1.4。

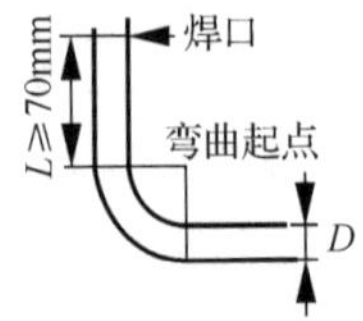

焊口中心线距离管子弯曲起点至少70mm

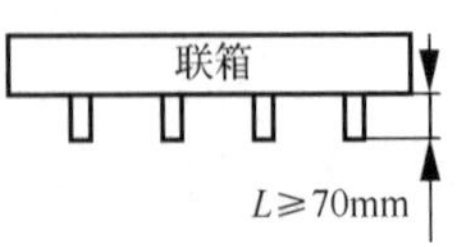

焊口中心线距离联箱外壁至少70mm

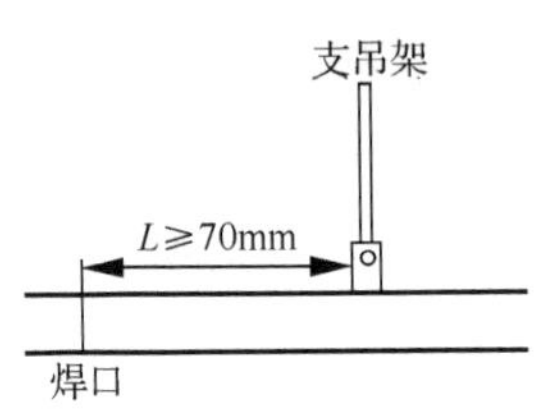

焊口中心线距离支架边缘至少70mm

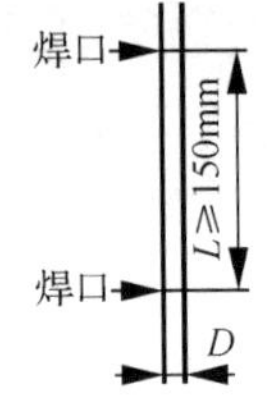

同一管子两个对接焊口焊接间距至少150mm

图 1.4 焊口布置要求 1

（3）管道（非受热面，管径＞60mm 的单管）对接焊口，其中心线距离管道弯曲起点不小于管道外径，且不小于 100mm（定型管件除外），距支吊架边缘不少于 50mm。同一管道两个对接焊接间距一般不得少于 150mm，当管道公称直径大于 500mm 时，同一管道两个对接焊接间距不得少于 500mm，见图 1.5。

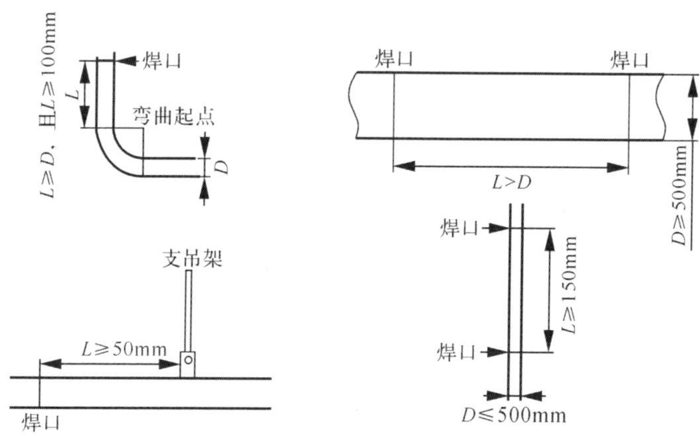

图 1.5　焊口布置要求 2

（4）管接头和仪表插座一般不可设置在焊缝或热影响区内，见图 1.6。

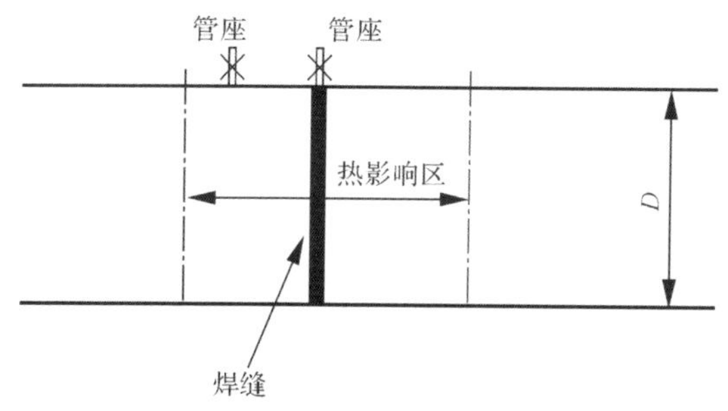

图 1.6　焊口布置要求 3

（5）容器筒体的对接焊口，其中心线距离封头弯曲起点应不少于容器壁厚加 150mm。两相邻焊缝距离应大于容器壁厚的 3 倍，且不小于 100mm，见图 1.7。

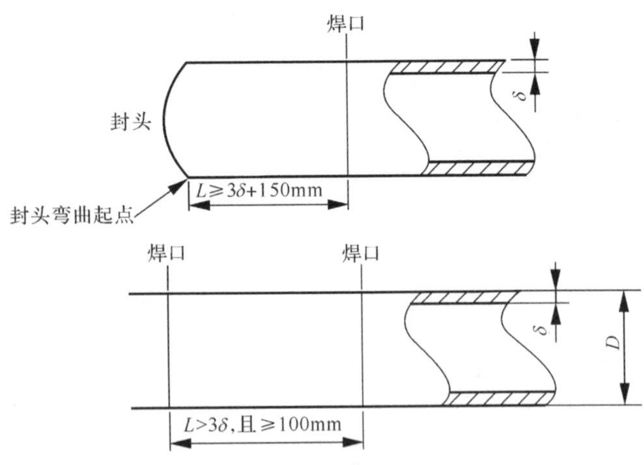

图 1.7　焊口布置要求 4

（6）管孔应尽量避免开在焊缝上，并避免管孔接管焊缝与相邻焊缝的热影响区重合，如必须在焊缝上或其附近开孔时，应满足以下条件：

① 管孔两侧大于孔径且不小于 60mm 范围内的焊缝，应按规定，经无损检验合格。

② 孔边不在焊缝缺陷上。

③ 管接头需经焊后消除应力热处理。

搭接焊缝的搭接尺寸应不小于 5 倍母材厚度，且不小于 300mm，见图 1.8。

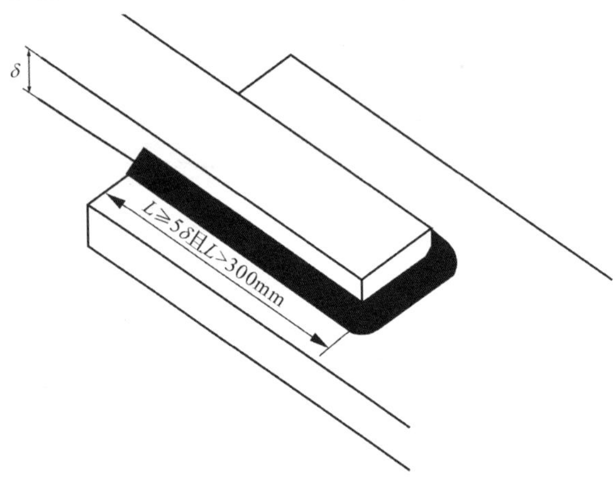

图 1.8　焊口布置要求 5

（8）焊接的局部间隙过大时，应设法修正到规定尺寸，严禁在间隙内加填塞物。

（9）焊件组装对口时将待焊件垫置牢固，防止在焊接和热处理过程中产生变形和附加应力。

（10）除设计规定的冷拉焊口外，其余焊接应禁止强力对口，更不允许利用热膨胀法对接，以防引起附加应力。

1.4 焊件组对时对内壁错口值的要求

为保证焊缝根部质量，焊件组对时一般应做到内壁齐平，如有错口，其错口值应符合下列要求（图1.9）。

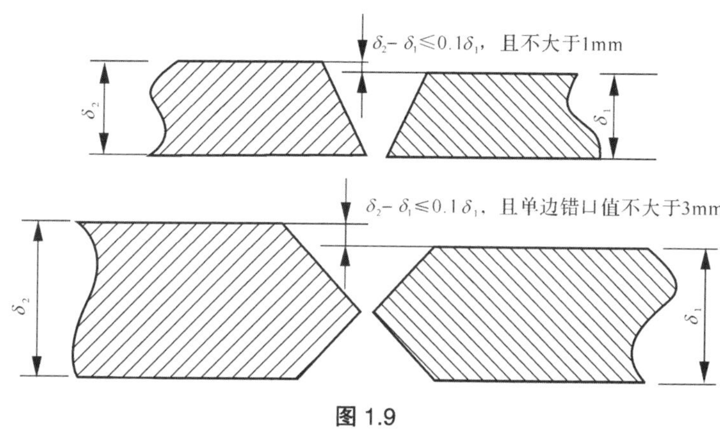

图1.9

对接接头单面焊的局部错口值不得超过壁厚的10%，且不大于1mm。

对接接头双面焊的局部错口值不得超过壁厚的10%，且不大于3mm。

1.5 不同厚度焊件对接时处理其厚度差的方法

焊件组对时不同厚度有三种情况：内壁不相等而外壁相齐平；外壁不相等而内壁齐平；内外壁均不相等。按坡口制备和焊件组对时的基本规定，为减少焊接应力和变形，要求必须按图1.10所示的图形和尺寸加工成符合要求的形状。

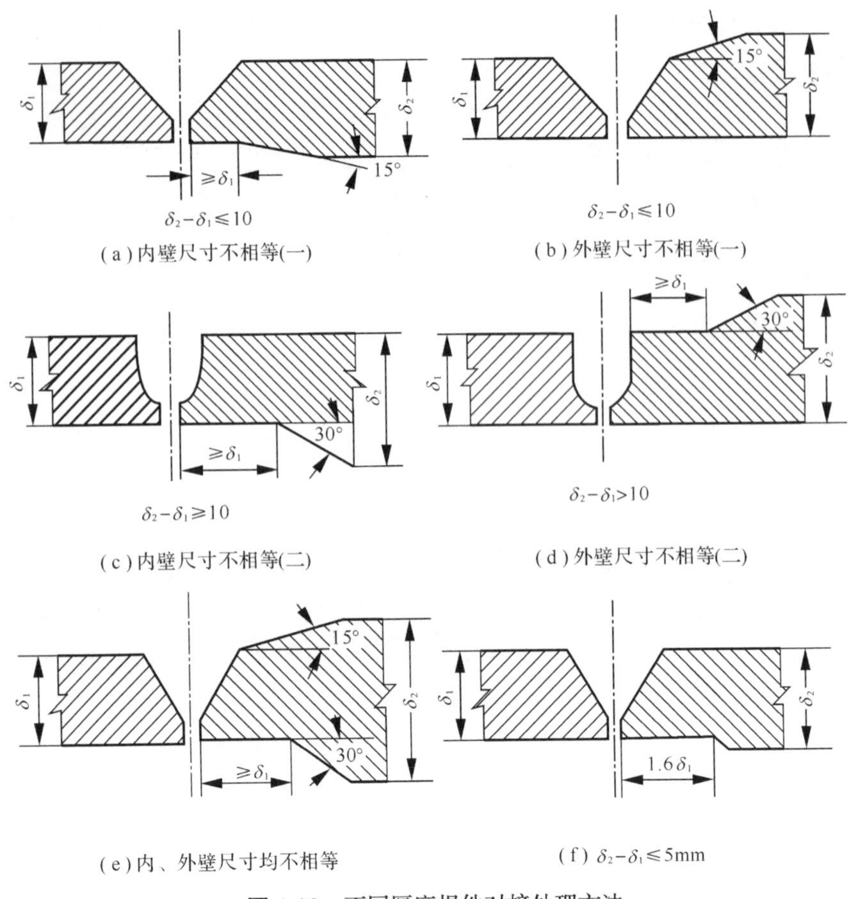

图 1.10 不同厚度焊件对接处理方法

1.6 焊件表面严禁引燃电弧，试验电流或随意焊接临时支撑物件

在焊件上随意引弧，试验电流或随意焊接临时支撑物，会在损伤处产生淬硬区（图 1.11），尤其是合金含量较高的耐热钢或高强钢，将因局部受热快速冷却，在急剧的淬硬过程中形成裂纹或整个部件的断裂源，甚至有的会使局部金属组织恶化，造成应力集中而降低使用寿命。同时电弧损伤处形状不规则还会引起应力集中，容易产生微小裂纹。这对焊接结构和容

器的使用安全均会造成危害，甚至埋下事故的隐患。

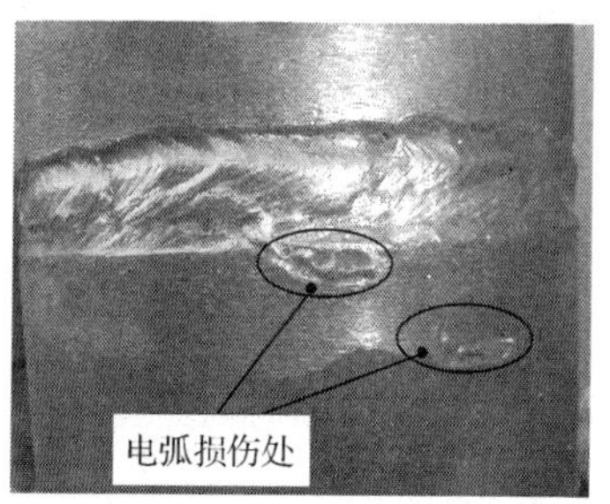

图 1.11　电弧损伤

1.7　焊接时管子内不得有穿堂风及应采取的措施

当管子内有穿堂风时，改变了接头焊接区域背面的保护状态和散热状态，并容易产生焊接缺陷。采用氩弧焊法打底时，穿堂风会卷走部分氩气，严重降低氩气保护效果，易产生气孔。采用电弧焊法打底时，穿堂风还会使电弧发生偏移，从而导致未熔、气孔等缺陷的产生。为此，焊接时必须采取切实有效的保证措施，杜绝穿堂风。

当焊接前感觉管内有穿堂风时，应采取关闭、堵塞进风口阀门，或在焊口两侧 200mm 以外堵上可溶性纸等措施进行预防（图 1.12）。

图 1.12　防止产生穿堂风

1.8　施焊过程中从工艺角度应注意的问题

施焊过程中从工艺角度应注意以下几个问题：

（1）焊接时应特别注意接头和收弧的质量，接头时应错开 10~15mm（图 1.13），收弧时应将弧坑填满。采取多层多道焊接时各个接头应错开 10~15mm。

（2）除工艺和检验上要求分次焊接外，施焊过程应连续完成。若被迫中断，应采取防止裂纹产生的措施（后热、缓冷、保温等）。再次焊接时应仔细检查，并确认无裂纹后，方可按照工艺要求进行施焊。

（3）对需做检验的隐蔽焊缝，应经检验合格后，方可进行其他工序。

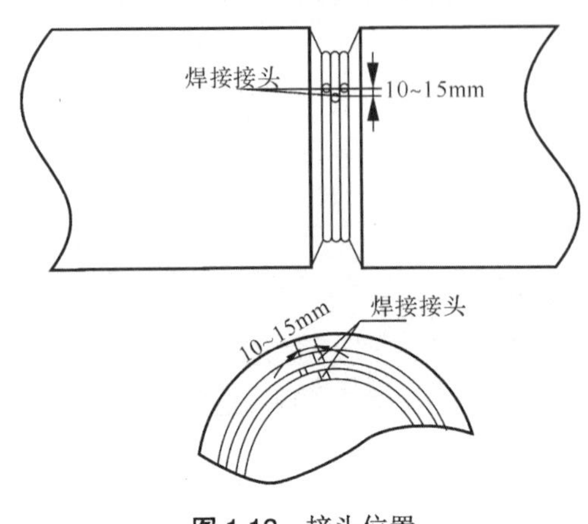

图 1.13　接头位置

1.9　钢材焊接工艺评定厚度在实际应用时的适用范围

对接时，已进行焊接工艺评定的对接接头厚度 δ，适用于焊件厚度的范围（图 1.14）如下。

（1）评定试件厚度为 1.5mm $\leqslant \delta <$ 8mm 时，适用于焊件厚度的范围规定：下限值为 1.5mm，上限值为 2δ，且不大于 12mm。

（2）评定试件厚度为 8mm $\leqslant \delta \leqslant$ 40mm 时，适用于焊件厚度的范围规定：下限值 0.75δ，上限值 1.5δ，评定试件当厚度为 40mm 时，上限值不限。

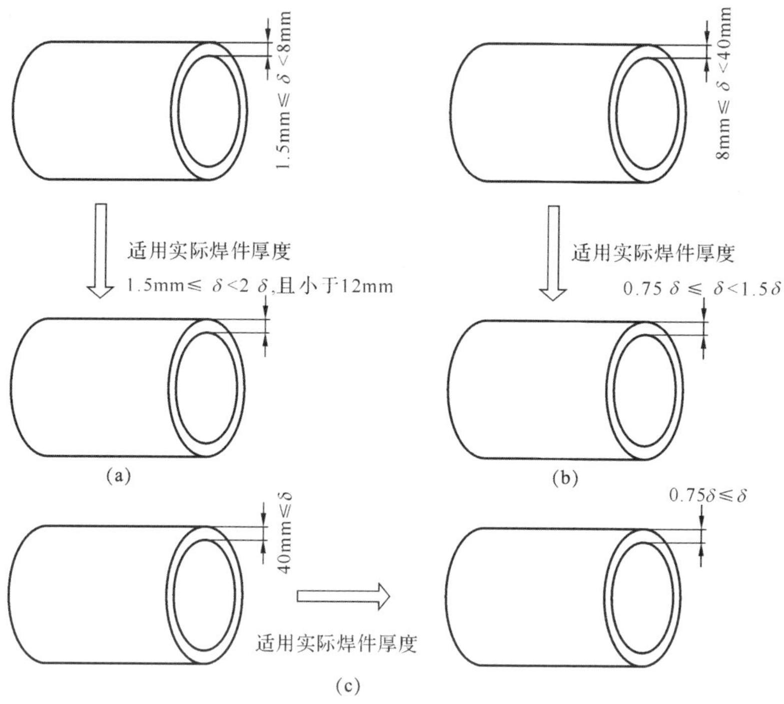

图 1.14　焊件厚度的范围

1.10　异种钢焊接材料的选择原则

异种钢焊接接头的焊接材料选择宜采用低匹配原则，即不同强度钢材之间的焊接，其焊接材料要选适于低强度侧钢材焊接材料（表 1.1）；A 类异种钢焊接接头，选用焊接材料应保证熔敷金属抗拉强度不低于强度较低一侧母材标准规定的下限值；B 类及 B 类与 A 类组成的异种钢焊接接头，宜选用合金成分较低一侧钢材相匹配或介于两侧钢材之间的焊接材料；与 C-III 类组成的异种钢焊接接头，选用焊接材料应保证焊缝金属的抗裂性能和力学性能。

表 1.1　钢材焊接材料

类别	代号	级　别	代号	代表钢材
碳素钢及普通低合金钢	A	碳素钢（含碳量 ≤ 0.35%）	I	含碳量 ≤ 0.35% 的碳素钢及其铸件（20，Q235）
		普通低合金钢（*Re* ≤ 400MPa）	II	C–Mn、Mn–Mo（16Mn，20MnMo）
		普通低合金钢（*Re*>400MPa）	III	1.5Mn–0.5Mo–V（15NiCuMoNb5）
热强钢及合金结构钢	B	珠光体钢	I	1Cr–0.5Mo、0.5Cr–0.5Mo、1Cr–0.5Mo–V、1.5Cr–1Mo-V、2.25Cr–1Mo（15CrMo，12Cr1MoV、15Cr1Mo1V、12Cr2Mo）
		贝氏体钢	II	2Cr–0.5Mo–W–V（12Cr2MoWVTiB）
		马氏体钢	III	9Cr–1Mo–V–Nb、9Cr–1Mo、12Cr–1Mo（10Cr9Mo1VNb）
不锈钢	C	马氏体	I	1Cr13，2Cr13
		铁素体	II	0Cr13，1Cr17
		奥氏体	III	1Cr18Ni9Ti

注：*Re* 为钢材的屈服强度。

1.11　需焊接的异种钢材料两侧成分相差较大时的处理方法

异种钢接头两侧材料的合金成分相差较大时，可采用堆焊过渡层的方法减小焊接部分材料的合金成分差；可在低成分侧堆焊一种中间成分材料，形成过渡层，过渡层的厚度应不小于 5mm（图 1.15）。

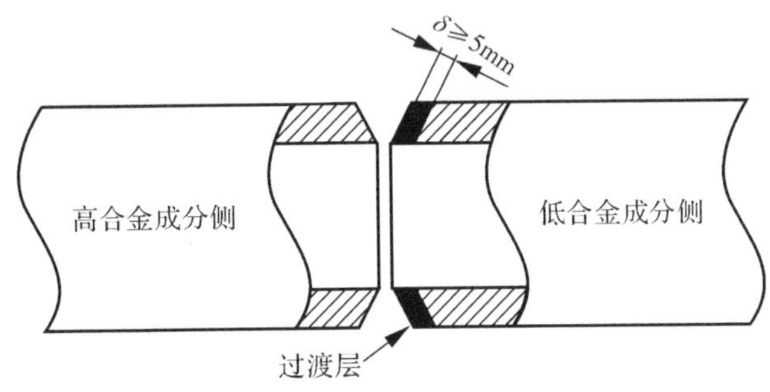

图 1.15　过渡层的厚度

1.12　一般焊缝的外观尺寸要求

焊缝外观尺寸要求如表 1.2 所示。

表 1.2　焊缝外观尺寸要求　（单位：mm）

<table>
<tr><th colspan="4">焊接接头类别 / 接头形式位置</th><th>Ⅰ</th><th>Ⅱ</th><th>Ⅲ</th></tr>
<tr><td rowspan="5">对接接头</td><td rowspan="2">焊缝余高</td><td colspan="2">平焊</td><td>0 ~ 2</td><td>0 ~ 3</td><td>0 ~ 4</td></tr>
<tr><td colspan="2">其他位置</td><td>≯ 3</td><td>≯ 4</td><td>≤ 5</td></tr>
<tr><td rowspan="2">焊缝余高差</td><td colspan="2">平焊</td><td>≤ 2</td><td>≤ 2</td><td>≤ 3</td></tr>
<tr><td colspan="2">其他位置</td><td>≤ 2</td><td>< 3</td><td>< 4</td></tr>
<tr><td>焊缝宽度</td><td colspan="2">比坡口增宽</td><td><4</td><td>≤ 4</td><td>≤ 5</td></tr>
<tr><td rowspan="6">角接接头</td><td rowspan="2">贴角焊</td><td colspan="2">焊脚</td><td>δ+（2 ~ 3）</td><td>δ+（2 ~ 4）</td><td>δ+（3 ~ 5）</td></tr>
<tr><td colspan="2">焊脚尺寸</td><td>< 2</td><td>≤ 2</td><td>≤ 3</td></tr>
<tr><td rowspan="4">坡口角焊</td><td rowspan="2">焊脚</td><td>δ ≤ 20</td><td>δ ± 1.5</td><td>δ ± 2</td><td>δ ± 2.5</td></tr>
<tr><td>δ > 20</td><td>δ ± 2</td><td>δ ± 2.5</td><td>δ ± 3</td></tr>
<tr><td rowspan="2">焊脚尺寸差</td><td>δ ≤ 20</td><td>< 2</td><td>≤ 2</td><td>≤ 3</td></tr>
<tr><td>δ > 20</td><td>< 3</td><td>< 3</td><td>< 4</td></tr>
</table>

注：1. 焊缝表面不允许有深度大于 1mm 的尖锐凹槽，且不允许低于母材表面。
2. 搭接角焊缝的焊脚与较薄侧部件厚度相同。
3. δ 为较薄部件的板厚。

1.13　同种钢焊接时选择焊接材料的方法

同种钢材焊接时焊接材料的选用应符合以下基本条件：

（1）焊缝金属的化学成分和力学性能应与母材相当。

（2）焊接材料熔敷金属的下转变点（Ac_1）应与被焊母材相当（≥ 10℃），见图 1.16。

（3）焊接工艺性能良好，操作容易，出现缺陷的概率小。

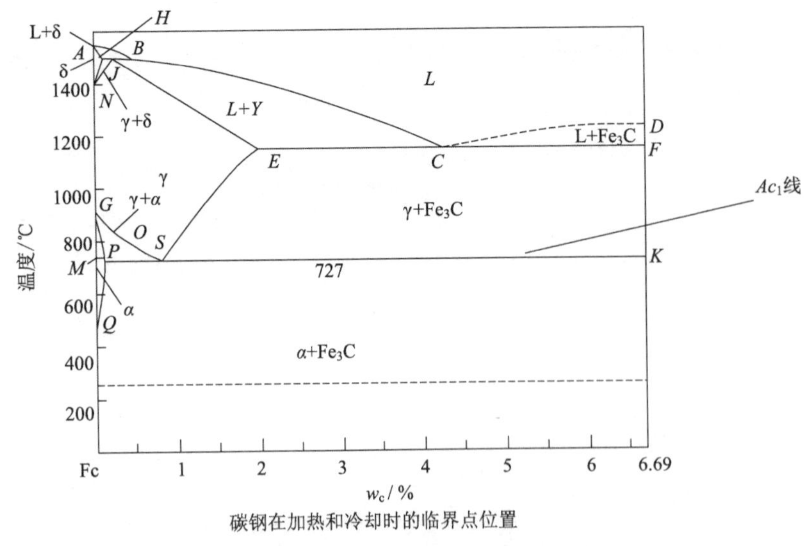

碳钢在加热和冷却时的临界点位置

图 1.16 铁碳合金相图

1.14 处理不合格焊口的一般方法

遇到不合格焊口时，应查明造成不合格焊口的原因，明确缺陷位置，对于重大的不合格焊口试件应进行事故原因分析，同时提出返修措施。返修后还应按原检验方法重新进行检验。

（1）表面缺陷应采取机械方法消除。

（2）需要补焊消除的缺陷应该按照补焊修复规定进行缺陷的消除。

（3）焊接热处理温度或热处理时间不够而导致硬度值超标的焊口，应重新进行热处理；焊接热处理温度超标而导致焊接接头部位材料过热的焊口，除非可以实施正火热处理工艺，应该割掉该焊口及过热区域的材料，重新焊接。

焊接缺陷位置确定举例如下：

（1）板及 ϕ108mm 以上的中大径管的缺陷位置见图 1.17，图中 +30~−20mm 范围内有缺陷。

（2）小径管缺陷位置见图 1.18，图中时钟 1 ~2 点有缺陷。

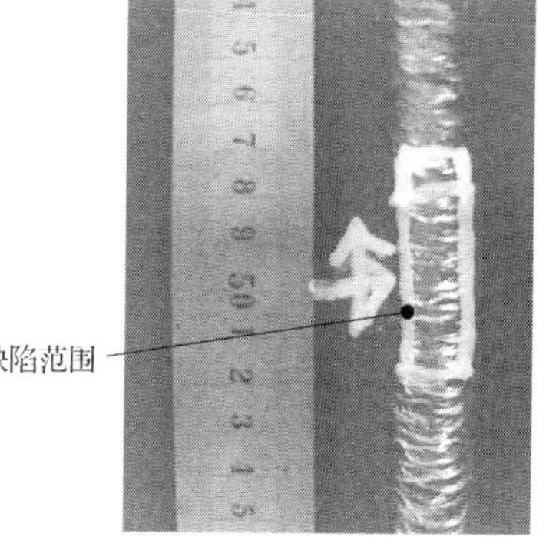

图 1.17　缺陷位置 1

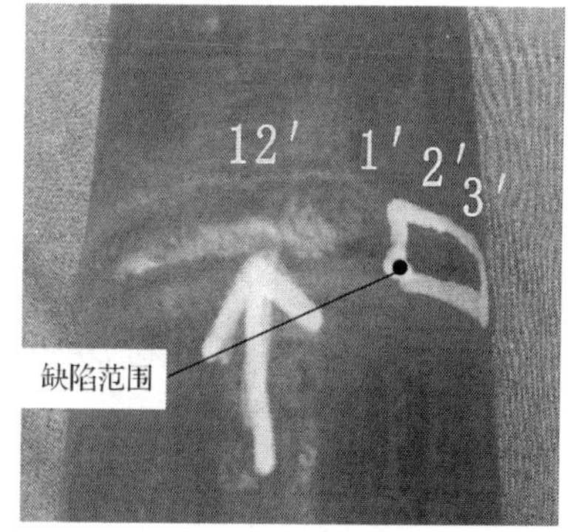

图 1.18　缺陷位置 2

1.15　焊接修复（返修口）的要求

焊接修复一般分为永久性修复和临时性修复两类。

焊接修复应遵循以下几项要求。

（1）所有焊口在进行永久性修复前，应对照检验结果明确缺陷的位置（图 1.19）、尺寸，并对产生缺陷的原因进行分析，找出原因。对于不易处理的缺陷，或者是合金含量较高，管壁较厚的母材，应进行技术和可行性分析，按照母材相对应的规程标准进行。

在特殊情况下，可以进行临时修复，但应及早改为永久性修复。

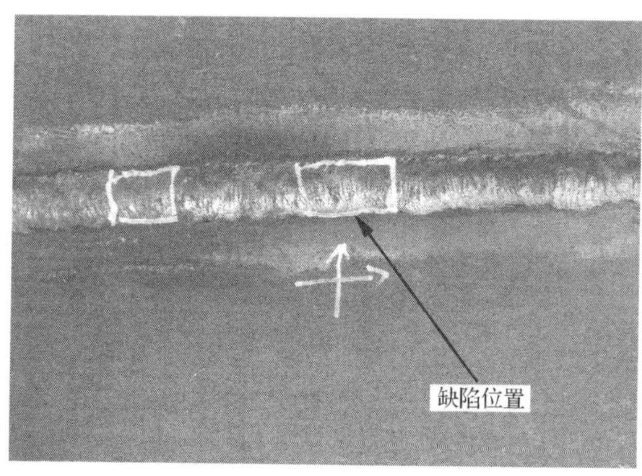

图 1.19　缺陷位置 3

（2）修复前应查明被修复部件的钢材牌号，并选择合适的焊接材料。对需要预热和热处理的合金焊口修复，一般选用与母材成分相同或接近的焊接材料。对于难于预热和热处理的焊接修复，一般采用塑性焊接材料，如选用塑性较好的镍基焊丝。

1.16　异种钢焊接缺陷返修的要求

经检验，焊接接头出现超标缺陷时，可以采取挖补的方式返修，同一位置的挖补次数不得超过两次。

挖补要求如下。

（1）缺陷部位应采用机械方法彻底清除。

（2）补焊应按照补焊工艺措施指导进行。

（3）需要根部充氩的挖补焊缝，挖补前要将充氩管对准挖开部分进行充氩。

（4）要进行热处理的焊接接头，返修后应重新进行热处理。

1.17　消除焊接缺陷的基本方法

消除焊接缺陷的方法如下。

（1）对照检验结果，划出缺陷范围。

（2）要戴好防护手套、有机面具或防护眼镜（图 1.20）。

图 1.20　有机面具

（3）焊接缺陷宜采用角向砂轮机、内磨机等机械方法清除（图 1.21）。

（4）挖补时，打磨宽度与焊缝原坡口宽度一致或者稍宽，缺陷清除的范围比缺陷范围应大一些，主要目的是彻底清除缺陷（图 1.22）。

图 1.21　清除焊接缺陷

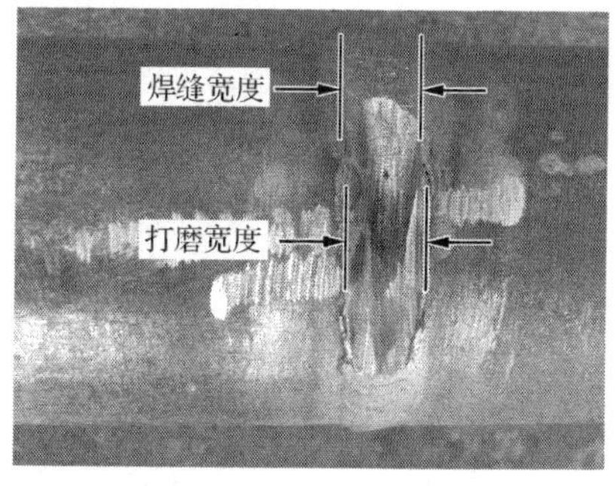

图 1.22　打磨宽度

（5）清除缺陷时，从缺陷中心开始向下一层一层逐步推进打磨，寻找缺陷（图 1.23）。当找到缺陷并能确定形状及数量时可以不必挖透（挖透就是将打底层焊道全部去掉）。当不能确定缺陷是否去除时，就应该全部将缺陷部位焊道打磨掉。

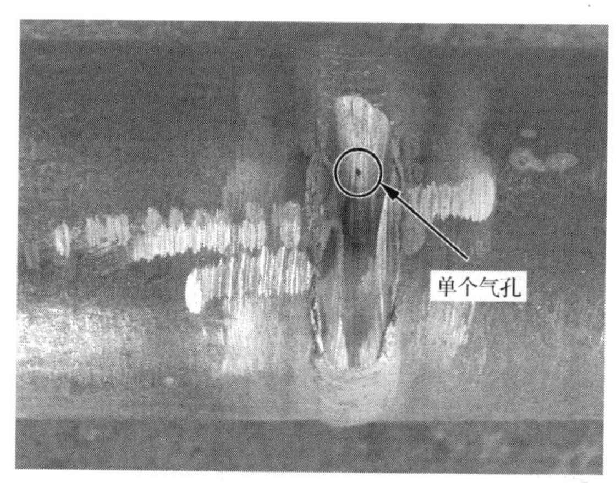

图 1.23　寻找缺陷

挖口时应注意打磨区域应圆滑过渡，不可出现打磨区域过宽、间隙过大或过窄、坡口陡峭、打磨偏斜（图 1.24）等现象，为下一步补焊创造条件。

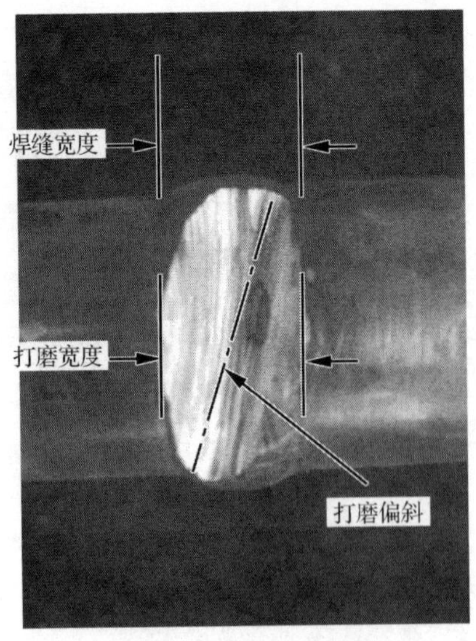

图 1.24 打磨偏斜

（6）当挖到根部时，即将挖穿时，根部会有一层薄皮（图 1.25），要用小钢锯条、焊丝等等一些较尖锐东西将其挑出并打磨掉。

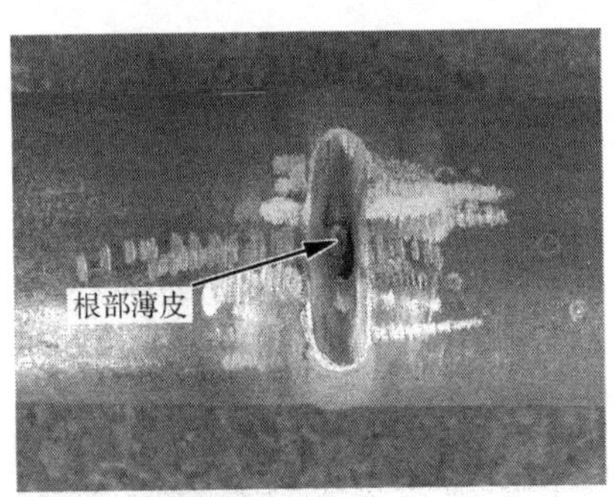

图 1.25 根部薄皮

（7）对于一些厚、大部件的裂纹，在清除缺陷前应该采取措施防止裂纹继续扩散，缺陷清除后，用着色检测方法检测是否存在裂纹。

（8）挖补时，不得伤及旁边的设备及管子（图 1.26）。

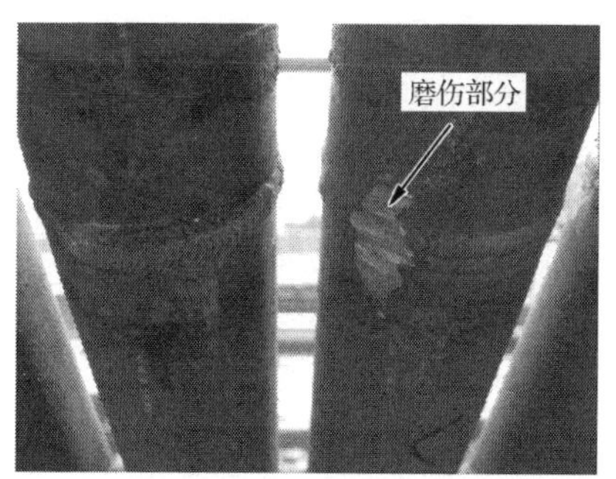

图 1.26　挖补时不得伤及其他设备

1.18　补焊焊缝的基本方法

在焊接中会遇到一些焊缝需要挖去缺陷并补焊，补焊质量的高低会影响焊缝的质量。补焊焊缝的方法如下。

（1）补焊时打底层、盖面层的焊接方法与初次焊接时保持一致。当遇到母材较薄、焊缝宽度较窄时，因氩弧焊是明弧焊，因此宜采用氩弧焊补焊。对一些焊缝较长、较宽、较厚的焊缝填充、盖面宜采用氩弧打底，焊条电弧焊填充、盖面。

（2）对于一些点状（如气孔、夹渣等）、线状（如裂纹）缺陷，当找到的缺陷比返修单上的缺陷数量少时或找不到缺陷时，检查挖补宽度、深度、长度是否挖到位，并确定挖补位置是否正确。若找不到相应缺陷的数量时，可以将保证氩弧焊引燃电弧后沿坡口边熔化，这时未挖到的缺陷有时会因受热膨胀而暴露出来。

（3）打底补焊电流根据间隙确定，补焊时应能保证焊透、坡口两侧、接头收尾融合良好。因挖透的焊缝靠近根部的部分极薄，要防止产生焊瘤。

（4）层道间焊接要圆滑过渡，填充焊要注意收尾接头质量，电弧焊时层道间熔渣、焊瘤、起弧气孔、收弧缩孔、弧坑、熔合不良部分等要清理干净。

（5）单道、多道焊缝盖面层的宽度与挖补前一致或稍宽一些。

1.19 焊缝余高与加强整个焊接接头强度的关系

焊缝余高仅仅使焊缝面积增大而未使熔合区和热影响区截面积增大，同时，由于焊缝余高的存在，恰好在熔合区和热影响区部位造成结构的不连续性，从而导致应力集中，使焊接接头的疲劳强度下降。

焊缝余高尺寸要求见表 1.3。

表 1.3 焊缝外形允许尺寸 （单位：mm）

接头型式位置 \ 焊接接头类别			I	Ⅱ	III
对接接头	焊缝余高	平焊	0 ~ 2	0 ~ 3	0 ~ 4
		其他位置	≯3	≯4	≤5
	焊缝余高差	平焊	≤2	≤2	≤3
		其他位置	≤2	＜3	＜4
	焊缝宽度	比坡口增宽	＜4	≤4	≤5

第 2 章　焊条电弧焊的基本知识

2.1　什么是焊条电弧焊

焊条电弧焊是指利用焊条与焊件间产生的电弧热能进行熔化母材的一种手工操作工艺方法，如图 2.1 所示。

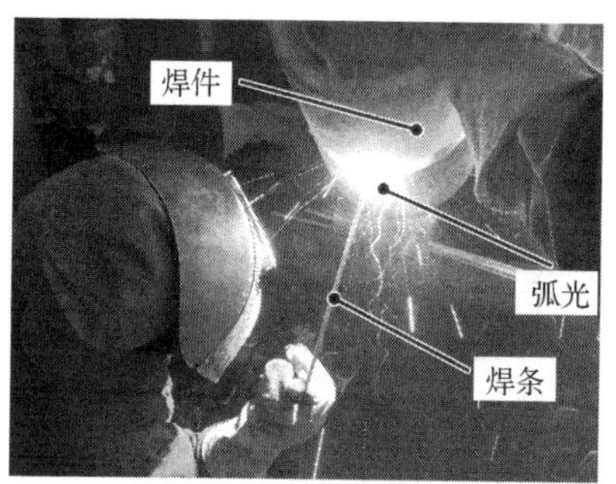

图 2.1　焊条电弧焊

2.2　什么是平焊、立焊、横焊和仰焊

平焊是指坡口面朝上，与地面水平位置的焊缝称为平焊，通常用 1G 表示。焊接时，焊工应俯视焊缝，焊工与焊缝呈平行或垂直的位置站立，焊接时眼睛应随焊条移动（图 2.2）。

（a）焊工与焊缝垂直

（b）焊工与焊缝平行

图 2.2　平焊操作姿势

立焊是指焊缝与地面垂直，坡口面朝向焊工的焊缝，通常用3G表示，焊接时，焊工应站在焊缝正面或侧面，要注意使焊条垂直于焊缝（图2.3）。

（a）正面操作(俯视)

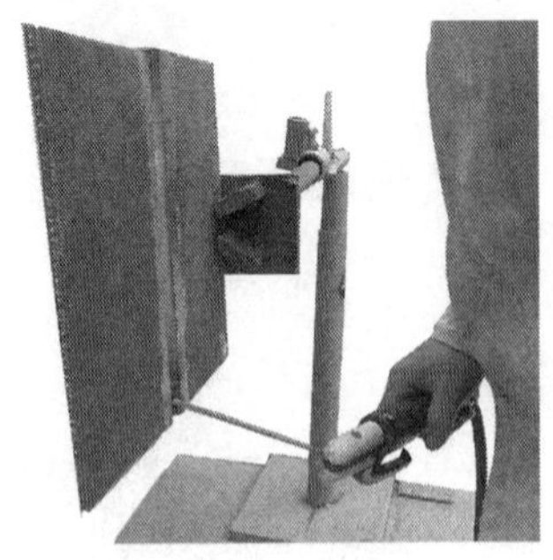
（b）侧面操作

图2.3 立焊操作姿势

横焊是指焊缝与地面平行，通常用2G表示。焊接时，焊工要站在焊缝正中间，焊接时，保证焊条能轻松达到焊缝起头和收头部位（图2.4）。

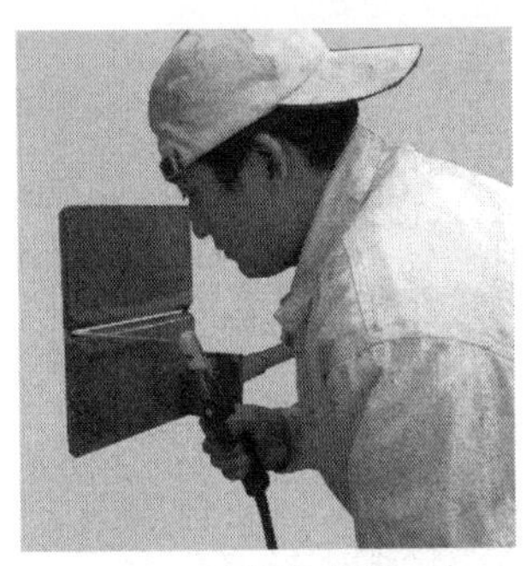
（a）正面操作(侧视)

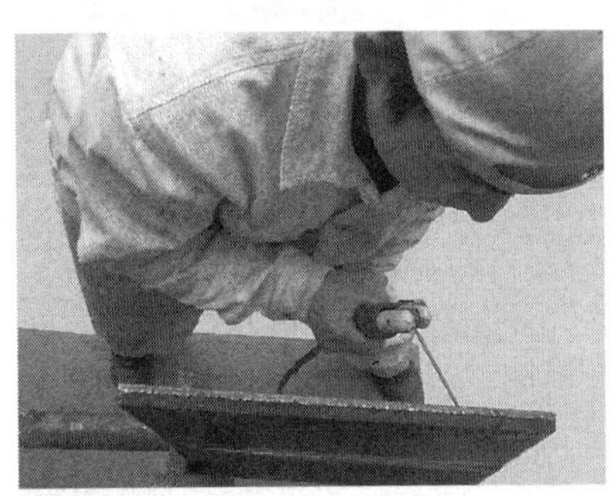
（b）正面操作（俯视）

图2.4 横焊操作姿势

仰焊是指坡口朝向地面，且与地面水平的焊缝，通常用4G表示，施焊时，焊工仰视焊缝。焊缝的高低位置应为焊工蹲在焊缝下方时，焊工头部与焊缝之间高度为一个拳头的距离。焊工蹲下后，焊工起头与焊工头部的高度为50~200mm（图2.5）。

（a）正面操作

（b）侧面操作

图 2.5　仰焊操作姿势

无论哪种焊接位置，焊接时，眼睛都要注意观察坡口棱边，防止焊缝超宽或过窄，努力使焊缝平直。焊接时，当左右摆动运条时，要多用手腕，这样操作手腕灵活，准确度高，节省体力。

2.3　电弧焊一般的焊接规范参数

电弧焊一般的焊接规范参数见表 2.1。

表 2.1　电弧焊一般的焊接规范参数

规范参数	焊条直径	焊条直径一般不大于 5mm，常用的有 ϕ2.5mm、ϕ3.2mm、ϕ4.0mm 等
	焊接电流	一般在 45 ~ 300A；焊接电流和焊条直径的经验公式：$I=dk$（式中，I——焊接电流，单位为 A；d——焊条直径，单位为 mm；k——经验系数，k=35 ~ 55） 例如：d=4.0mm，$I_{最小}=35\times4=140$A，$I_{最大}=55\times4=220$A
	电弧电压	由焊机和电弧长度决定，电弧长，电弧电压高，反之则低。焊接过程中，电弧不宜过长，否则会出现电弧燃烧不稳定，飞溅大，熔深浅及产生咬边、气孔等缺陷。尤其是碱性焊条必须选择短弧焊 例如：电弧长度应为焊条直径的 0.5 ~ 1.0 倍，相应的电弧电压为 16 ~ 25V

续表 2.1

<table>
<tr><td rowspan="6">规范参数</td><td rowspan="6">焊接速度</td><td rowspan="6">根据焊件厚度、焊件大小、焊条直径、焊接电流、焊接空间位置等因素而定</td><td colspan="5">举例 300mm × 125mm × 12mm 板对接（填充第一层焊接）</td></tr>
<tr><td>焊接位置</td><td>焊条直径</td><td>断弧</td><td>焊接电流</td><td>焊接速度</td></tr>
<tr><td>平焊</td><td>ϕ3.2mm</td><td>断弧焊</td><td>100 ~ 110A</td><td>8 ~ 10 cm/min</td></tr>
<tr><td>立焊</td><td>ϕ3.2mm</td><td>断弧焊</td><td>105 ~ 115A</td><td>5 ~ 7cm/min</td></tr>
<tr><td>横焊</td><td>ϕ3.2mm</td><td>断弧焊</td><td>100 ~ 110A</td><td>7 ~ 9cm/min</td></tr>
<tr><td>仰焊</td><td>ϕ3.2mm</td><td>断弧焊</td><td>110 ~ 120A</td><td>6 ~ 8cm/min</td></tr>
<tr><td></td><td>焊接层道数</td><td colspan="6">可以单道焊接，也可以多层多道焊。主要根据焊接技术规程的规定、施工图纸要求、焊件厚度、焊缝宽度等因数决定</td></tr>
</table>

2.4 常用的坡口形式及适用范围

常用的坡口形式有 I 形、V 形、U 形、双 V 形，坡口形式的适用范围见表 2.2。

表 2.2 常用的坡口形式适用范围

<table>
<tr><td rowspan="2">序号</td><td rowspan="2">接头形式</td><td rowspan="2">坡口形式</td><td rowspan="2">图 形</td><td rowspan="2">焊接方法</td><td rowspan="2">焊件厚度 δ/ mm</td><td colspan="5">接头结构尺寸</td><td rowspan="2">适用范围</td></tr>
<tr><td>α</td><td>β</td><td>b /mm</td><td>P /mm</td><td>R /mm</td></tr>
<tr><td>1</td><td rowspan="3">对接</td><td>I 形</td><td></td><td>气焊
电弧焊
埋弧焊</td><td><3
$\leqslant 3$
8 ~ 16</td><td>—</td><td>—</td><td>1 ~ 2
1 ~ 2
0 ~ 1</td><td>—</td><td>—</td><td>容器和一般钢结构</td></tr>
<tr><td>2</td><td>V 形</td><td></td><td>气焊
电弧焊
埋弧焊</td><td>$\leqslant 6$
$\leqslant 16$
$>$
16 ~ 20</td><td>30° ~ 35°</td><td>—</td><td>1 ~ 3
1 ~ 3
0 ~ 1</td><td>0.5 ~ 2
1 ~ 2
7</td><td>—</td><td>各类承压管子，压力容器和中薄件承重结构</td></tr>
<tr><td>3</td><td>U 形</td><td></td><td>电弧焊</td><td>$\leqslant 60$</td><td>10° ~ 15°</td><td>—</td><td>2 ~ 3</td><td>2</td><td>5</td><td>中厚壁汽水管路</td></tr>
</table>

续表 2.2

序号	接头形式	坡口形式	图形	焊接方法	焊件厚度 δ/mm	接头结构尺寸					适用范围
						α	β	b /mm	P /mm	R /mm	
4	对接	双 V 形		电弧焊	> 16 ~ 60	30° ~ 40°	8° ~ 12°	2 ~ 5	1 ~ 2	5	中厚壁汽水管路

2.5　焊接前对焊接试件的一般要求

焊接前对焊接试件的要求如下。

（1）焊接试件应按照图样的尺寸加工好（图 2.6）。

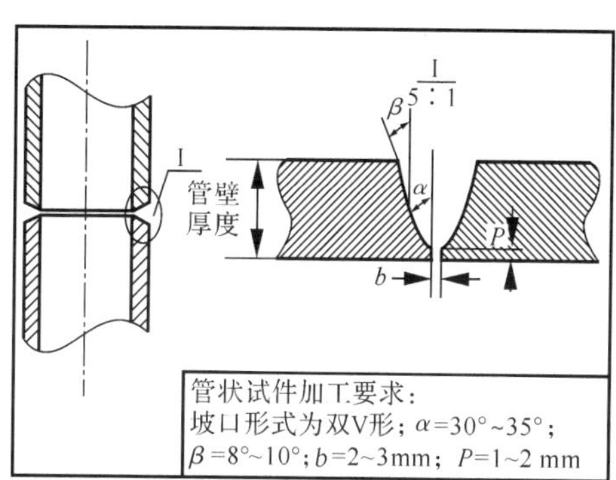

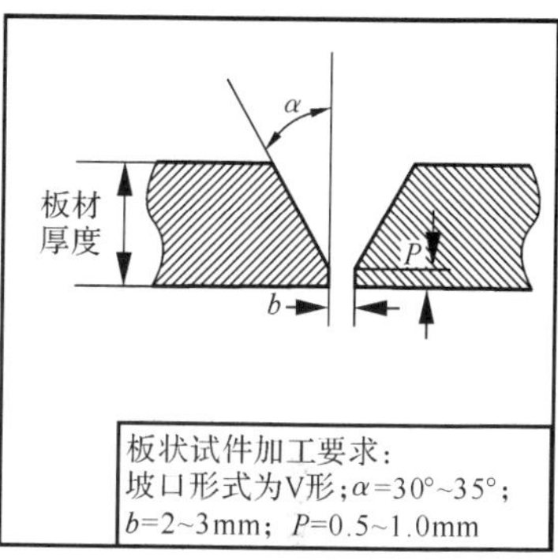

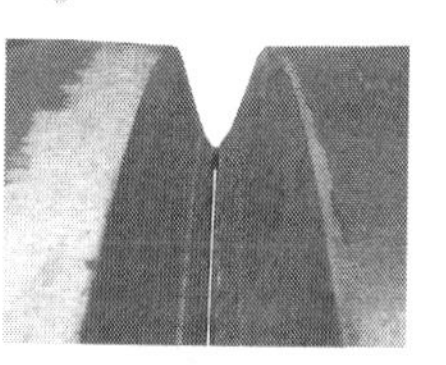

（a）管状试件加工

（b）板状试件加工

图 2.6　焊接试件尺寸要求

（2）将焊接试件正反两面距离坡口边缘 10~15mm 以内的油渍、锈迹、污垢等清理干净，使其表面露出金属光泽（图 2.7）。

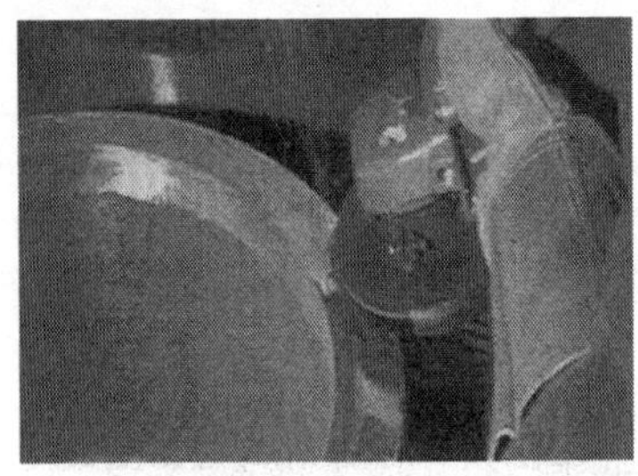

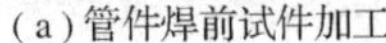
（a）管件焊前试件加工

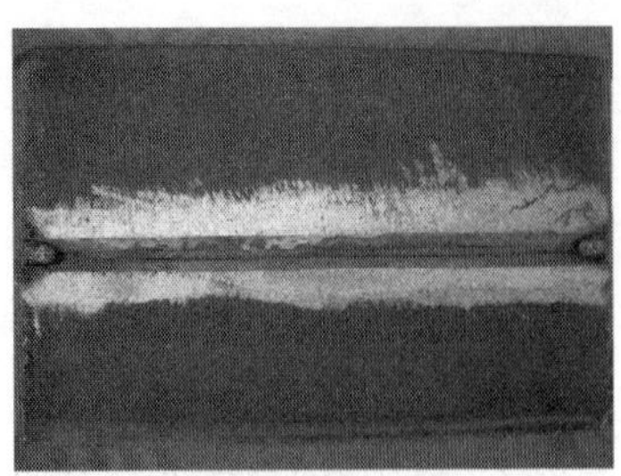
（b）板件焊前试件加工

图 2.7 试件清洁度要求

（3）焊前一定要根据坡口角度（角度大、间隙适当小些）、钝边厚度（钝边厚度小间隙适当小些）、母材材质（不锈钢间隙要大些）、焊接顺序（先焊部位间隙要适当小些）、个人习惯（有的焊工喜欢小间隙）等条件设计好焊接收缩量，确定好对口间隙。一般对口时可以将焊条芯、焊丝塞入间隙中（图 2.8），来确保间隙大小，也可以通过眼睛目测来大概确定所需间隙。具体操作见后面实际操作部分。

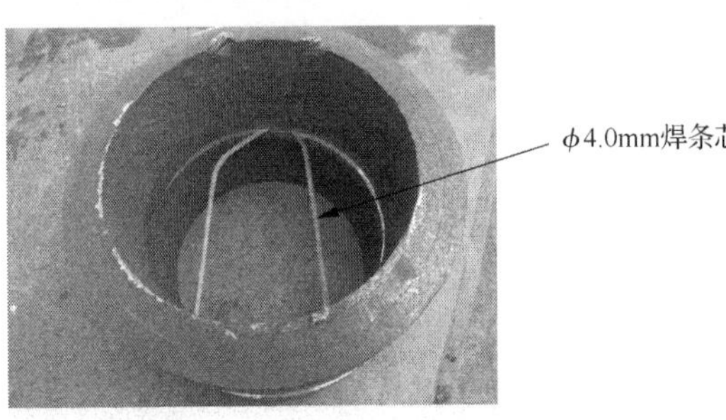

图 2.8 试件对口

（4）条件允许和有严格要求的要做反变形，铁板对接横焊缝变形是平焊、立焊、仰焊的 2 倍。

（5）重要焊口最好用对口卡子或塞块固定。

工程中，大径管需要进行预热，可用塞块（图 2.9）固定；由于管子过长、过重，对口不好对时，可用对口卡子（图 2.10）；焊接练习时，由于管子较短，一般不需要对口卡子，直接在坡口内点固。

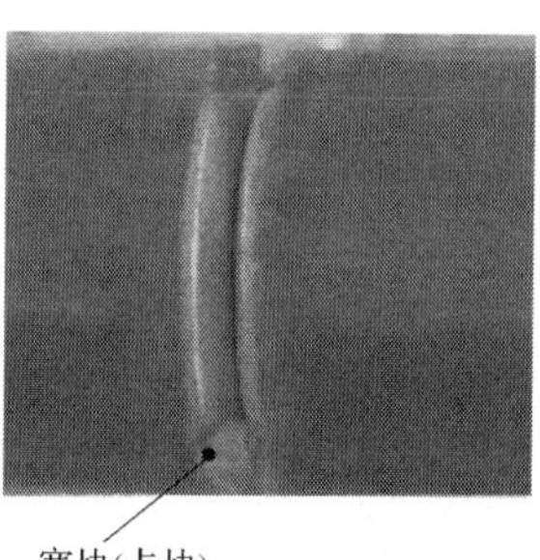

图 2.9　用塞块固定焊口

图 2.10　用对口卡子固定焊口

（6）重要焊口母材表面两侧严禁点焊固定，且必须留有焊接伸缩量，以防焊口因收缩受力开裂。

2.6　焊条外包装上的标记

焊条外包装如图 2.11 所示，标记包括以下内容。

（1）焊条型号。

（2）焊条牌号、直径及长度。

（3）生产批号、检验号及日期。

（4）焊条烘干温度。

（5）生产厂家。

从外包装图可以了解有关焊条以上信息。

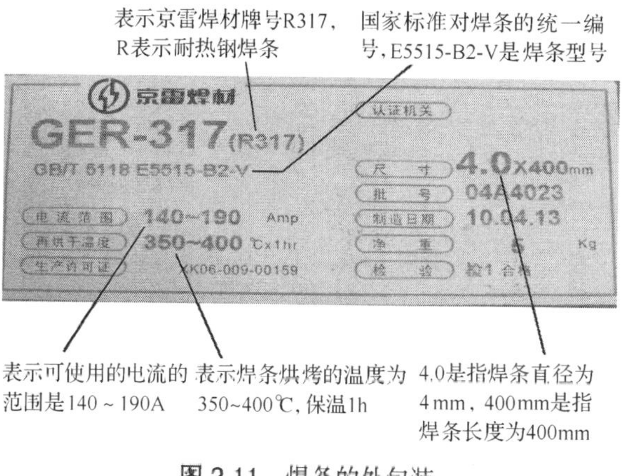

图 2.11　焊条的外包装

第3章 钨极氩弧焊的基本知识

3.1 什么是钨极氩弧焊

氩弧焊是利用氩气作为保护气体的一种气体保护电弧焊方法（图 3.1）。钨极氩弧焊又称非熔化极氩弧焊，是采用高熔点的钨棒作电极，在氩气的保护下，利用钨极与焊件之间产生的热量来熔化填充焊丝及母材，以形成熔池。手工钨极氩弧焊操作示意如图 3.2 所示。

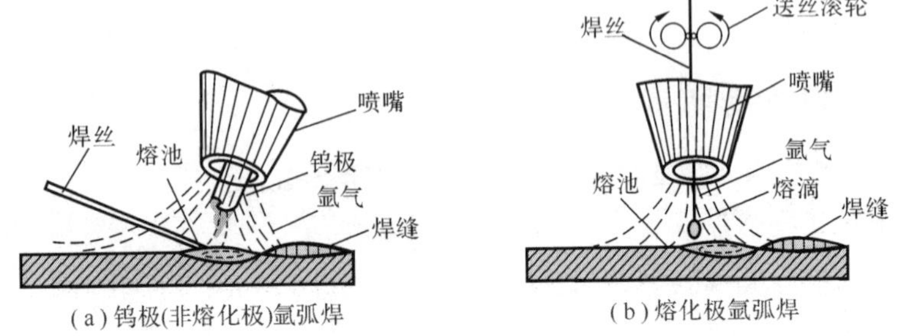

图 3.1　氩弧焊

注意：氩气属于惰性保护气体，无毒性，不需要佩戴防护用具。

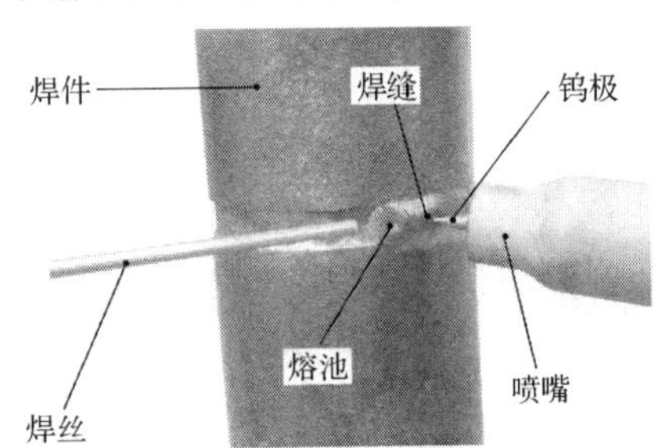

图 3.2　手工钨极氩弧焊操作

3.2 钨极氩弧焊的优点

钨极氩弧焊的主要优点：

（1）保护良好。气保护代替了渣保护，焊缝干净无渣。惰性气体氩气在熔池和电弧周围形成一个封闭气流，有效地防止了有害气体的侵入，从而获得高质量的焊接接头。它适用于各种钢和有色金属的焊接。

（2）热量集中。电弧在氩气流的压缩下，热量集中，热影响区小，焊件变形及裂纹倾向小。特别适用于焊接空淬倾向大的钢材。

（3）操作方便。明弧焊接，熔池清晰可见，操作容易掌握。

（4）容易实现自动化。

3.3　手工钨极氩弧焊系统的组成

手工钨极氩弧焊系统包括：焊机、氩气瓶、氩气表、氩气皮带、氩弧把、操作架、试件等部分，见图 3.3。

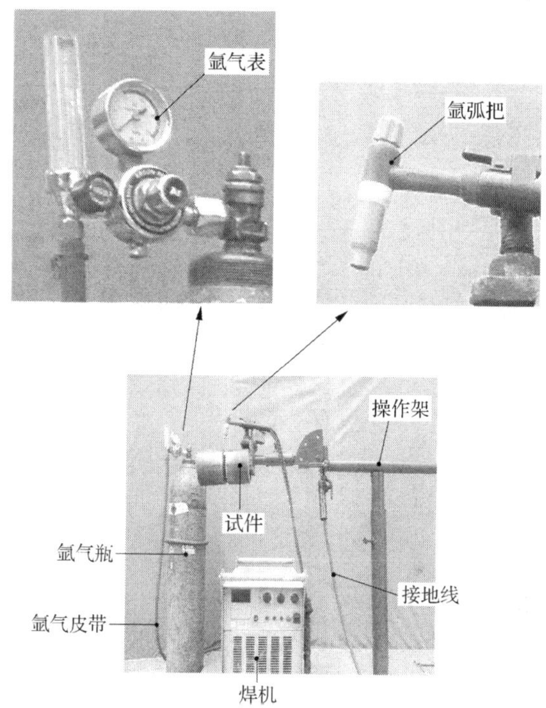

图 3.3　手工钨极氩弧焊系统

3.4　手工钨极氩弧焊的焊把（枪）组成及各部分的作用

手工钨极氩弧焊的焊把（枪）组成包括：喷嘴、钨极、夹心、导电嘴、保护帽、手柄、气管、电缆、氩气开关、高频开关等部分，见图 3.4。

各部分的作用如下。

（1）喷嘴：输送氩气，形成氩气保护范围，对熔池进行保护。

（2）夹心：夹持钨极，传导电流。

（3）钨极：传导电流，维持电弧正常燃烧。

（4）导电嘴：传导电流，输送氩气。

（5）保护帽：固定夹心，防止漏气。

（6）手柄：方便运条。

（7）气管：输送氩气。

（8）电缆：传导电流。

（9）氩气开关：控制氩气。

（10）高频开关：控制高频引弧、收弧。

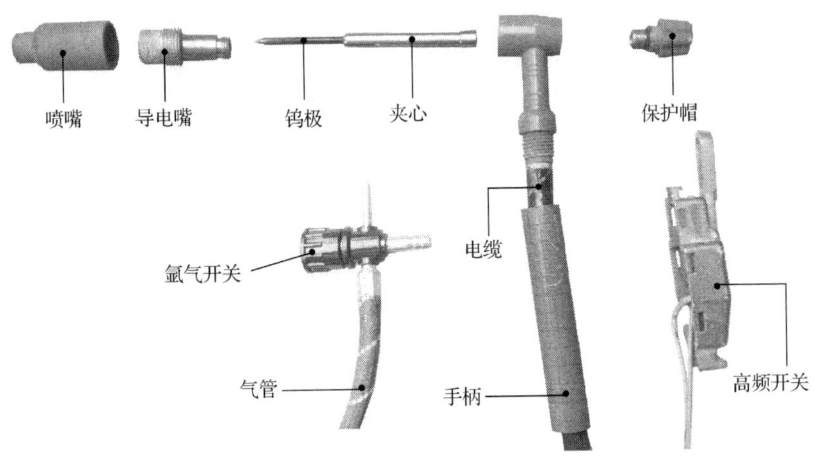

图 3.4　手工钨极氩弧焊把的组成

安装顺序：导电嘴→喷嘴→夹心→钨极→保护帽。

3.5　手工钨极氩弧焊时选择电源的种类和极性的方法

手工钨极氩弧焊的电源有直流电源和交流电源，直流电源有直流正接法和直流反接法。

直流正接法：焊件接正极，钨极接负极（图 3.5），这样焊接时，电子高速冲向焊件，焊接温度高，熔池深而窄。正离子冲向钨极，钨极热量低，损耗小。该方法适用于耐热钢、合金钢、不锈钢、铜、钛等金属的焊接。

直流反接法：焊件接负极，钨极接正极（图 3.6），焊接时电子高速冲向钨极，钨极热量高，消耗快，故一般不使用。但适用于熔化极气体保护焊。用于焊接高熔点氧化膜的铝、镁及其合金。

交流电源由于极性交替变化，它既有“阴极雾化”作用，又有钨极消耗比直流反接法少的特点，适用于铝、镁及其合金的焊接。

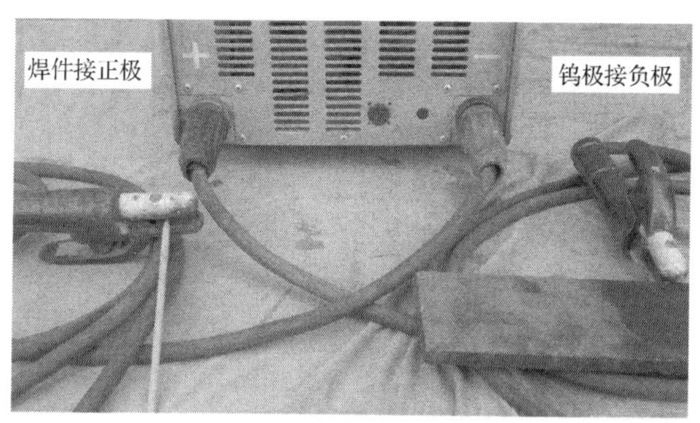

图 3.5　直流正接法

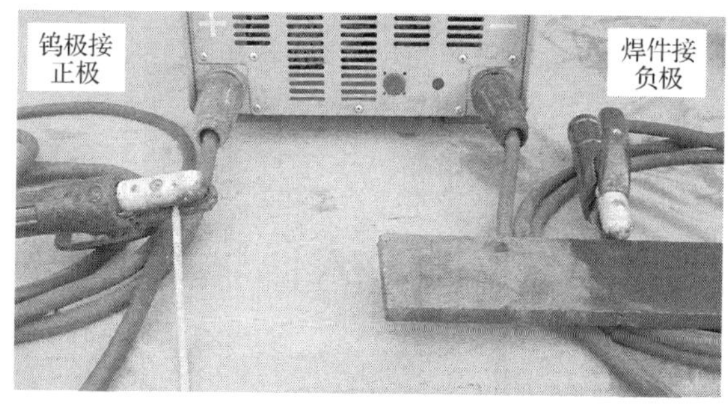

图 3.6　直流反接法

3.6　手工钨极氩弧焊时喷嘴的选择方法

喷嘴大小和形状直接影响氩气保护区的保护范围和效果，常用的喷嘴形状见图 3.7。圆柱带锥形或球形结尾的喷嘴，其保护效果最佳，氩气流速度均匀，容易保持层流；圆锥形喷嘴，因氩气流速度变快，故保护效果较差，但这种喷嘴操作方便，熔池可见度好，焊接时也经常使用。

喷嘴直径的选择不宜过大，否则会妨碍操作，浪费氩气；但也不宜过小，否则熔池保护不好，容易产生缺陷，并且会烧损喷嘴。合适的喷嘴直径可按下列经验公式来选择：

$$D=(2.5\sim3.5)\,d$$

式中　D——喷嘴的直径，单位为 mm；

d——钨极的直径，单位为 mm。

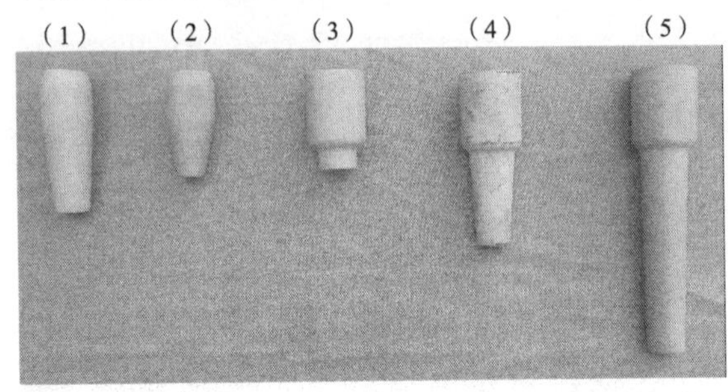

图 3.7　常用的喷嘴

图 3.7 中常用的喷嘴的尺寸及使用范围如下。

(1) 长度 60mm，大口直径 11.5mm，小口直径 8mm，孔径、长度适中，应用广泛。

(2) 长度 45mm，大口直径 11.5mm，小口直径 6mm，孔径小，保护效果不佳，应用非常少。

(3) 长度 41.5mm，大口直径 17mm，小口直径 10mm，适用于要求熔池保护范围较大的焊接材料，同时也适用于摇摆焊的操作方法。

(4) 长度 74mm，大口直径 17mm，小口直径 8mm，适用于厚度为 50~80mm 的管、板焊接。

（5）长度 121mm，大口直径 17mm，小口直径 8mm，适用于厚度为 80mm 以上的管、板焊接。

3.7　手工钨极氩弧焊时氩气的流量及选择原则

手工钨极氩弧焊时，氩气的流量一般为 5~10 L/min。氩气表如图 3.8 所示。

氩气流量应根据环境不同而不同，如果在室内，氩气流量可小些，为 5~7 L/min；在室外，当有风时，氩气流量应大些，为 7~10 L/min 并采取防风措施，防止空气侵入熔池而产生气孔。

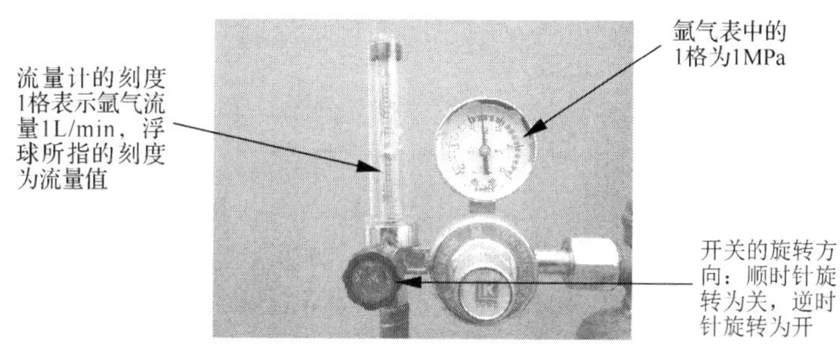

图 3.8　氩气表（氩气流量计）

小窍门：在工作中，如果气瓶离自己较远，不方便查看气流大小时，可以将喷嘴对准脸部来感觉气流大小，时间长了就可以大概判断气体流量大小。

注意：为保证氩气纯度，氩气瓶内气体压力为 0.5MPa 时，应该换气，不可使用完。

3.8　手工钨极氩弧焊焊接前试气方法

若氩气皮带与氩气表、氩弧把接口漏气，氩弧把皮带有破损及钨极偏心、夹心鼓胀，氩气流量过大或过小，都会使氩气纯度低于 99.99%，这样会增加气孔产生的概率，降低焊口合格率，因此焊前必须试气。

试验检测气体纯度时，应找一块厚度 12mm 以上，面积 100 × 100mm

的废钢板，打磨出一块 50mm × 20mm 的区域，第一步，对打磨 8 ~ 10mm 区域自熔，第二步，对自熔部分填充焊丝焊接，第三步，对焊缝表面进行自熔，第四步，对自熔部分进行填丝焊接，第五步，将上一层焊缝表面进行再一次填丝焊接，如果氩气不纯或有些部位漏气，试气时就会出现气孔。自熔是指把母材或焊缝表面熔化，但不需要填充焊丝。

试验步骤见图 3.9。试气铁板见图 3.10。

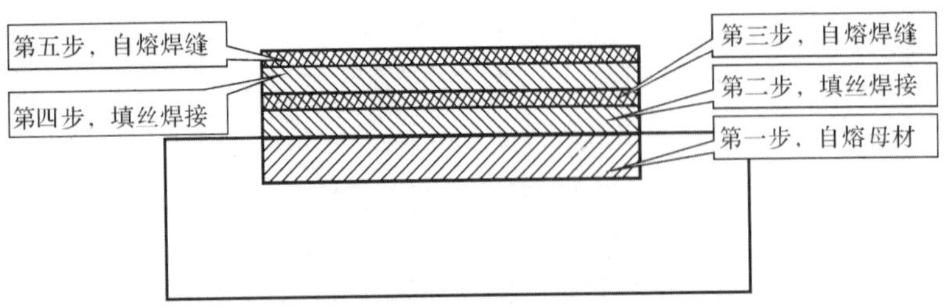

图 3.9　氩气纯度试验步骤示意图

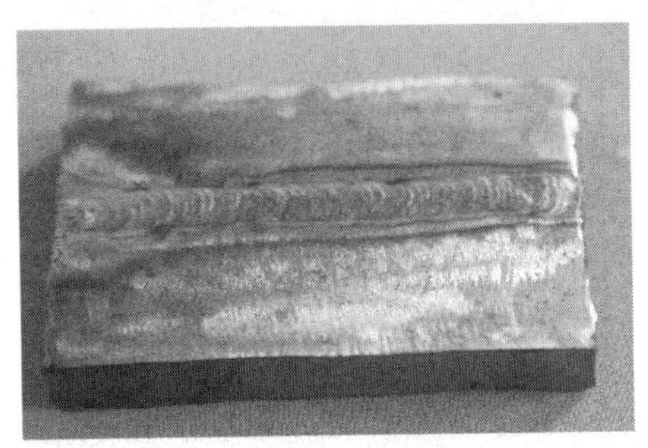

图 3.10　试气铁板

3.9　手工钨极氩弧焊时钨极伸出喷嘴的长度及与熔池的距离

钨极尖一般距离喷嘴口为 5 ~ 8mm（图 3.11），距离母材距离为 2 ~ 5mm，钨极尖伸出喷嘴过短会影响视线，过长会降低氩气保护效果。若钨极尖距离熔池太近，也会影响视线，且容易使焊丝与钨极、熔池相碰产生气孔等缺陷。若距离大于 3mm，会降低氩气的保护效果，易产生气孔。

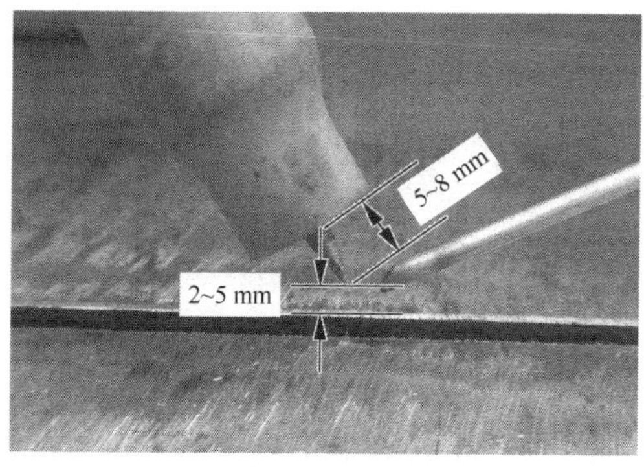

图 3.11　钨极尖的尺寸

3.10　手工钨极氩弧焊时如何选用钨极的许用焊接电流

手工钨极氩弧焊时，焊接电流应根据钨极直径、电源极性、焊件厚度来选择。

表 3.1 所示为在不同的电源极性条件下，钨极许用电流和钨极直径的关系。

表 3.1　常用钨极许用电流和钨极直径的关系

许用电流 / A　钨极直径 / mm　电源极性	1.6	2.4	3.2
直流正接	30 ~ 160	50 ~ 200	150 ~ 300
直流反接	15 ~ 25	25 ~ 40	40 ~ 60
交流	20 ~ 100	30 ~ 140	100 ~ 160

3.11　手工钨极氩弧焊时焊丝与钨极相碰的原因及危害

焊丝与钨极相碰的原因主要是：操作者的手在送丝时和钨极摆动配合不熟练或操作不当，或受其他管或障碍物的影响使送丝、钨极摆动难度加大，氩弧把的后倾角度大，影响焊工的送丝视线，钨极距熔池表面间距小，向熔池送丝时与焊丝容易相碰。

焊缝受到污染后极易在焊缝中产生气孔，见图 3.12。

图 3.12　焊缝表面污染

3.12　手工钨极氩弧焊时向熔池送丝的方法

手工钨极氩弧焊时，向熔池送丝的方法主要有连续送丝法、断续送丝法两种。

连续送丝是指向熔池送丝是连续的。连续送丝时手背动作极小，焊丝紧贴焊缝表面，焊缝整齐美观。多用于较薄焊件开 I 形坡口时的焊接。单面焊双面成形采用连续送丝法时，焊丝紧贴坡口根部，使焊接坡口在熔化坡口边缘时，焊丝也随之熔化。这种方法的优点是焊接速度快。缺点是容易产生未熔合，成型较断丝差。但在不锈钢焊接中采用连续送丝摇摆焊接时效果良好。主要适用于母材较厚、坡口较宽间隙较大的焊缝，但施焊中要注意坡口边及层间熔化情况，防止产生未熔合等缺陷。

断续送丝是指向熔池送丝的动作是断续的，有规律的。断续送丝法焊丝有向熔池不断送进的动作，要求送丝动作要轻，不得扰动氩气保护层，以防空气侵入。断续送丝法多用于全位置管道的打底、填充、盖面。送丝时焊丝端头要处于氩气保护范围之内，这种焊接方法适用于一些管径较小、管壁较薄、间隙较小的母材，也可以用于大径管的打底焊接。这种方法可以容易观察熔池及坡口的熔化情况，确保焊缝熔合良好。

图 3.13 所示为优质焊缝外观。

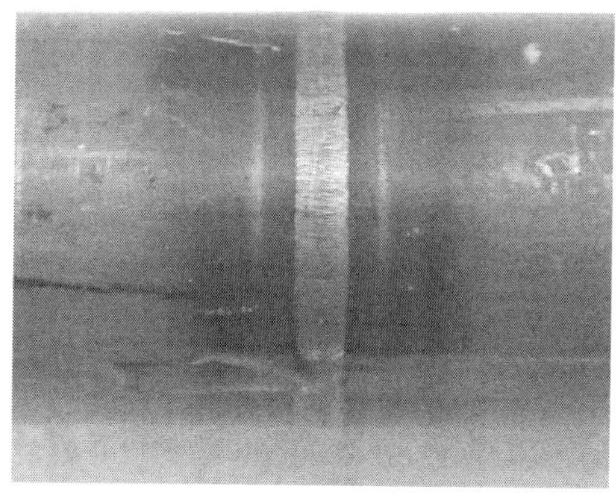

图 3.13 优质焊缝外观

3.13 初学者学习手工钨极氩弧焊时第一步如何练习操作技巧

对初学者来说，要学会控制电弧高低，送丝位置、节奏，两手的配合，掌握引弧、运条、停弧、接头等一些操作技巧。初学者应当先在板材上练习（图 3.14）平、立、横、仰四个位置的操作要领，重点练习引弧、运条、停弧、接头及焊丝与钨极的配合，达到运条自如的要求后，再循序渐进，顺序为：单管水平固定、垂直固定、45° 固定，以及排管、“十”字障碍水平固定、垂直固定的先易后难的顺序进行培训（图 3.15）。

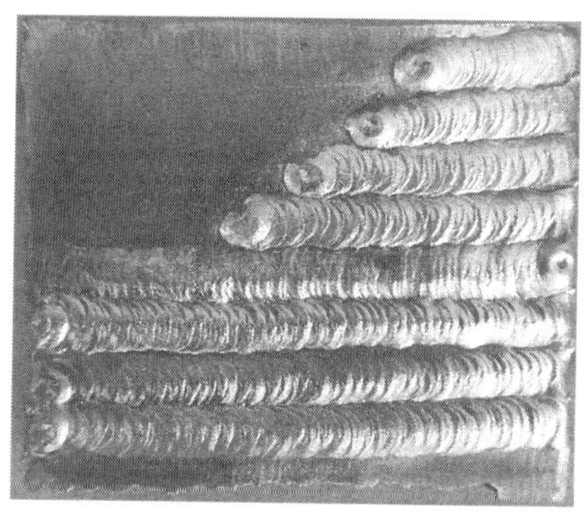

图 3.14 板材练习

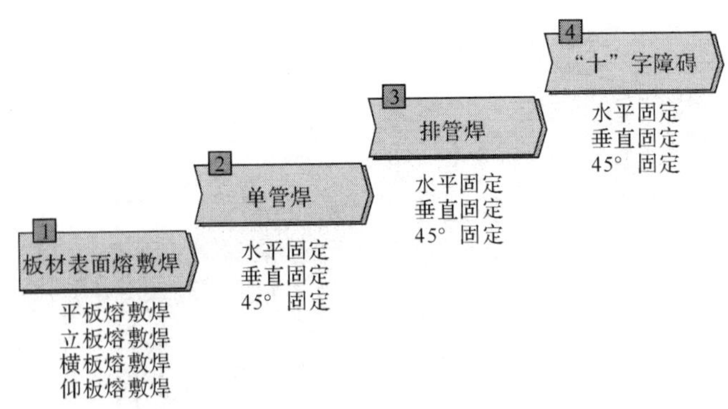

注：熔敷焊是指直接在母材表面焊接一层或多层。

图 3.15　初学者循序渐进练习流程图

3.14　手工钨极氩弧焊时的引弧方法

氩弧焊的引弧方法见表 3.2。

表 3.2　氩弧焊引弧方法

类别	方　法	操作要领
接触法引弧	钨极划擦法	用钨极尖像划火柴一样划擦母材表面，然后迅速抬高钨极，并引燃电弧。其缺点是若操作不当易划伤母材表面
	焊丝划擦法	当钨极尖距离母材 2mm 左右时，用焊丝在钨极尖和母材之间形成短路，焊丝迅速离开，就形成电弧。其优点是不会划伤母材表面
非接触法引弧	高频振荡引弧	将高频振荡器产生的高频电压加在钨极与工件之间，通过击穿其间的空气间隙引燃电弧。引燃电弧后迅速切断高频电压
	高压脉冲引弧	即外加一个高压脉冲，当按下高频开关引燃电弧后迅速关闭高频开关

3.15　手工钨极氩弧焊打底时的外填丝法和内填丝法

外填丝法是指在管子外壁填加焊丝（图 3.16）。内加丝法是指在管子内壁填加焊丝（图 3.17）。外填丝法适用于焊接各类管径和各种空间位置的焊件。内填丝法适用于焊接一些间隙大于焊丝直径 1~3mm 管道的仰焊，这种填丝方法不宜产生凹坑。

图3.16 外填丝

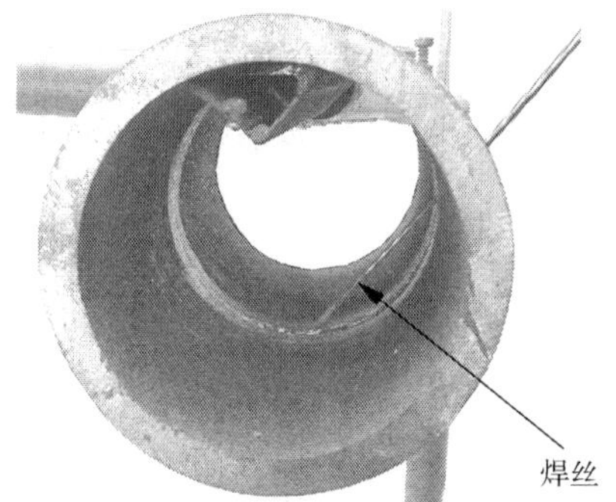

图3.17 内填丝

第4章 CO_2 气体保护焊的基本知识

4.1 什么是 CO_2 气体保护电弧焊

CO_2 气体保护电弧焊是指用外加气体作为电弧介质，并保护电弧、金属熔滴、焊接熔池和焊接高温区的电弧焊方法（图 4.1）。

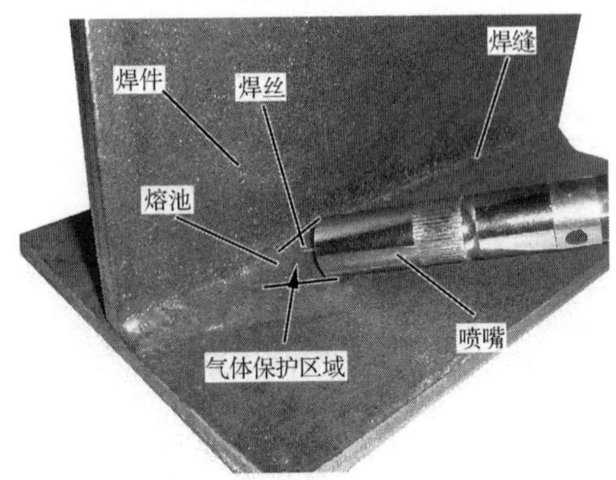

图 4.1 CO_2 气体保护电弧焊

4.2 CO_2 气体保护焊的优点和缺点

CO_2 气体保护焊的优点如下：

（1）生产效率高。由于 CO_2 气体保护焊采用的焊接电流密度较大（比焊条电弧焊和埋弧焊大得多），电弧热量利用率高，焊后熔渣极少，多层多道焊时层间不必清渣，且焊丝又是连续送丝减少了更换焊条、焊丝及清渣时间。

（2）成本低。CO_2 气体的价格便宜，电能消耗少，所以焊接成本低，约为焊条电弧焊的 40% ~50%。

（3）焊接变形和应力小。由于焊接电流密度高，电弧热量集中，工件受热面积小，同时 CO_2 气流有较强的冷却作用，所以焊接变形和应力小，一般结构焊后即可使用，特别适用于薄板焊接；

（4）焊缝质量高。由于焊缝含氢量少，抗裂性能好，焊接接头的力学性能良好故焊接质量高；

（5）操作简便。焊接时采用明弧焊，可以观察到电弧和熔池的情况，CO_2 气体保护焊采用自动送丝，所以操作容易掌握，不易焊偏，有利于实现机械化和自动焊接。

CO_2 气体保护焊的缺点如下：

（1）飞溅较大。焊后清理飞溅较麻烦，但规范正常时，产生的飞溅比采用碱性焊条的焊条电弧焊少，因此这不是大缺点。

（2）弧光强。CO_2 气体保护焊的弧光较强，需加强防护。

（3）抗风力弱。室外进行 CO_2 气体保护焊作业时应采取必要的防风措施。

（4）在一定范围内操作不够灵活。CO_2 气体保护焊的焊枪和送丝软管较重，在小范围内操作时不够灵活。

4.3　药芯焊丝气体保护焊的原理

药芯焊丝气体保护焊是指利用药芯焊丝在气体保护下进行焊接的方法（图 4.2）。药芯焊丝是指用薄钢板卷成圆形钢管或异性钢管，在管中填满一定成分的药粉，经拉制而成的焊丝。焊接过程中药粉的作用与焊条药皮相同。药芯焊丝气体保护焊的焊接过程是气渣联合保护。

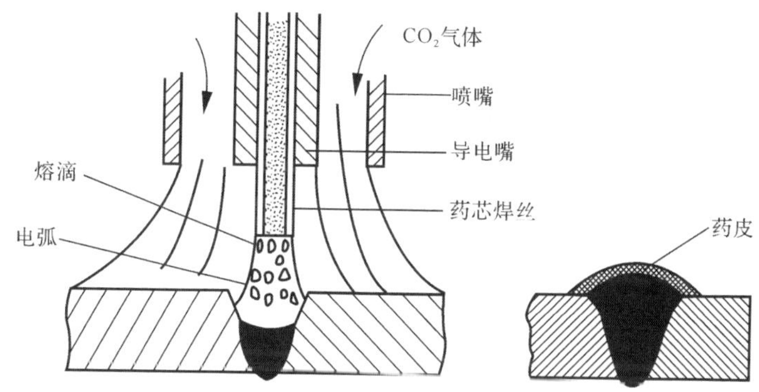

图 4.2　药芯焊丝气体保护焊

4.4 药芯焊丝气体保护焊的特点

药芯焊丝气体保护焊，由于焊接电流只流过药芯焊丝金属表皮，其电流密度大，焊接熔深相应加大，熔合速度比相同直径的实心焊丝高。生产效率高，是实心焊丝的 1.5~2 倍，是焊条的 5~8 倍；工艺性能好，焊接过程中电弧稳定，熔滴均匀，飞溅小，容易脱渣，焊缝成形美观；焊接熔深大，电流只通过药芯焊丝金属表皮，电流密度大，使焊道熔深加大；焊接成本低，药芯焊 CO_2 气体保护焊总成本仅为焊条电弧焊的 45%，并略低于实心 CO_2 气体保护焊。药芯焊丝可以通过改变药芯成分获得不同类型的药芯焊丝。但焊接时烟雾大，熔渣较多。药芯焊丝焊缝外观如图 4.3 所示。

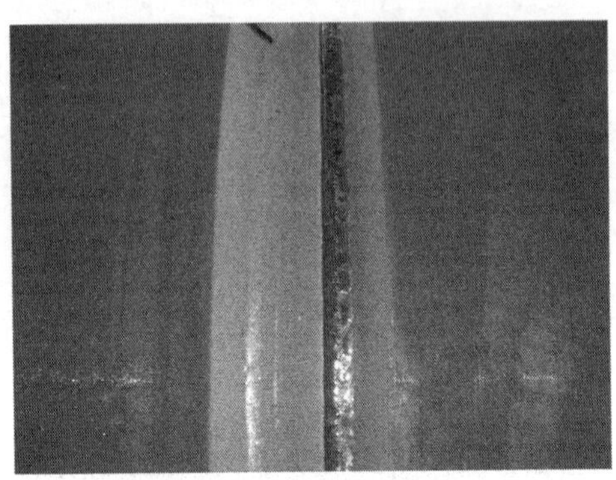

图 4.3 药芯焊丝焊缝外观

4.5 CO_2 气体保护焊主要应用场合

目前 CO_2 气体保护焊主要应用于低碳钢、低合金钢结构钢及低合金高强钢的焊接，在某些情况下可以焊接耐热钢和不锈钢或用于堆焊耐磨件及焊补铸钢、铸铁件。气体保护焊不仅能焊薄板，也能焊中、厚板，同时可以进行全位置的焊接。

CO_2 气体保护焊在冶金、机械制造、造船、石油化工等行业得到了广泛应用（图 4.4）。其中混合气体保护焊和药芯焊丝气体保护焊的发展也非常迅速，在生产中的应用也越来越普遍。

大型矿用电铲

核电环行吊车

煤化工加压气化炉

发射塔架

图 4.4　CO_2 气体保护焊主要应用场合

4.6　熔化极气体保护焊的焊接电源类型

气体保护焊焊接电源均为直流电源，有抽头式硅整流电源、晶闸管式电源、晶体管式电源、逆变电源等（图 4.5）。逆变电源体积小，比较节能，但维修复杂；晶闸管式电源在长时间使用大功率焊接比较耐用，质量可靠。

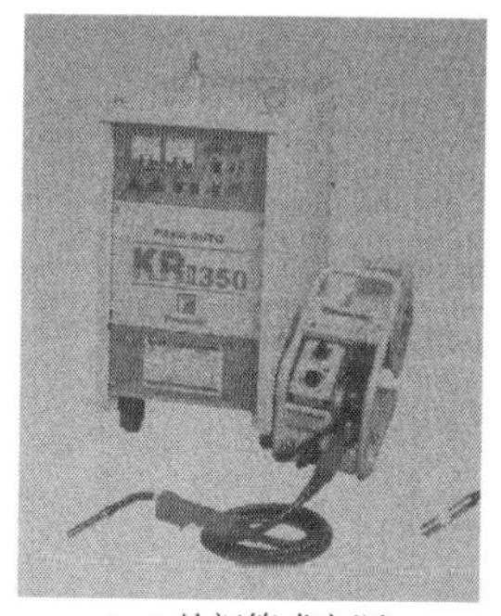

（a）晶闸管式电源

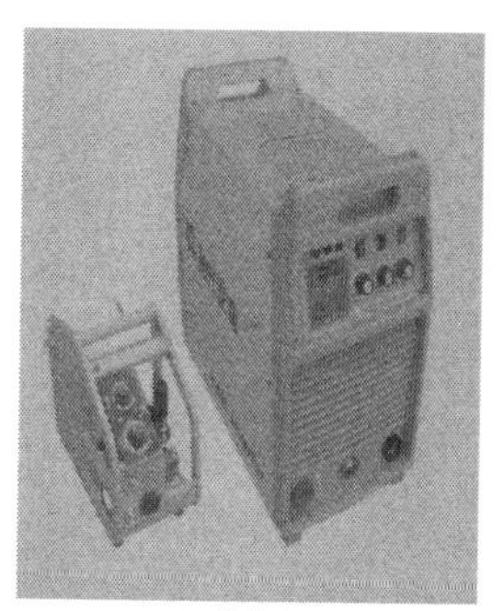

（b）逆变电源

图 4.5　气体保护焊的焊接电源

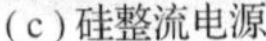
(c) 硅整流电源

(d) 晶闸管式电源

续图 4.5

4.7 熔化极气体保护焊根据焊接电流电压调节方法不同，焊接电源的分类方法

焊接电源分为一元化调节电源和二元化调节电源。

(1) 一元化调节电源。当电流调节好后控制系统自动调整最佳电弧电压，若不合适只需微调，使用比较容易（图 4.6）。

图 4.6　一元化调节电源

(2) 二元化调节电源。当电流调节好后，需调节匹配的电压，对要求特殊的工艺参数，材料的焊接，参数调整更细化，更精确（图 4.7）。

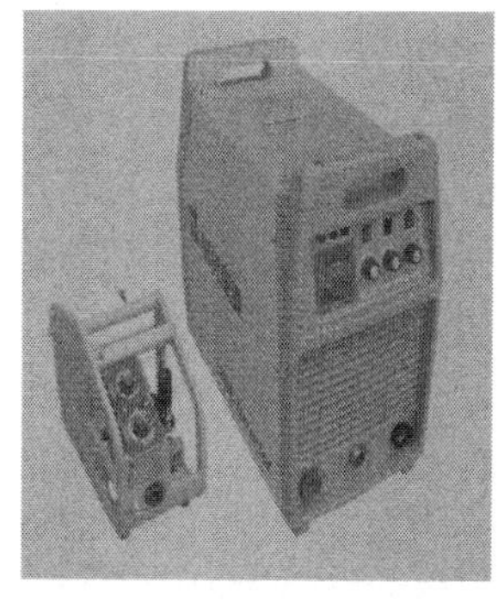

图 4.7　二元化调节电源

4.8　熔化极脉冲气体保护焊的优点和缺点

熔化极脉冲气体保护焊的优点如下：

（1）热输入量小。为了实现焊接，基础电流总要适应工件的厚度，而由于脉冲电流促进了熔滴过渡，这种方法的热输入要比传统小。

（2）熔池容易控制。电弧的能量是通过基础电流和脉冲电流来确定的，两个电流的比例和脉冲频率也是可调的，在进行焊接时，脉冲焊可准确地调整其能量，这是最大的优点。

（3）可使用粗焊丝焊接。粗焊丝可以用较小的基础电流，这样就可以焊接与基础电流相适应的薄板，这里脉冲电流的作用仍然是熔滴过渡，这样的优点是，粗丝价格便宜，且避免了送丝困难，特别适用于铝合金焊丝。

（4）整个焊接功率范围内，飞溅小，焊缝气孔倾向小。

（5）可广泛对应铝、不锈钢、碳钢等材质。

熔化极脉冲气体保护焊的缺点如下。

（1）焊接设备投资大。

（2）设备调节难度大。

（3）所用气体适用于惰性气体和混合气体，随着 O_2、CO_2 气体的增加就不适应于脉冲焊了。

熔化极脉冲气体保护焊的焊机和焊缝见图 4.8。

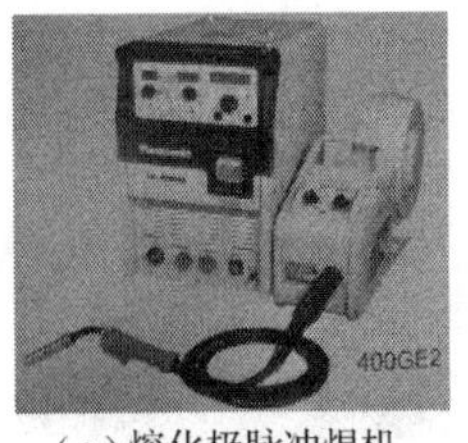

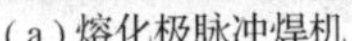
(a)熔化极脉冲焊机

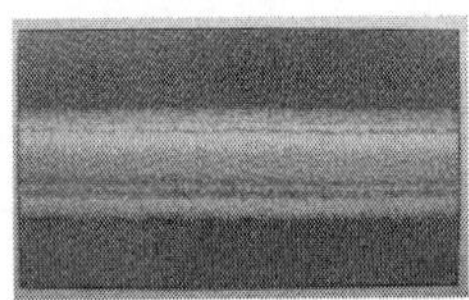
(b)铝搭接角焊

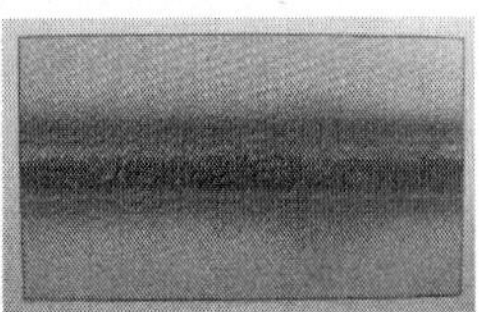
(c)不锈钢焊接

图 4.8　熔化极脉冲气体保护焊的焊机和焊缝

4.9　熔化极气体保护焊的送丝系统组成及送丝机的种类

熔化极气体保护焊的送丝系统（图 4.9）由送丝机、送丝软管、焊丝盘组成。

送丝机又分为推丝式、拉丝式、推拉丝式，一般焊丝采用推丝式。

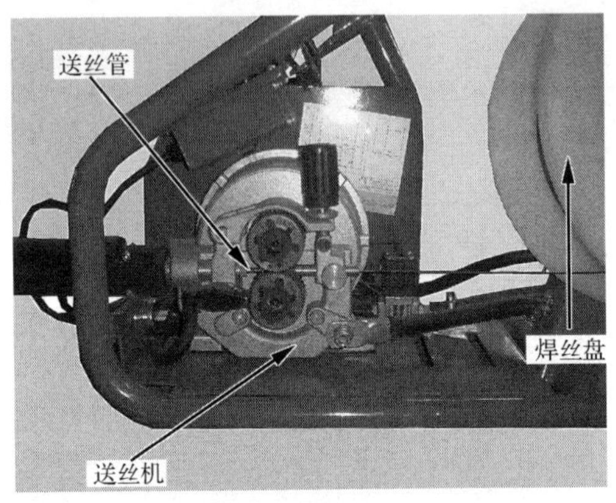

图 4.9　熔化极气体保护焊的送丝系统

4.10　CO_2 气体保护焊供气系统的组成

CO_2 气体保护焊供气系统由气瓶、预热器、干燥器、减压阀、流量计和电磁阀组成（图 4.10）。

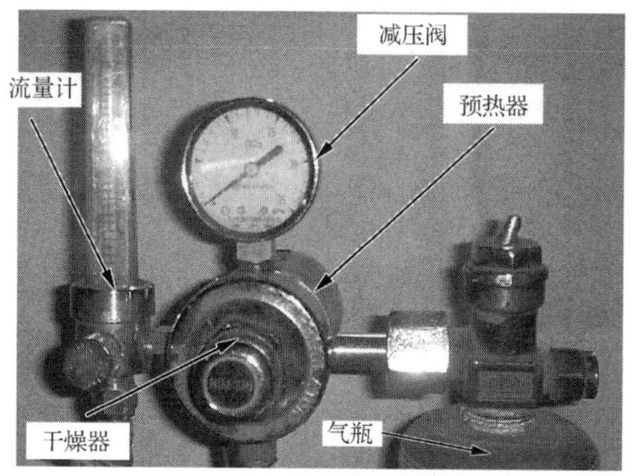

图 4.10　CO_2 气体保护焊供气系统

4.11　鹅颈式焊枪的头部结构的组成结构

鹅颈式焊枪的头部结构由喷嘴、导电嘴、分流器、瓷套、连接杆、弯管、枪体、弹簧软管组成（图 4.11）。

从喷嘴喷出的气体应为层流，截面呈圆锥体状，均匀地覆盖在熔池表面。

导电嘴的孔径选择应比焊丝直径大 0.2mm。

分流器的作用是改善气体保护效果。

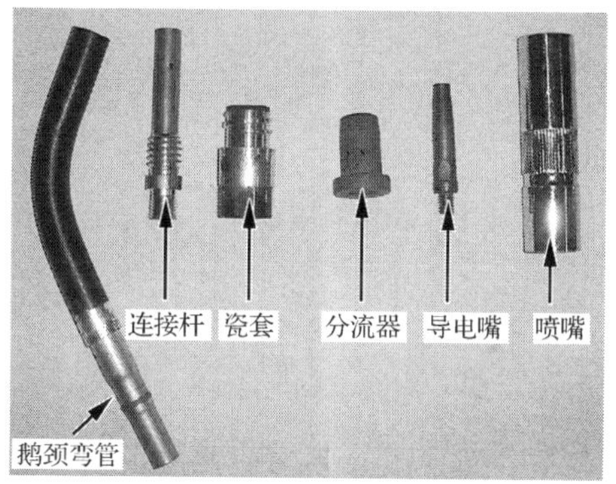

图 4.11　鹅颈式焊枪的头部结构

4.12　CO_2 气体保护焊的熔滴过渡形式（细丝实心焊的过渡形式）

CO_2 气体保护焊的熔滴过渡形式有：短路过渡［图 4.12（a）］、粗滴过渡（颗粒过渡）［图 4.12（b）］、喷射过渡［图 4.12（c）］。

CO_2 气体保护焊细丝主要是短路过渡和粗滴过渡，喷射过渡很难实现。

短路过渡主要用于打底焊小电流焊接电弧较稳定。

粗滴过渡主要用于较大电流填充、盖面的焊接。

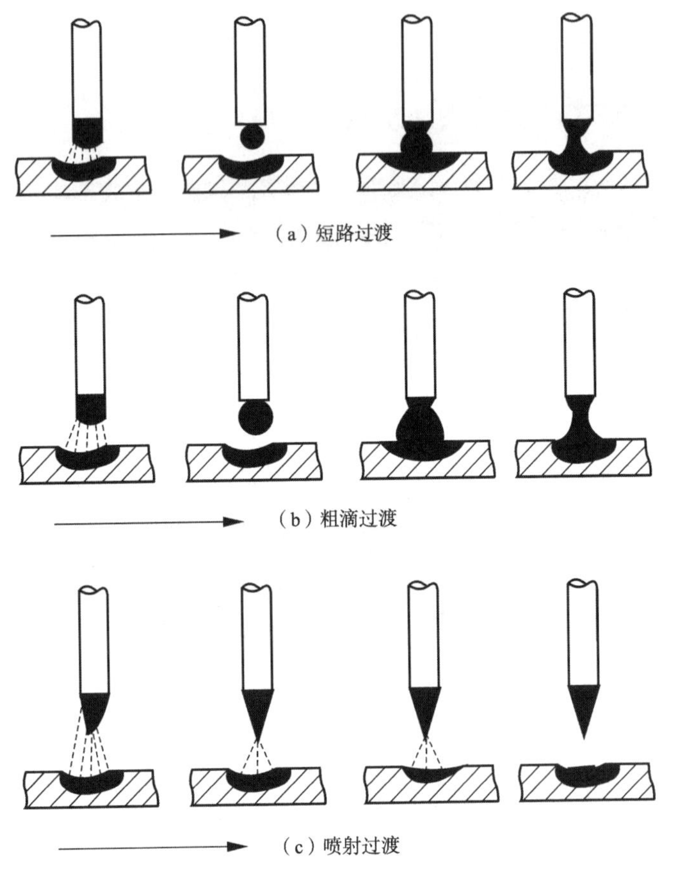

图 4.12　CO_2 气体保护焊的熔滴过渡形式

4.13　CO_2 气体保护焊现场操作的一般工艺参数

CO_2 气体保护焊现场操作的一般工艺参数主要包括：焊丝直径、焊接电流、电弧电压、焊接速度、焊丝伸出长度、气体流量、电源极性、回路电感、焊枪倾角、喷嘴高度等。

4.14　焊丝的直径选择

焊接时焊丝直径越粗，允许的焊接电流越大。通常焊丝的直径是根据焊件厚度，施焊位置及效率的要求等条件来选择，焊接薄板或中厚板的立焊、横焊、仰焊时，多采用 ϕ1.6mm 以下的焊丝。在焊接平焊，及中、厚板时可以采用大于 ϕ1.6mm 焊丝。

焊接时焊丝直径太粗对焊缝的影响是：焊缝晶粒度变大，力学性能变差，冶金反应激烈、飞溅多，电弧不稳定、合金元素烧损加大，焊工操作难度将加大等。

各种焊丝的适用范围见表 4.1。

表 4.1　各种焊丝的适用范围

焊丝直径 /mm	焊件厚度 /mm	施焊位置	熔滴过渡形式
0.8	1 ~ 4	各种位置	短路过渡
1.0	2 ~ 6	各种位置	短路过渡
1.2	2 ~ 12	各种位置	短路过渡
	中厚	平焊、横角	粗滴过渡
≥ 1.6	6 ~ 12	各种位置	短路过渡
	中厚	平焊、横角	粗滴过渡

4.15　焊接的电流选择

焊接电流是重要工艺参数之一，应根据工件厚度、材质、焊丝直径、施焊位置以及熔滴过渡形式选择焊接电流的大小。

焊接电流对熔深、焊丝熔化速度及工作效率影响最大，当焊接电流逐渐增大时，熔深、熔宽和余高都相应增加。焊接电流过大，容易引起烧穿、裂纹等缺陷且焊接变形大，焊接过程飞溅大；焊接电流过小时，容易产生未焊透，未熔合和夹渣等缺陷及焊缝成形不良。通常普通材料焊接在保证焊透情况下采用大电流，以提高生产效率，但热输入要控制好。

焊丝直径与焊接电流的关系见表 4.2。

表 4.2　焊丝直径与焊接电流的关系

焊丝直径 /mm	适用电流范围 /A
0.8	50 ~ 150
0.9	70 ~ 180
1.0	80 ~ 250
1.2	90 ~ 350
1.6	300 ~ 500

4.16　焊接的电压选择

电弧电压是重要的工艺参数之一，应根据焊丝直径、焊接电流等来选择。电弧电压对焊道外观、熔深、电弧稳定性、飞溅程度、焊接缺陷及焊缝力学性能有很大影响。为保证焊缝成形良好，电弧电压必须与焊接电流匹配适当，通常焊接电流大时，电弧电压也较高，焊接电流小时，电弧电压较低。

4.17　焊接的速度选择

焊接速度与焊接电流、电弧电压一起是焊接热输入的三大因素，范围一般在 5~60m/h。

它对熔深和焊道形状影响最大，对焊缝力学性能，裂纹、气孔也有一定影响。焊接速度过高除产生咬边、未熔合等缺陷外，由于保护不良还将出现气孔，若焊接速度太慢，熔敷金属堆积在电弧下方，使熔深减小，将产生焊道不匀、未熔合、未焊透降低生产效率外，焊接变形将会增大。

4.18　焊丝的伸出长度

焊丝伸出长度也叫做干伸长，一般根据焊丝直径来选择的，是焊丝直径的 10 倍左右为宜，太短妨碍观察电弧，太长保护效果不良，焊缝成形不好。焊接过程中送丝速度不变时焊丝伸出长度增加焊接电流将减小，造成热量不足，焊缝容易引起未焊透、未熔合等缺陷。相反若焊丝伸出长度减小，将使熔滴与熔池温度提高，在全位置焊接时引起熔池铁水流失。焊丝伸出长度小时，电弧功率大，熔深大，飞溅少；伸出长度大时，电弧功率小，熔深浅，飞溅多。焊丝伸出长度对焊缝成形的影响见图 4.13。

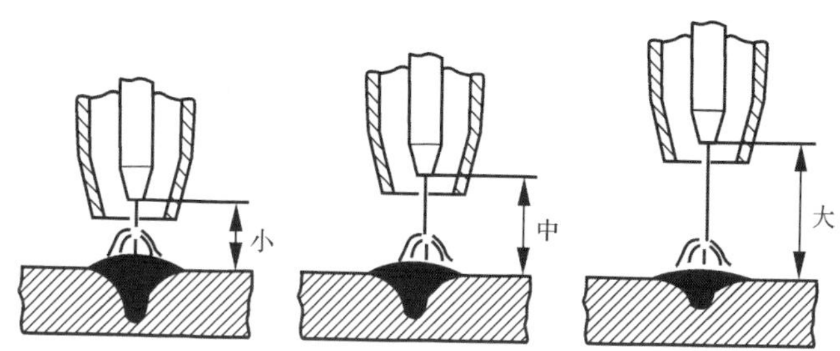

图 4.13　焊丝伸出长度对焊缝成形的影响

4.19　焊接时气体流量的确定

气体流量是根据焊接区保护效果来选择，焊接电流，电弧电压，焊接速度，接头形式，作业环境等对流量都有影响。过大过小都影响保护效果，易产生焊接缺陷，细丝焊接时通常为 10~15 L/min，粗丝焊接时为 20~25 L/min。保护气体的形状见图 4.14。

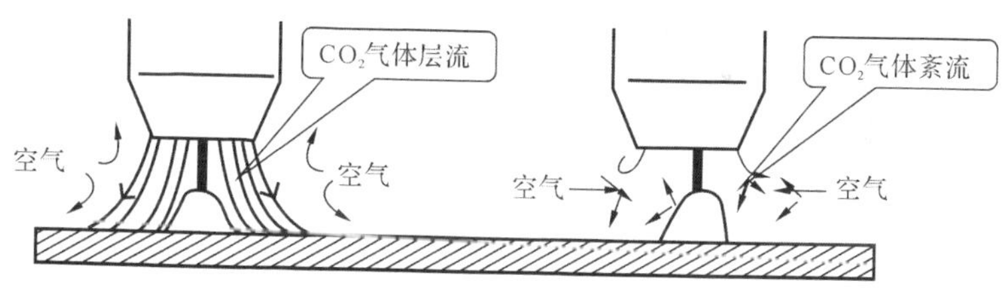

图 4.14　保护气体的形状

4.20 焊枪运条的方法及应用范围

为了保证焊缝的宽度和保证熔合质量，CO_2 气体保护焊时应根据不同的焊接位置及接头形式作横向摆动。常用的摆动方式及应用范围见表 4.3。

表 4.3 焊枪摆动方式及应用范围

摆动方式	应用范围
	薄板及中厚板打底焊道
	小间隙及中厚板打底焊道
	厚板第二层以后的横向摆动
	多层焊时的第一层及堆焊
	大间隙、大坡口
 ⑧ ⑥⑦④⑤②③ ①	焊薄板根部有间隙、坡口有钢垫或施工物时

第 5 章　焊后检验

5.1　焊接质量检验的目的

因为焊接接头质量的好坏直接影响设备、产品或结构的安全性，所以必须进行焊接质量检验。焊接质量检验贯穿整个焊接过程，包括焊前、焊接过程中和焊后成品检验三个阶段，如图 5.1 所示。

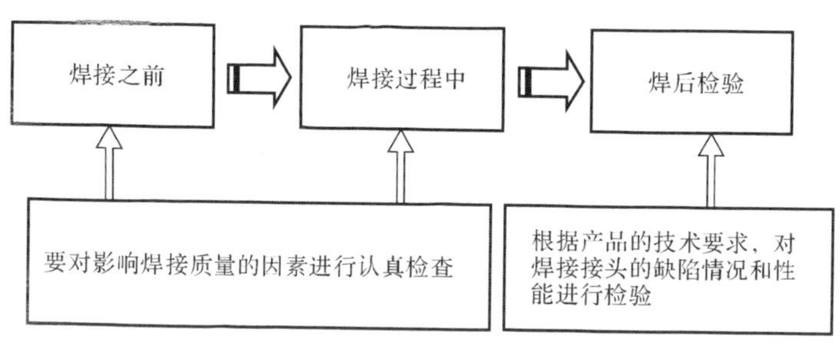

图 5.1　焊接接头质量检验过程

在实际焊接过程中，诸如工件的材料和厚度、工件的表面状态、焊接电流、电极的端面形状和尺寸以及焊工操作手法等，都对焊接质量有较大影响。

在焊接之前和焊接过程中，应对影响焊接质量的因素进行认真检查，以防止和减少焊接缺陷的产生；焊后应根据产品的技术要求，对焊接接头的缺陷情况和性能进行检验，做出相应处理，评价焊接产品质量、性能是否达到设计及标准的有关要求，以确保使用安全。

焊接接头成品检验主要包括无损检验（非破坏检验）和破坏性检验。无损检测是指在不破坏试件的前提下，以物理或化学方法为手段，借助先进的技术和设备器材，对试件的内部及表面的结构、性质、状态进行检查和测试的方法。破坏性检验则带有破坏性的，就是产品检查以后本身不复存在或被破坏得不能再使用了。焊接质量检验方法见图 5.2。

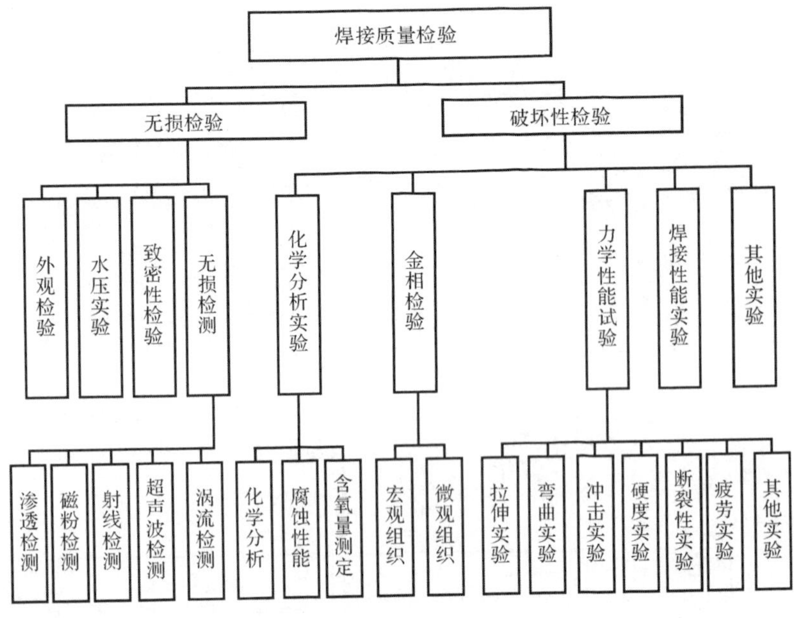

图 5.2　焊接质量检验方法

5.2　射线检验及射线检验的种类

射线检验是利用射线能穿透金属、使底片感光的原理来检验焊缝中的缺陷的一种方法（图 5.3）。

常用的射线检验可分为两类：X 射线检验、γ 射线检验。X 射线与 γ 射线都是波长极短的电磁波，是一种能量极高的光子束流。将射线源对准受检部位，使射线透过焊件照射到胶片上。焊件的厚度或组织不同，射线透过时的衰减程度也不同，胶片感光程度也不同。如焊缝内存在缺陷（比如气孔），则由于缺陷处密度比金属小，所以射线在有缺陷的地方透过的强度比没有缺陷的地方大。由于底片感光程度不同，有缺陷处显得比较黑，没有缺陷的地方就比较亮，由此可发现缺陷的位置、大小和种类。

X 射线机按结构分类，可分为携带式 X 射线机和移动式射线机。

按使用性能分类，可分为定向 X 射线机、周向 X 射线机、管道爬行器。X 射线设备、γ 射线设备以及测试现场情况见图 5.4。

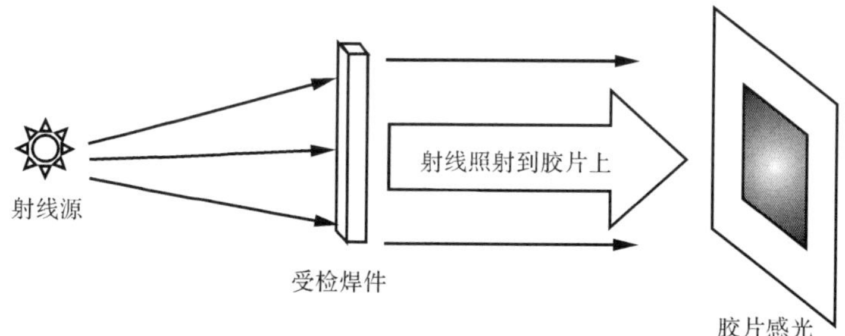

图 5.3　射线检验

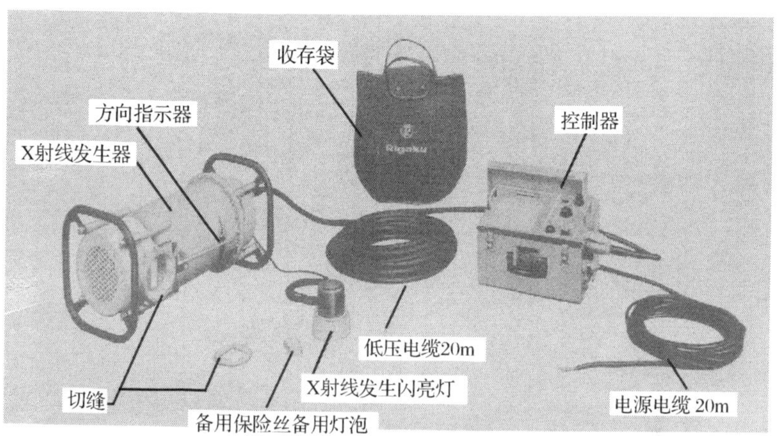

（a）携带式X射线机设备

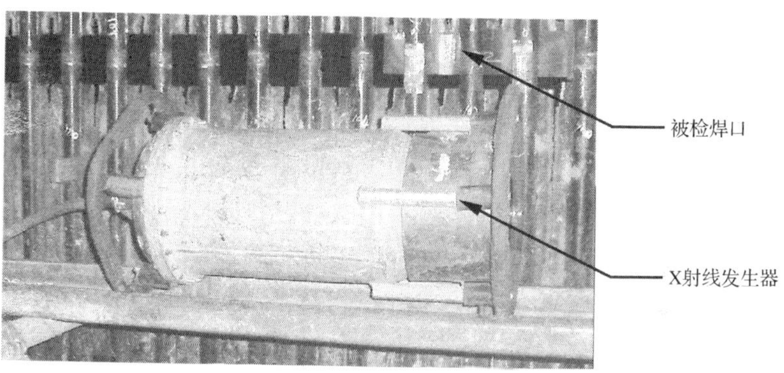

（b）X射线检测现场

图 5.4　射线检测设备及测试现场

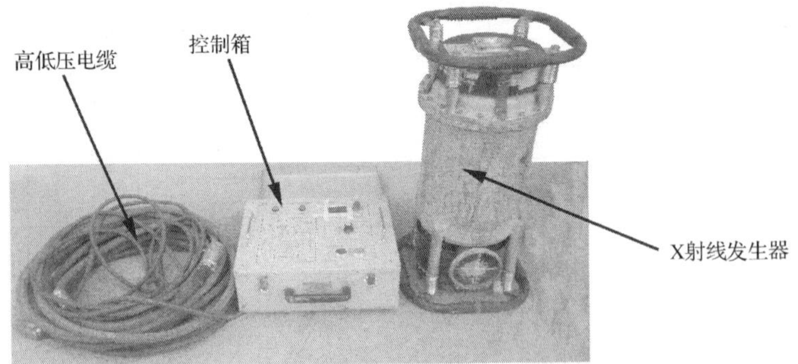

(c) X射线设备

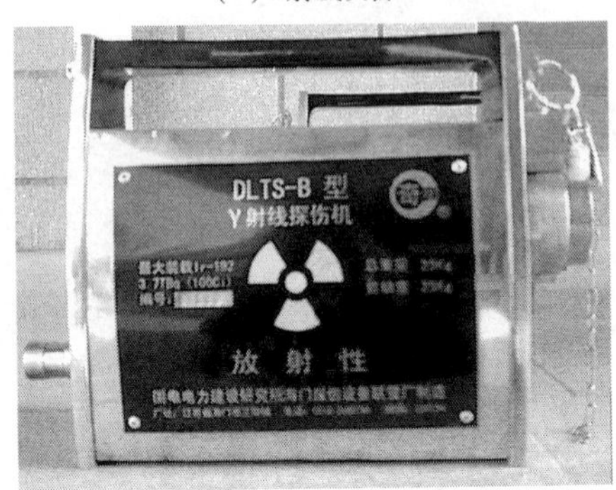

(d) γ射线设备

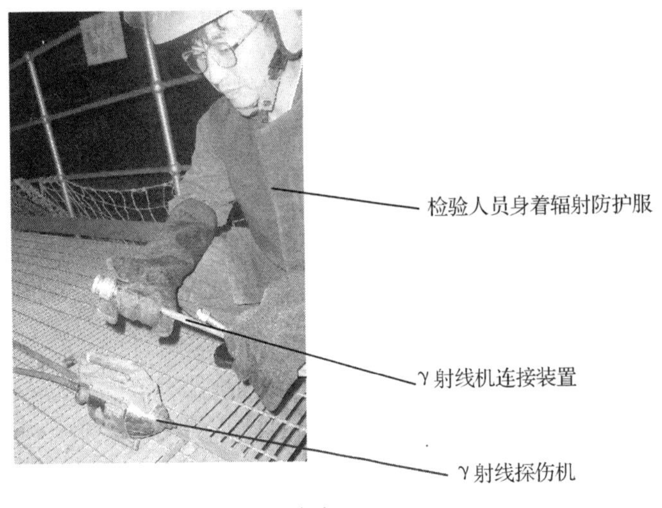

(e)

续图 5.4

5.3 射线检验底片质量分级的一般规定

根据标准《承压设备无损检测》（JB/ T 4730.2-2005）中 5.1 条的规定，钢、镍、铜制承压设备熔化焊对接接头射线检测质量分级的规定如下。

（1）Ⅰ级对接焊接接头内不允许存在裂纹、未熔合、未焊透和条形缺陷。

（2）Ⅱ级和Ⅲ级对接焊接接头内不允许存在裂纹、未熔合和未焊透。

（3）对接焊接接头中缺陷超过Ⅲ级者为Ⅳ级。

（4）当各类缺陷评定的质量级别不同时，以质量最差的级别作为对接焊接接头的质量级别。

各级允许的圆形缺陷点数见表 5.1。

表 5.1 各级允许的圆形缺陷点数

评定区（mm × mm）	10 × 10		10 × 20			10 × 30
母材公称厚度 T，mm	≤10	>10 ~ 15	>15 ~ 25	>25 ~ 50	>50 ~ 100	>100
Ⅰ级	1	2	3	4	5	6
Ⅱ级	3	6	9	12	15	18
Ⅲ级	6	12	18	24	30	36
Ⅳ级	缺陷点数大于Ⅲ级或缺陷长径大于 $T/2$					

注：当母材公称厚度不同时，取较薄板的厚度。

5.4 焊接作业与射线检验发生交叉作业时有效的射线防护方法

射线防护的三大方法是时间防护，距离防护和屏蔽防护。

（1）时间防护：在辐射场内的人员所受辐射的累积剂量与时间成正比，因此，在辐射率不变的情况下，缩短辐射时间便可减少辐射的剂量，从而达到防护目的，如图 5.5 所示。

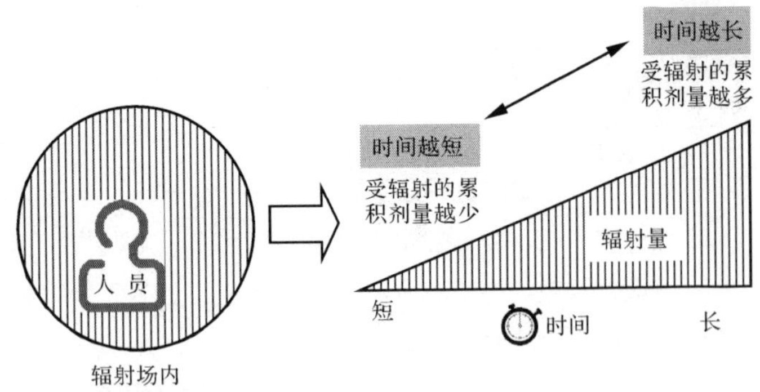

图 5.5 在辐射率不变的情况下，缩短辐射时间便可减少辐射的剂量

距离防护：在源辐射强度一定的情况下，剂量率或照射量与离源的距离平方成反比，增大距离便可减少剂量率或照射量，从而达到防护目的。因此焊工进行焊接操作应处于射线作业监督区域外，如图 5.6 所示。

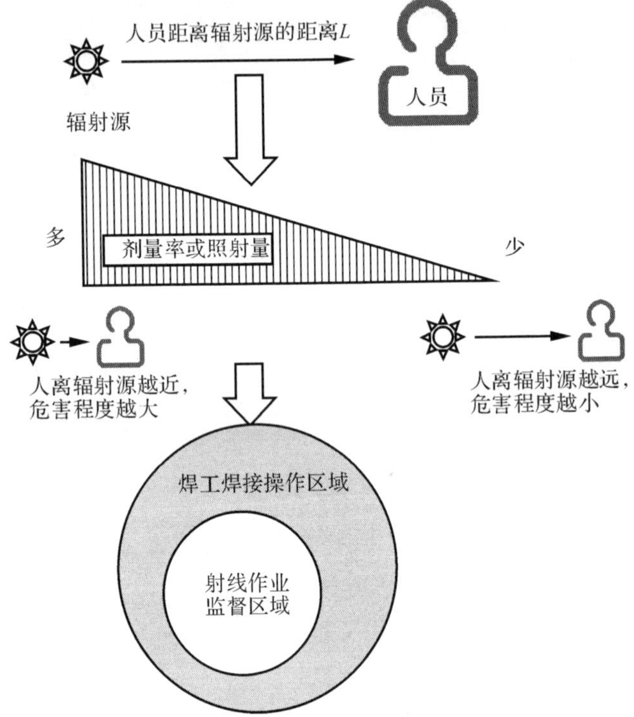

图 5.6 焊工所在的操作区域一定要在射线作业监督区域以外

屏蔽防护：射线穿透物质时强度会减弱，在人与辐射源之间设置足够的屏蔽物，便可降低辐照水平，达到防护目的，如图 5.7 所示。

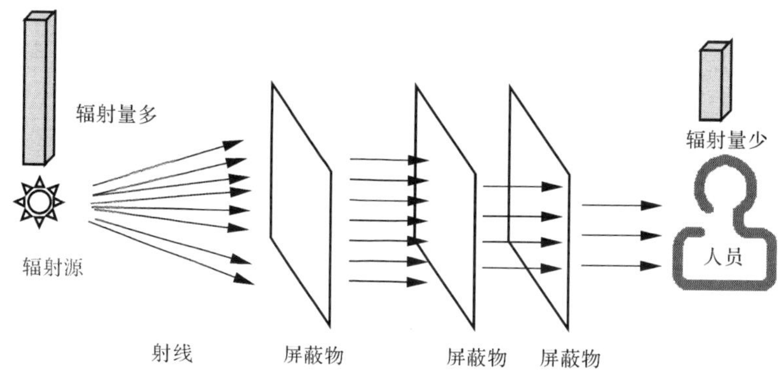

图 5.7　在人与辐射源之间设置足够的屏蔽物，可减少危害程度

在有辐射的区域旁边会张贴或悬挂有“当心电离辐射”的安全标志，所以，当看到这个标志（图 5.8）时，焊接作业人员不要擅自进入电离辐射区域。

图 5.8　电离辐射标识

5.5　超声波检验的原理

超声波是频率超过 20kHz 的机械振动波，具有能透入金属材料深处的特性。超声波检验通常采用的是脉冲反射式超声波探伤仪，它是由脉冲超声波发生器（高频脉冲发生器）、声电换能器（探头）、接收放大器和显

示器四大部分组成。其检验原理是，开始扫描时，高频脉冲发生器发出的电压作用于探头上的晶片，使晶片振动，产生超声波脉冲，向工件中传播时遇到底面和不同声阻抗的缺陷时，就会产生反射波。反射波被晶片接收后转变为电脉冲信号，经放大器送至示波管，在扫描线上相应缺陷和底面的位置显示出缺陷脉冲和底脉冲的波形，其波幅大小表示反射的强弱。因此，从示波管荧光屏上的图形上，可判断焊缝内有无缺陷以及缺陷的位置和大小。

超声波检验的工艺特点如下。

（1）面积型缺陷的检出率较高，体积型缺陷的检出率较低。

（2）适宜检验厚度较大的工件，适用于各种试件及复合材料。

（3）对缺陷在工件厚度上定位较难。

（4）检验成本低，速度快，检测仪器体积小，重量轻，现场使用方便。

（5）无法得到缺陷直观图像，定性困难，精度不高。

（6）检测结果无直接见证记录，不适宜晶粒粗大材料检验。

超声波检验设备见图 5.9。图 5.10 所示为对焊接接头进行超声检测正在超声。图 5.11 所示为在施工现场对管道进行超声工作。

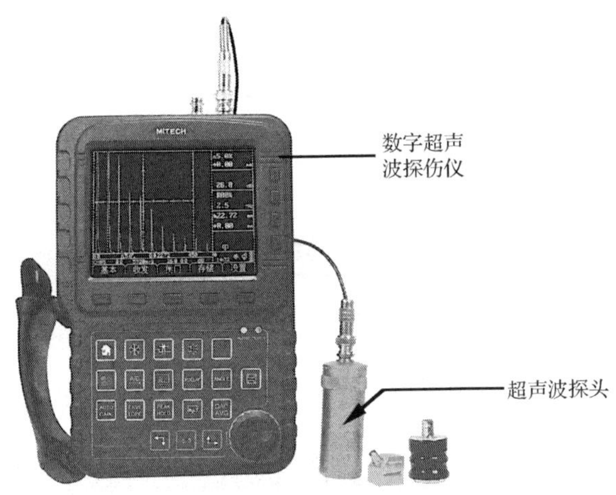

图 5.9 超声波检验设备

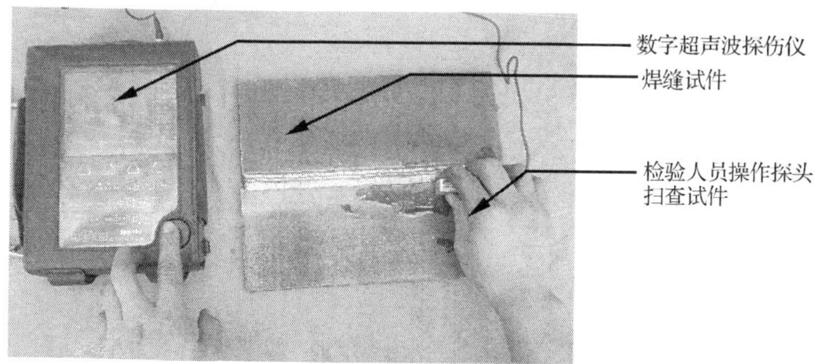

图 5.10　对焊接接头进行超声检测正在超声

图 5.11　在施工现场对管道进行超声工作

5.6　承压设备对接接头超声波检验质量分级的一般规定

根据标准《承压设备无损检测》（JB/T4730.3-2005）中第 5 条钢制承压设备对接焊接接头超声波检测质量分级规定见表 5.2。

表 5.2　焊接接头质量分级　（单位：mm）

等级	板厚 T	反射波幅（所在区域）	单个缺陷指示长度 L	多个缺陷累计长度 L'
I	6 ~ 400	I	非裂纹类缺陷	
	6 ~ 120	II	$L = T/3$，最小为 10，最大不超过 30	在任意 $9T$ 焊缝长度范围内 L' 不超过 T
	>120 ~ 400		$L = T/3$，最大不超过 50	

续表 5.2

等级	板厚 T	反射波幅（所在区域）	单个缺陷指示长度 L	多个缺陷累计长度 L'
Ⅱ	6 ~ 120	Ⅱ	$L=2T/3$，最小为 12，最大不超过 40	在任意 4.5T 焊缝长度范围内 L' 不超过 T
	>120 ~ 400		最大不超过 75	
Ⅲ	6 ~ 400	Ⅱ	超过Ⅱ级者	超过Ⅱ级者
		Ⅲ	所有缺陷	
		Ⅰ、Ⅱ、Ⅲ	裂纹等危害性缺陷	

注：1. 母材板厚不同时，取薄板侧厚度值。

2. 当焊缝长度不足 9T（Ⅰ级）或 4.5T（Ⅱ级）时，可按比例折算。当折算后的缺陷累计长度小于单个缺陷指示长度时，以单个缺陷指示长度为准。

5.7 磁粉检验的原理

铁磁性材料被磁化后，其内部产生很强的磁感应强度，磁力线密度增大几百到几千倍，如材料中存在不连续性，磁力线会发生畸变，形成漏磁。如这时在工件上撒上磁粉，漏磁场就会吸附磁粉，形成与缺陷相近的磁痕，从而显示出不连续性的位置，形状和大小。

磁粉检验的工艺特点如下。

（1）适宜铁磁性材料，不能用于非铁磁性材料的检验。

（2）可以检测出表面和近表面的缺陷，不能用于检查内部缺陷。

（3）检测灵敏度很高，可以发现极细小的裂纹及其他缺陷。

（4）检测成本很低，速度快。

（5）工件的形状和尺寸有时对探伤有影响，因其难以磁化而无法探伤。

磁粉检验的设备及现场操作情况见图 5.12。

（a）便携式交流磁粉探伤仪

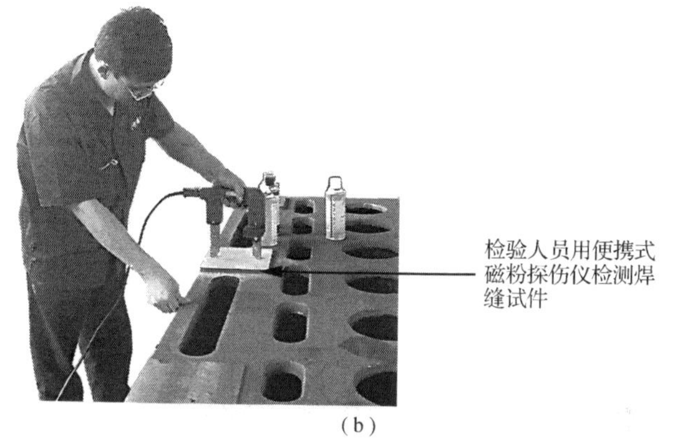

（b）

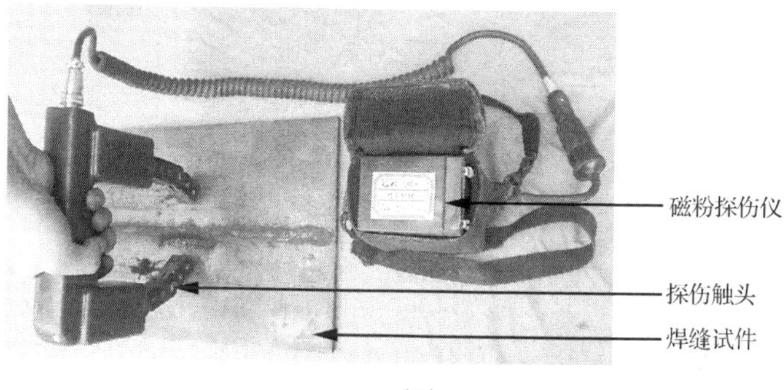

（c）

图5.12　磁粉检验的设备及现场操作情况

5.8　承压设备对接接头磁粉检验质量分级的一般规定

根据标准《承压设备无损检测》（JB/T 4730.4–2005）中第 9 条规定，承压设备对接焊接接头磁粉检测质量分级的要求见表 5.3。

表 5.3　焊接接头的磁粉检测质量等级

等级	线性缺陷磁痕	圆形缺陷磁痕（评定框尺寸为 35mm × 100mm）
Ⅰ	不允许	$d \leqslant 1.5$，且在评定框内不大于 1 个
Ⅱ	不允许	$d \leqslant 3.0$，且在评定框内不大于 2 个
Ⅲ	$l \leqslant 3.0$	$d \leqslant 4.5$，且在评定框内不大于 4 个

注：1. 不允许存在任何裂纹。
2. d 为圆形缺陷在任何方向上的最大尺寸，单位为 mm。

5.9　渗透检验的工作原理

对零件表面被施涂含有荧光染料或着色染料的渗透液后，在毛细管的作用下，经过一定时间的渗透，渗透液可以渗进表面缺口缺陷中。经去除零件表面多余的渗透液和干燥后，在零件表面施涂吸附介质——显像剂；在毛细管作用下，显像剂将吸引缺陷中保留的渗透液回到显像剂中。在一定光源下（黑光或者白光），缺陷处的渗透液痕迹被显示（黄绿色荧光或鲜艳的红色），从而检测出缺陷的形状及分布情况。

渗透检验的工艺特点如下。

（1）渗透检验可以检查（钢、耐热合金、铝合金、镁合金、铜合金）和非金属（陶瓷、塑料）零件或材料的表面开口缺陷，渗透探伤不受受检零件化学成分的限制。

（2）渗透检验可以检查磁性材料，也可以检查非磁性材；可以检查黑色金属，也可以检查有色金属，还可以检查非金属。

（3）渗透检验不受受检工件的结构限制。可以检查焊接件或铸件，也可以检查压延件和锻件，还可以检查机械加工件。渗透探伤不受缺陷形状（线性或者体积性缺陷），尺寸和方向的限制。只需一次渗透探伤，即可把零件表面各个方向的缺陷全部检查出来。

（4）渗透检验不适用于检查表面是吸收性零件或者材料，如粉末冶金零件；也不适用于检查因外来因素造成开口被堵塞的缺陷，例如零件经喷丸处理或喷砂，则可能堵塞表面缺陷的开口。只能检查非多孔性材料的表面开口缺陷，应用范围较窄。

图 5.13 所示为溶剂去除型着色检验渗透探伤剂。图 5.14 所示为在焊件上喷涂着色渗透探伤剂。图 5.15 所示为在施工现场喷涂着色检验渗透探伤剂。图 5.16 所示为着色检验出的缺陷。

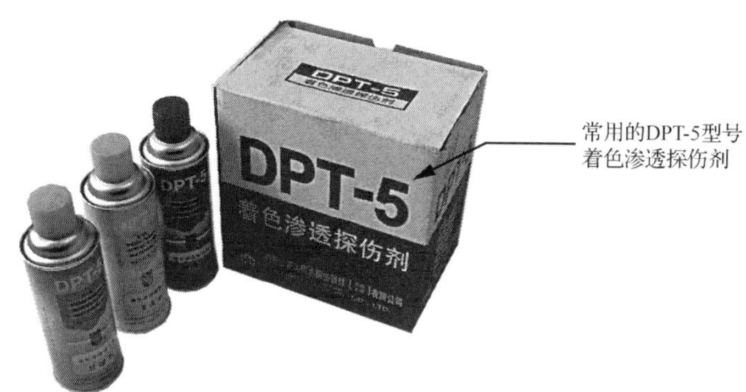

图 5.13 溶剂去除型着色检验渗透探伤剂

图 5.14 在焊件上喷涂着色渗透探伤剂

图 5.15 在施工现场喷涂着色检验渗透探伤剂

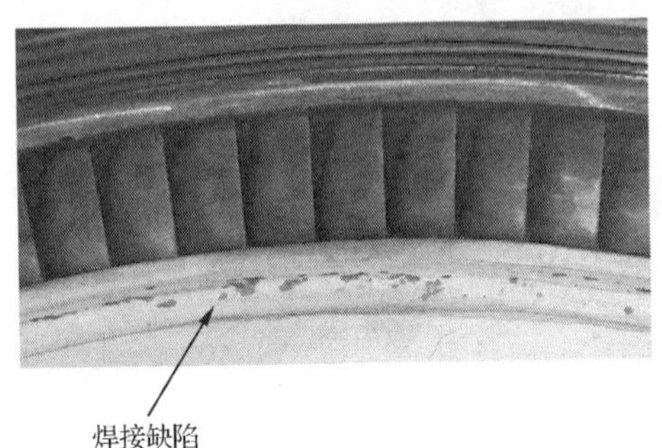

图 5.16 着色检验缺陷

5.10 承压设备对接接头渗透检验质量分级的一般规定

根据标准《承压设备无损检测》（JB/T4730.5–2005）中第 7 条的规定，承压设备对接焊接接头渗透检测质量分级的要求见表 5.4。

表 5.4 焊接接头和坡口的质量分级

等级	线性缺陷	圆形缺陷（评定框尺寸 35mm×100mm）
I	不允许	$d \leqslant 1.5$，且在评定框内少于或等于 1 个
II	不允许	$d \leqslant 4.5$，且在评定框内少于或等于 4 个
III	$L \leqslant 4$	$d \leqslant 8$，且在评定框内少于或等于 6 个
IV	大于III级	

注：1. 不允许任何裂纹。

2. L 为线性缺陷长度，单位为 mm；d 为圆形缺陷在任何方向上的最大尺寸，单位为 mm。

5.11　焊接接头的光谱分析

由于每种金属元素原子都有自己的特征谱线，因此可以根据光谱来鉴别物质和确定它的化学组成。这种方法叫做光谱分析，光谱分析人员能用看谱镜做常用合金元素的半定量分析，用直读光谱仪做常用合金元素的定量分析。

光谱分析的作用是：粗定材质、混料分选、材质复核。

光谱分析的操作见图 5.17。

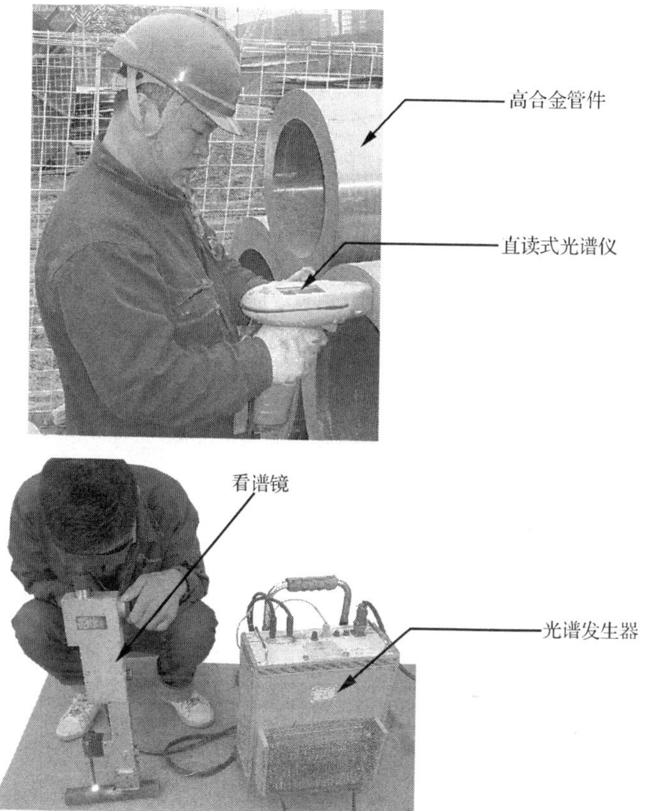

图 5.17　光谱分析

5.12 焊接接头的硬度检验

焊缝硬度是评定金属材料力学性能最常用的指标之一。硬度的实质是材料抵抗另一较硬材料压入的能力。硬度检验是评价焊接接头金属力学性能最迅速、最经济、最简单的一种试验方法。对于焊缝而言，硬度是代表着在一定压头和试验力作用下所反映出的弹性、塑性、强度、韧性及磨损抗力等多种物理量的综合性能。

金属硬度检测主要包括布氏、洛氏、维氏、努氏、韦氏、巴氏等。现场检测一般采用便携式里氏硬度计（图 5.18）。

焊缝硬度检测的主要目的就是评定焊接接头的硬化倾向，并可间接考核焊接接头的脆化程度，见图 5.19。

图 5.18 便携式里氏硬度计

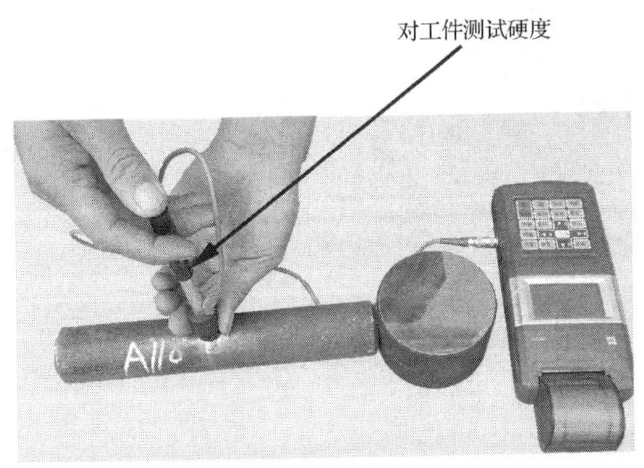

图 5.19 焊缝硬度检测

5.13　分析几种常见焊接接头缺陷在底片上的影像

（1）分析裂纹在底片上的影像。

底片上裂纹的典型影像是轮廓分明的黑线或黑丝。黑线或黑丝上有微小的锯齿，有分叉，粗细和黑度有时并不均匀，有些裂纹影像呈较粗的黑线有黑丝相互缠绕状；线的端部尖细，端头前方有时有丝状阴影延伸，见图 5.20。

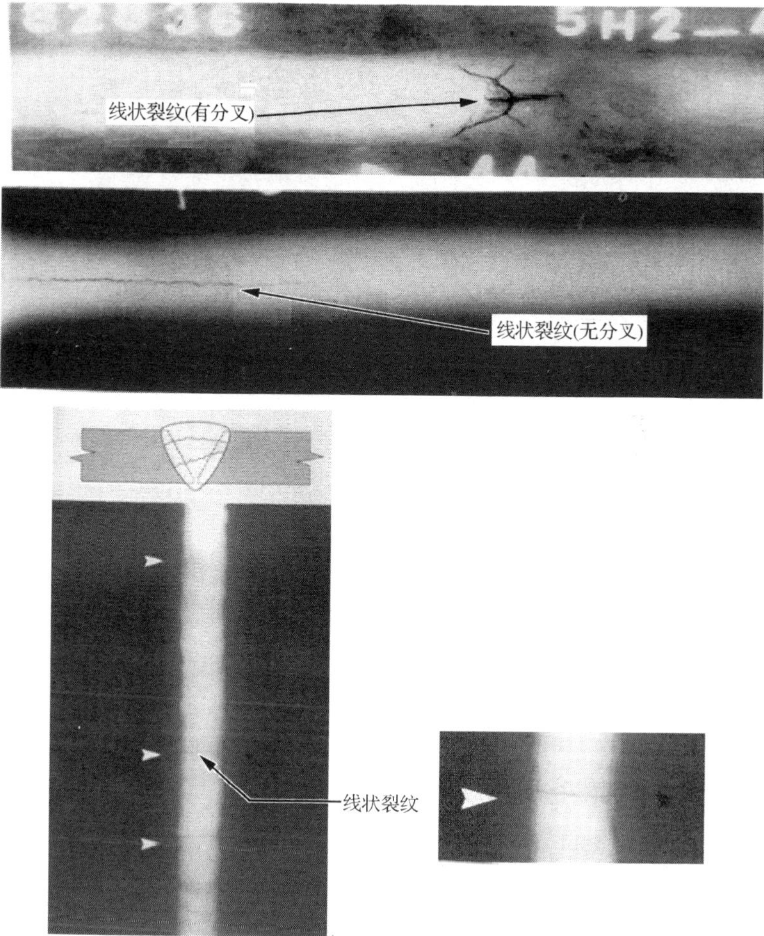

图 5.20　裂纹在底片上的影像

（2）分析未熔合在底片上的影像。

未熔合分为根部未熔合、坡口未熔合、层间未熔合三种。

根部未熔合的典型影像是一条细直黑线，线的一侧轮廓整齐且黑度较大，为坡口或钝边痕迹，宽度恰好为钝边间隙宽度（图 5.21）。

坡口未熔合的典型影像是连续或断续的黑线，宽度不一，黑度不均匀，一侧轮廓较齐，黑度较大，另一侧轮廓不规则，黑度较小，在底片的位置一般在焊缝中心至边缘的一半处，沿焊缝纵向延伸（图 5.22）。

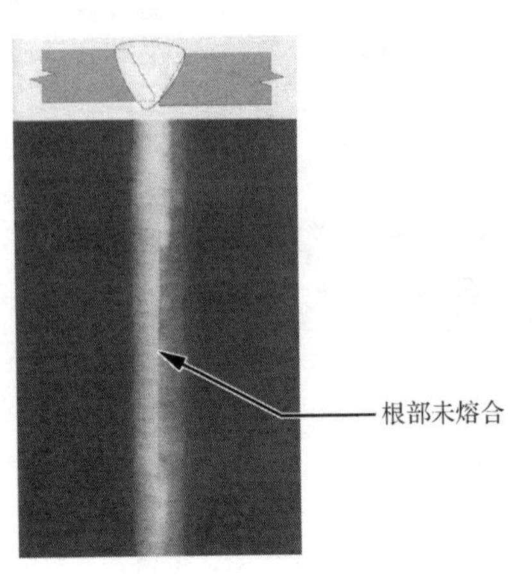

图 5.21　根部未熔合

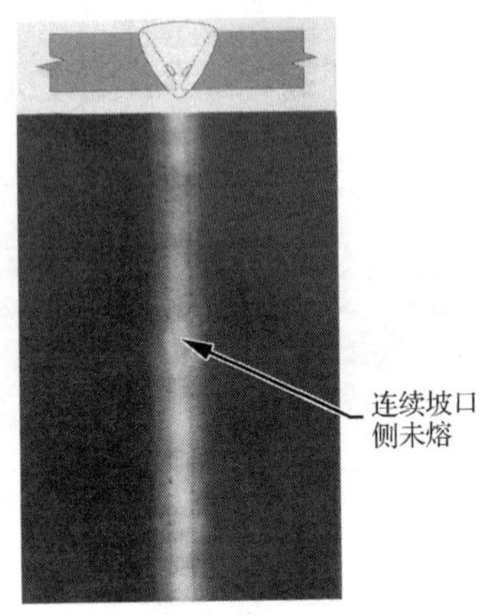

图 5.22　坡口未熔合

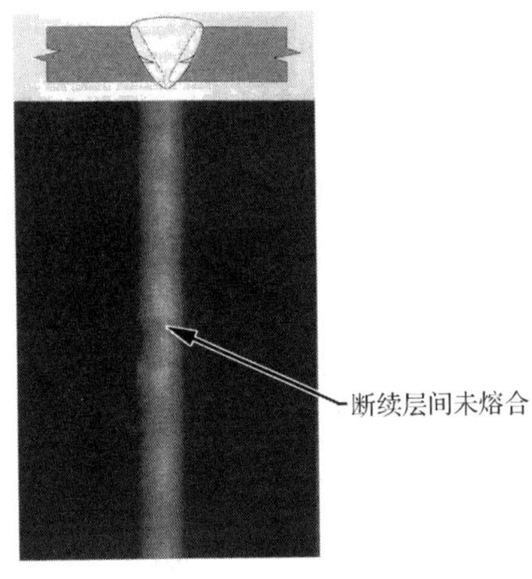

图 5.23　层间未熔合

层间未熔合的典型影像是黑度不大的块状阴影，形状不规则，如伴有夹渣时，夹渣部位的黑度较大（图 5.23）。

（3）分析未焊透在底片上的影像。

未焊透的典型影像是细直黑线，两侧轮廓都很整齐，为坡口钝边痕迹，宽度恰好为钝边间隙宽度。呈断续或连续分布，一般在焊缝中部（图 5.24）。

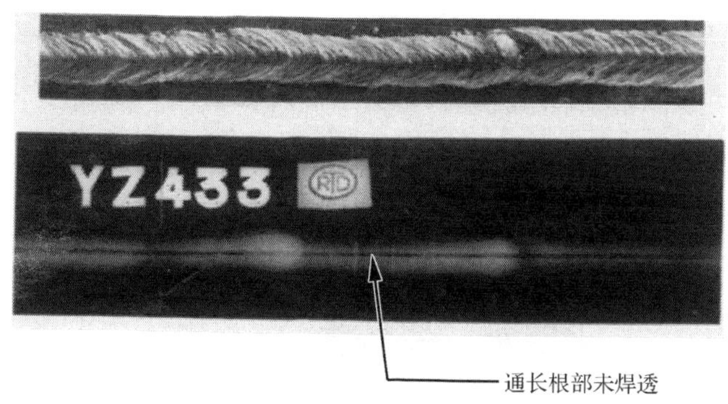

图 5.24　未焊透

（4）分析夹渣在底片上的影像。

非金属夹渣在底片上的影像是黑点、黑条和黑块（图 5.25），形状不规则，黑度变化无规律，轮廓不圆滑，有的带棱角。可能发生在焊缝中的任何位置，条状夹渣的延伸方向多与焊缝平行。

钨夹渣在底片上的影像是一个白点，白点的黑度极亮，不同于飞溅的影像（图 5.26）。

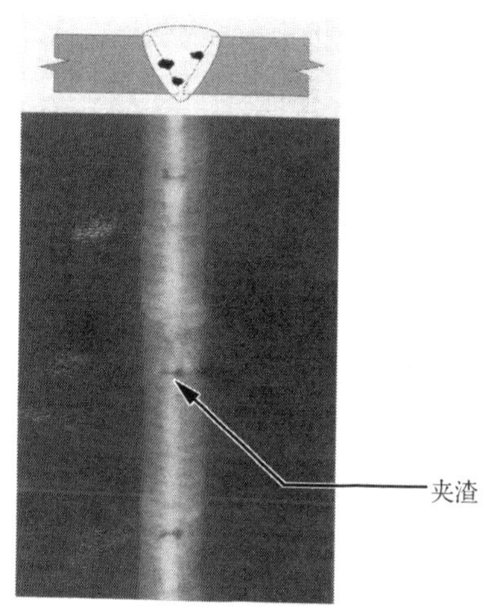

图 5.25　夹　渣

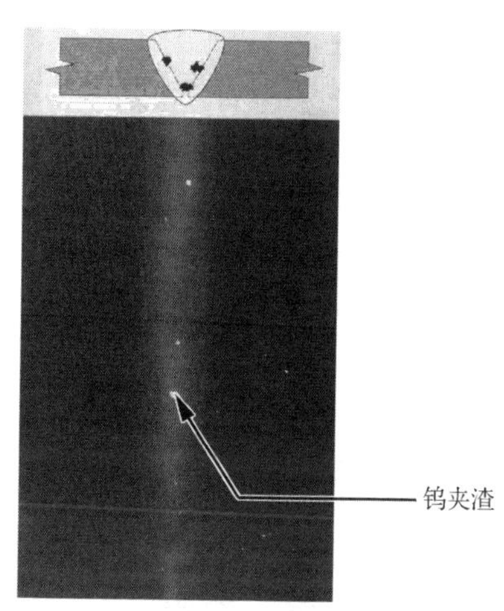

图 5.26　钨夹渣

（5）分析气孔在底片上的影像。

气孔在底片上的影像是黑色圆点，也有呈黑线的线状气孔或其他不规则形状的，气孔的轮廓比较圆滑，其黑度中心较大，至边缘稍减小，可发生在焊缝中的任何位置（图 5.27）。

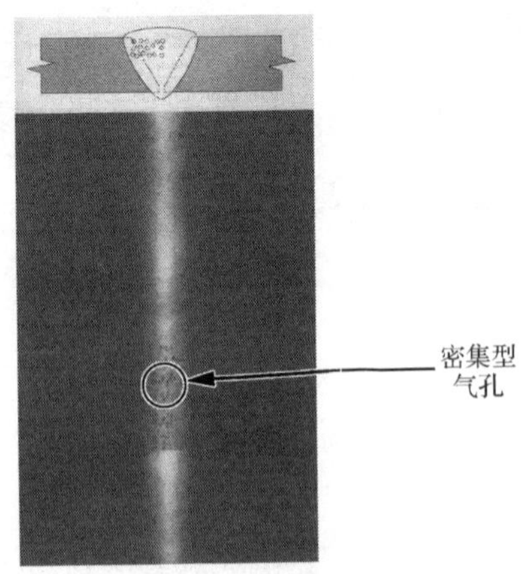

图 5.27 气 孔

（6）分析咬边在底片上的影像。

由于焊接参数选择不当，或操作方法不正确，沿焊趾（或焊根）的母材部位（被电弧熔化）产生的沟槽或凹陷（有连续、有断续）。咬边减小了母材的有效截面积，降低结构的承载能力，同时还会造成应力集中，发展为裂纹源（图 5.28）。

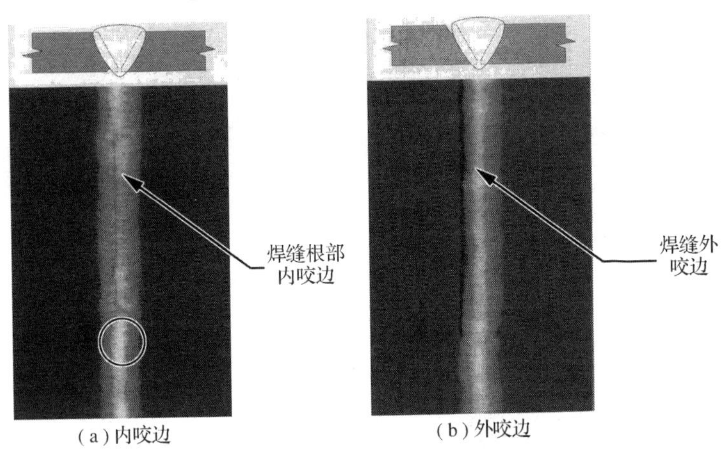

（a）内咬边　（b）外咬边

图 5.28 咬 边

（7）分析焊瘤在底片上的影像。

焊接过程中，熔化金属流淌到焊缝之外未熔化的母材上所形成的金属瘤。覆盖在母材金属表面，但未与其熔合的过多焊缝金属（图 5.29）。

（8）分析焊穿（烧穿）在底片上的影像。

焊接过程中，熔化金属自坡口背面流出后形成的空洞（凹坑状）缺陷。焊接熔池塌落导致焊缝内的孔洞（图 5.30）。

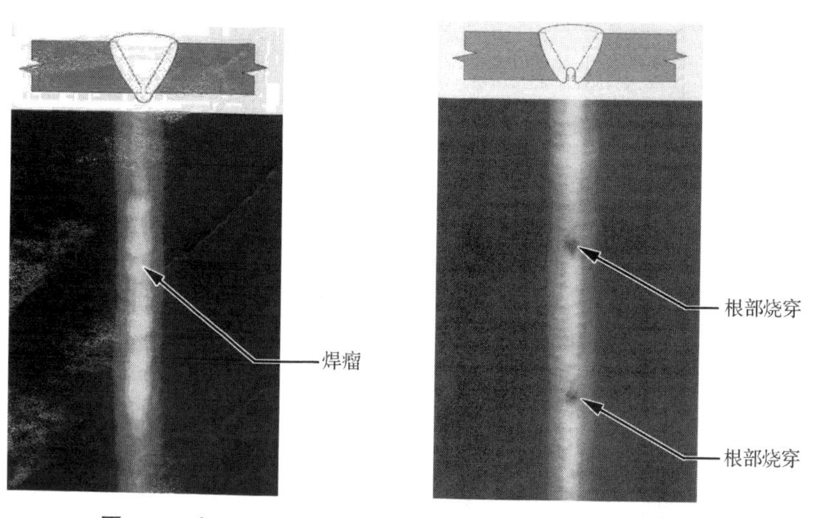

图 5.29　焊　瘤

图 5.30　焊穿（烧穿）

（9）分析未焊满在底片上的影像。

未焊满是指焊缝表面上连续的或断续的沟槽。填充金属不足是产生未焊满的根本原因。规范太弱（焊接电流小，焊接速度快），焊条过细，运条不当等都会导致未焊满。未焊满削弱了焊缝，容易产生应力集中（图 5.31）。

（10）分析错边在底片上的影像。

错边是指两个工件在厚度方向上错开一定位置，对接时存在偏差，它既可看做焊缝表面缺陷，又可看做装配成形缺陷（图 5.32）。

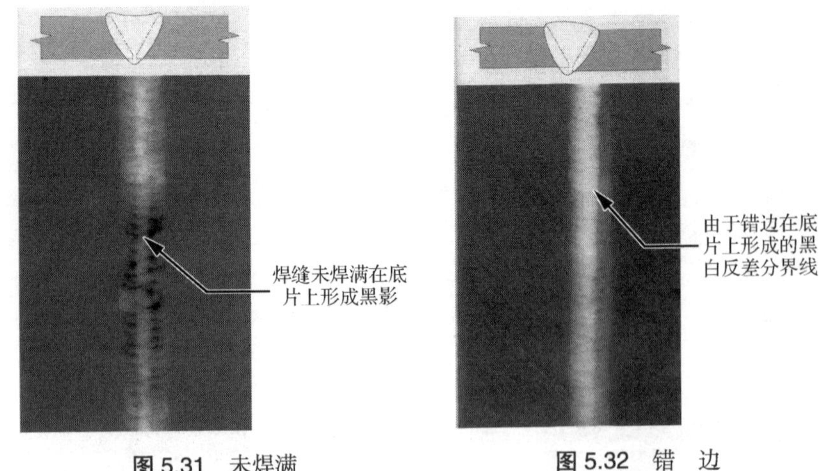

图 5.31 未焊满

图 5.32 错 边

5.14 焊接接头的机械性能试验

焊接接头的机械性能是指在载荷作用下抵抗破坏的性能，对焊接接头的机械性能试验是在一定环境条件下受力或能量作用时所表现出的特性的试验，也称力学性能试验。试验的内容主要是测量材料的强度、硬度、刚性、塑性和韧性等。

常用的试验方法主要有拉伸试验、压扁试验、弯曲试验、冲击试验、硬度试验、高温持久强度试验及疲劳试验等。

对焊缝进行机械性能检验的目的如下。

（1）对焊接材料进行工艺评定，以确定所选材料、工艺是否合适，是否符合标准要求。

（2）为改进和研究焊接接头合金成分、金相组织和熔炼、铸造、焊接、热处理工艺等提供依据。

（3）为改进焊接工艺提供参考或依据。

万能力学试验机见图 5.33。冲击试验机见图 5.34。

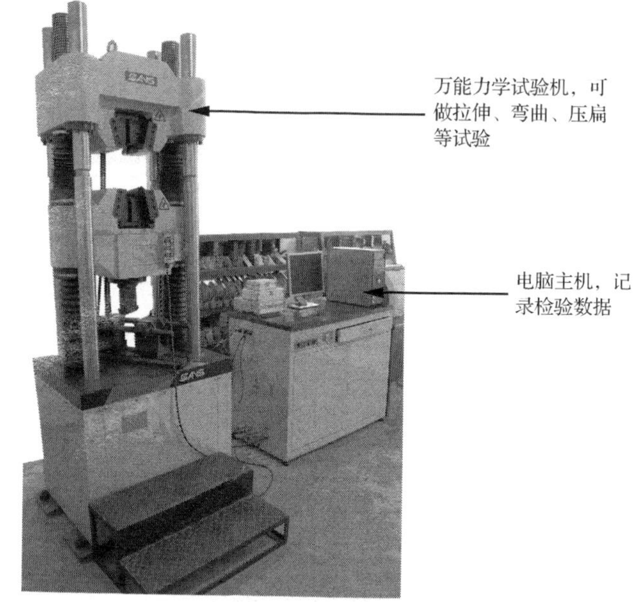

图5.33　万能力学试验机

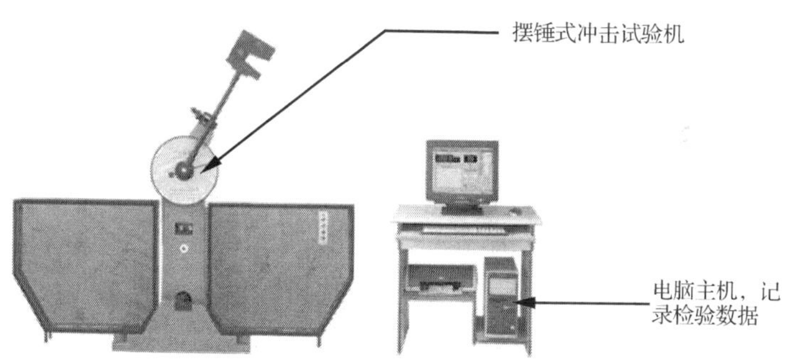

图5.34　冲击试验机

5.15　焊接接头的拉伸试验

拉伸试验是为了测定接头或焊缝金属的抗拉强度、屈服极限、断面收缩率和延伸率等力学性能指标。一般接头拉伸试样为垂直于焊缝的横向板状试样；焊缝金属则为纵向圆试样。它们的形状尺寸国家标准都有规定。

焊接接头与焊缝金属的高温短时强度试验应采用圆试样。试验温度为产品的最高工作温度。图 5.35 所示为拉伸试样外形。

图 5.35 拉伸试样

5.16 焊接接头的弯曲试验

弯曲试验是为了测定焊接接头或焊缝金属的塑性变形能力。弯曲试样也有纵、横之分，一般用横向试样，其形状尺寸国标也有规定。由于焊缝与母材强度不等，弯曲时塑性变形必然集中于低强区，因此对强度差别较大的异种钢接头应采用纵向试样。焊缝金属的弯曲试样通常采用纵向试样。

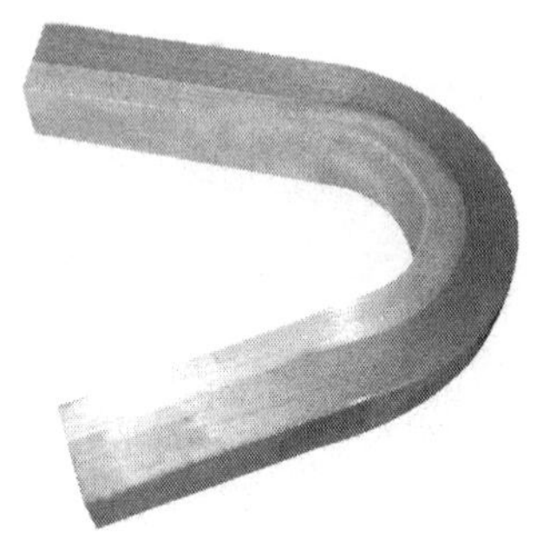

图 5.36 弯曲试样

按弯曲试样的受拉面在焊缝中的位置可分面弯、背弯和侧弯。面弯与背弯时受拉面分别在焊缝的表面层和底层。侧弯则是焊缝的横截面受弯，故可测定整个接头的塑性变形能力。

图 5.36 所示为弯曲试样。

5.17 焊接接头的冲击试验

冲击试验是测定焊接接头各区的缺口韧性，从而检验接头的抗脆性断裂能力。由于焊接接头的组织和性能不均匀，就有试样截取部位和缺口位置问题。对于薄壁试样可以在整个厚度上取样，对于厚壁焊缝，则可从接头的表层、中心部位或底层取样。试样的缺口位置可开在焊缝、熔合区和 HAZ。缺口形式有 U 形和 V 形两种。目前多采用 V 形缺口的冲击试验。

焊接接头各区的缺口冲击韧性应不低于母材标准规定的最低值。

常用冲击试样见图 5.37。冲击后的试样见图 5.38。

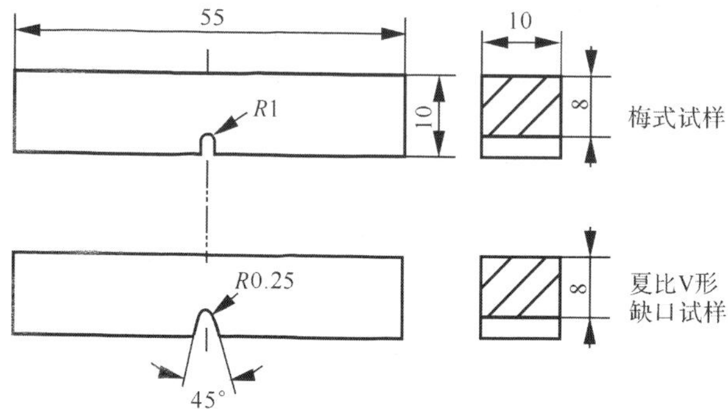

图 5.37　常用冲击试样（厚、薄壁均可）

图 5.38　冲击后的试样

5.18　焊接接头的金相组织检验

金相检验和机械性能试验一样，都是检验产品焊接接头质量的一种方法，可以检查焊缝金属组织中是否有不允许存在的脆硬马氏体组织、微裂纹以及接头内部缺陷。

金相检验分为宏观分析和微观分析两种，检验的目的分为：一般性金相检验、状态检验、寿命评估。

（1）宏观分析。由焊接试样或工艺评定试验截取的宏观金相试样，应包括完整的焊缝。经刨削、打磨使试样表面粗糙度达 Ra0.8 后，用适当的腐蚀剂侵蚀后洗净吹干，用肉眼或低倍放大镜观察。小直径管件的对接接头可用断口检查代替宏观磨片检查。

（2）微观分析。制备金相试片，在显微镜下放大 100~2000 倍进行观察，一般只对合金焊缝才做金相检查。它可以发现接头各区可能存在的显微缺陷及组织缺陷。

金相组织分析操作见图 5.39。

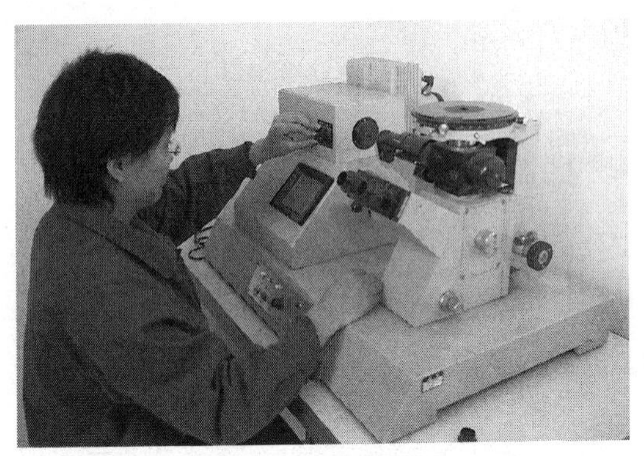

图 5.39 金相组织分析

第 6 章　安全与劳动保护

6.1　焊接过程中容易产生的危险源、工伤事故及职业病

焊接过程中容易产生的危险源、工伤事故及职业病见表 6.1。

表 6.1　焊接过程中容易产生的危险源、工伤事故及职业病

危险点源	主要工伤事故	有害因素	职业病
1）带电设备、电器 2）明火 3）登高、金属容器内、水下或窄小空间操作 4）易燃、易爆气体压力容器、易燃易爆容器	1）触电 2）火灾 3）中毒、高空坠落、物体打击 4）爆炸	1）弧光辐射 2）有害气体 3）电焊烟尘、射线 4）热辐射	1）电焊尘肺、慢性中毒 2）皮肤灼伤、皮肤烫伤 3）慢性中毒、电光性眼炎 4）焊工金属热、血液疾病

图 6.1 所示为一些常见的焊工职业病。

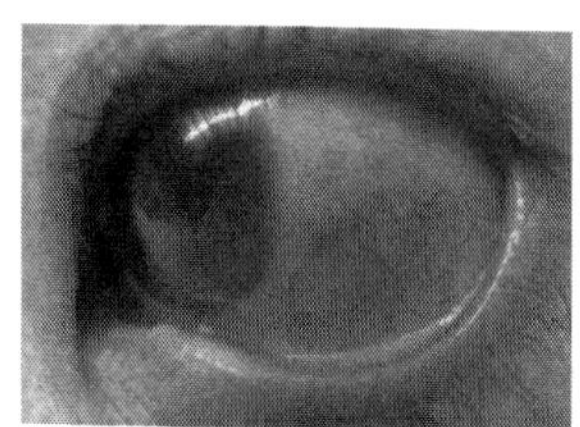
（a）电光性眼炎

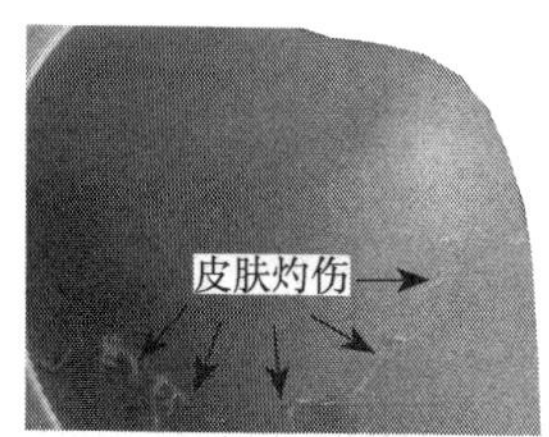

（b）皮肤灼伤

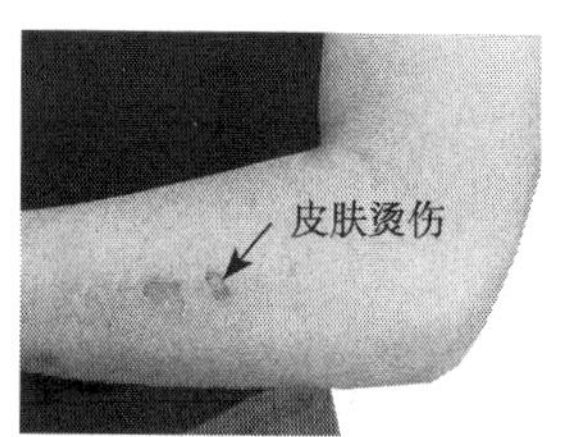

（c）皮肤烫伤

图 6.1　一些常见的焊工职业病

6.2　电焊机的安全使用要求

电焊机的安全使用要求见表 6.2。

表 6.2 电焊机的安全使用要求

电焊机的安全使用要求	电焊机必须装有单独的专用电源开关（图 6.2），应一台焊机一个电源
	电源控制开关应安装在便于操作且离焊机较近的地方，周围留有安全通道（图 6.3）
	使用焊机时，先合上电源开关，再开焊机上的开关（图 6.4）
	电焊机的一次电源一般为 2～3m（图 6.5），当遇到临时任务需要较长的一次电源线时，应将电源线固定在 2.5m 高度以上，不允许电源线拖在地上
	电焊机外露的带电部分应有完好的防护（隔离）装置（图 6.6），电焊机一、二次线不能裸露
	运输、使用中要防止电焊机受到碰撞或剧烈震动
	在室外使用的电焊机或焊机房应采取防雷措施（图 6.7）
	焊机启动前或使用过程中，焊把不能与工件短路（图 6.8）
	焊接时，他人不得调整焊接电流（图 6.9）
	焊机与二次线使用插头、插座连接时，应旋转连接紧固，使用螺栓连接时，也应紧固，防止螺栓松动，导致连接处发热发红
	要注意检查整流弧焊机、硅整流器的保护冷却效果
	禁止在焊机上放置工具或其他物品（图 6.10）
	电焊机根据工作环境定时吹扫其内部（图 6.11），保持内外清洁
	工作完毕后临时离开工作场地，必须及时切断电源
	电焊机的接地装置必须良好（图 6.12），定期检测接地系统的电气性能
	专用的焊接设备的焊接工作台架与接地装置连接（图 6.13）
	电焊机集装箱都应安装接地装置
	当焊机发生故障时，应立即切断电源，及时进行维修

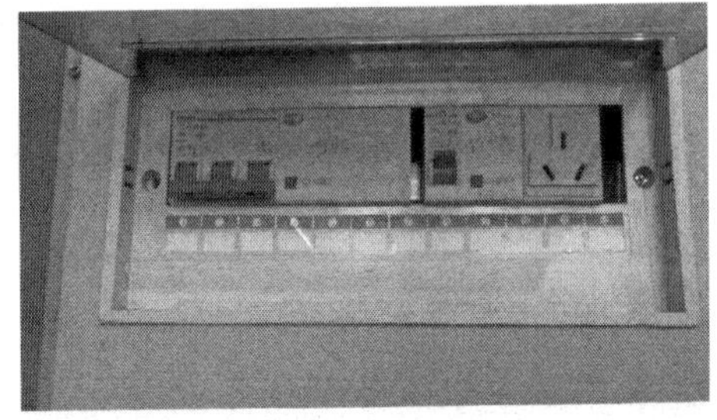

图 6.2 单独的专用电源开关

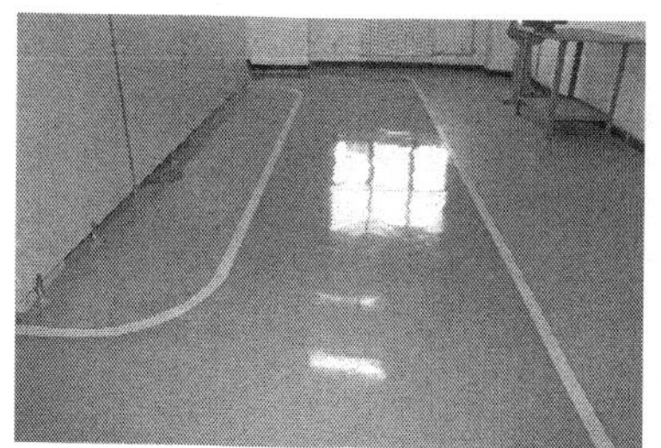
图 6.3 安全通道

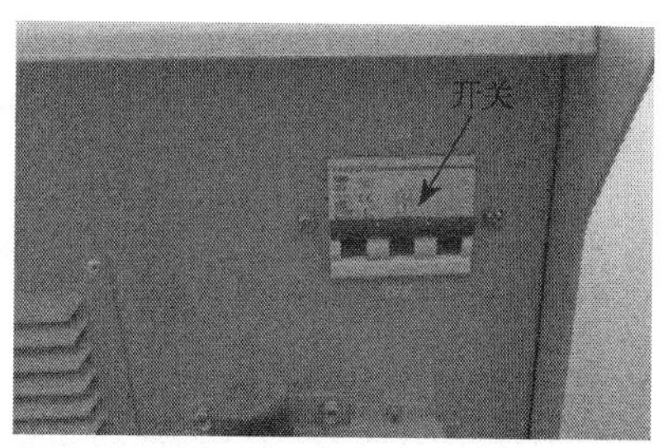

图 6.4 焊机上的开关

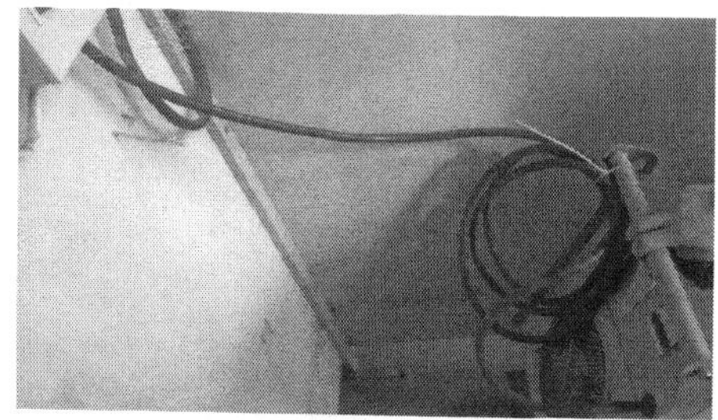
图 6.5 电焊机的一次电源

图 6.6 防护（隔离）装置

图 6.7 防雷措施

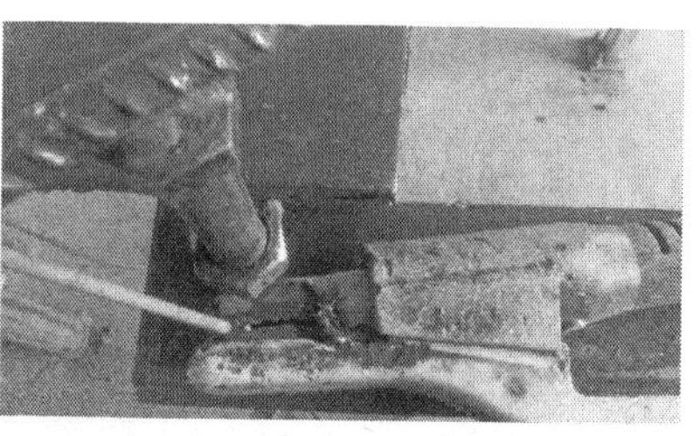
图 6.8 焊把不能与工件短路

图 6.9 他人不得调整焊接电流

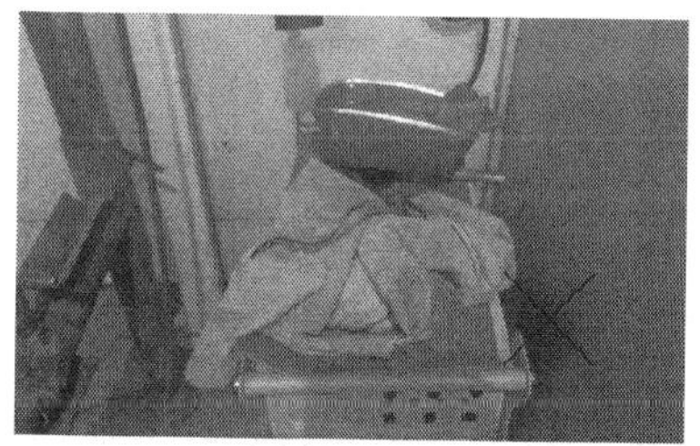
图 6.10 禁止在焊机上放置工具或其他物品

图 6.11　根据工作环境定时吹扫电焊机的内部

图 6.12　电焊机的接地装置必须良好

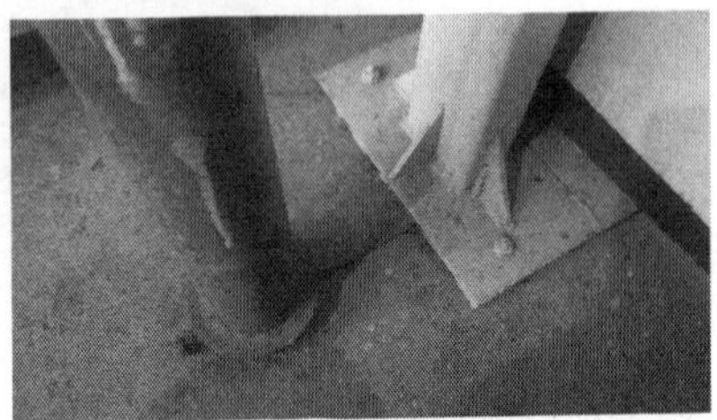

图 6.13　焊接工作台架与接地装置连接

6.3　使用焊接电缆的要求

使用焊接电缆的要求见表 6.3。

表 6.3　使用焊接电缆的要求

焊接电缆的要求	电焊机要使用多股铜线软电缆，其截面要求应根据使用电流和长度来选用
	电缆线外皮必须完整，绝缘良好、柔软，绝缘电阻＜ 1Ω，电缆外皮破损应用绝缘布包好
	电缆长度一般不宜超过 30m，当工作需要接长电缆时，应使用接头连接器连接，连接处应保持绝缘良好
	焊接电缆通过马路时，用钢管、槽钢等措施进行保护
	焊接电缆严禁搭在氧气瓶、乙炔瓶或其他易燃容器材料上（图 6.14）

续表 6.3

焊接电缆的要求	禁止利用厂房金属结构、管道、轨道、暖气、钢丝绳或其他金属物体搭接起来作为焊接回路导线使用
	禁止焊接电缆与油、脂及易燃物接触
	焊接电缆接头不能放在潮湿的地方
	电缆使用时要排列整齐，多余线缆不可盘成圆圈

图 6.14　焊接电缆严禁搭在氧气瓶、乙炔瓶或其他易燃容器材料上

6.4　焊接与切割时个人防护技术要点

焊接与切割时个人防护技术要点见表 6.4。

表 6.4　焊接与切割时个人防护技术要点

焊接与切割防护	焊接与切割人员应经过安全教育，并接受专业安全理论与操作训练，人身健康（无高血压、心脏病、癫痫等），并经考试合格取得有效证书者（图 6.15）
	焊工应了解焊机的结构和技能，严格执行焊接安全操作规程
	工作地点应有良好的局部照明和天然采光，在容器内焊接时使用 12V 电压的照明灯具
	焊接一切盛装易燃、易爆或有毒物体的各种容器、管道，应采取清洗、置换等安全措施后，符合焊接、切割要求，并获得相关单位和消防管理部门的动火证明后，才能进行焊接和切割

续表 6.4

焊接与切割防护	在一些工作场地狭窄，通风不良的沟道、管道、容器、半封闭地段进行气焊、气割前，必须检查焊接空间有无聚集有害或窒息气体（如 CO）等，进入以上工作面以前调试好气焊、气割的混合气，并点好火，禁止在工作地点以外调试和点火，特别是焊割具都应随人一同进出
	严禁在一些带电、带压的容器、管道、盘柜、设备上进行焊接或切割，在特殊情况下，需要在不可能泄压，切断气源工作时，应向上级主管安全的部门提出申请，批准后方可开展工作
	在封闭的容器、罐、桶、舱室内焊接切割前，应先打开其孔、洞，使其内部空气流通，必要时采取吹风机等强制通风措施，并设有专人监护，以防焊工中毒、烫伤、触电等。工作完成或暂停时，焊把、割炬、气体皮带等都随人进出，禁止放在工作点
	焊接切割中应防止热能传到结构或设备中，使工程中的易燃、保温材料，或滞留的易燃易爆气体发生着火、爆炸
	焊工高空作业场地应备有梯子，工作平台应设有栏杆，佩戴合格的安全帽、安全带，及完好的工具袋
	登高焊接、切割，应根据作业高度和环境条件，划出危险区的范围，禁止在危险区域内存放易燃易爆物品，或采取相应的防护隔离措施
	焊工登高或焊接时，禁止把焊接电缆、气体胶管缠绕在焊工身上
	焊接切割作业时，焊接电缆、气体胶管或钢丝绳不能混绞在一起
	直接在水泥地面上切割金属材料，可能发生爆炸并损坏地面，切割前应在地面铺放铁皮、保温棉等措施加以防护
	在已停转的机器内外焊接切割时，必须彻底切断机器的电源，锁住启动开关，并应设置“检修施工，禁止转动”的安全标志牌，同时专人看守
	对悬挂在起重机吊钩上的工件和设备，禁止电焊和切割
	露天作业遇到六级及以上大风，下雨、雪时，应停止焊接、切割工作。如确实需要继续施工，应搭设防风、防雨棚

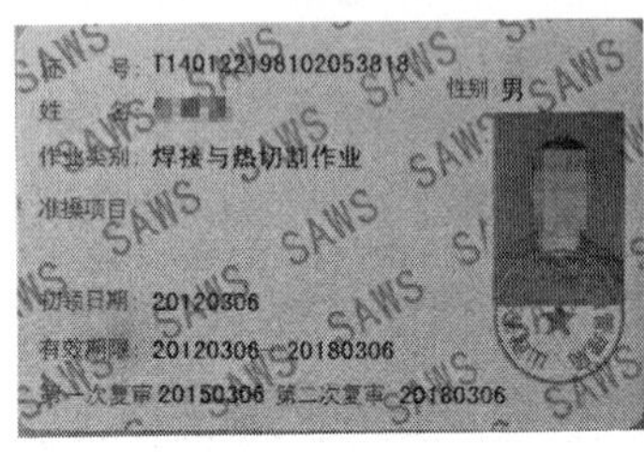

图 6.15 特种作业操作证

6.5　劳保用品的使用要求

劳保用品的使用要求见表 6.5。

表 6.5　劳保用品的使用要求

工作服	焊接时应穿白色棉布工作服（图 6.16），或穿皮制工作服或戴皮质袖套、鞋盖等。防止紫外线辐射，防止烫伤； 工作服保持干燥，领口、袖口应扎紧（图 6.17）
手套	手套应保持干燥，完好
防护鞋	工作鞋应具有绝缘、隔热、不易燃、耐磨、防滑等功能； 工作鞋应耐电压 5000V，在积水地面作业，工作鞋应耐电压 6000V； 在易燃易爆场所焊接，不能穿带钉的工作鞋，防止摩擦产生火花发生爆炸
场地	作业场地的可燃、易爆物品与焊接作业点火源的距离不小于 10m； 作业场地的墙体地面若有孔、洞、缝隙，都应采取封闭或屏蔽措施； 施工现场存有大量易燃（渣料、棉花等）易爆（易燃易爆蒸汽、粉尘）无法采取措施时，严禁施焊； 焊接场所必须配备有足够的水源、干砂、灭火器具等（图 6.18）； 焊接切割完成后及时清理现场，消除火种，检查确认无危险隐患后，方可离开

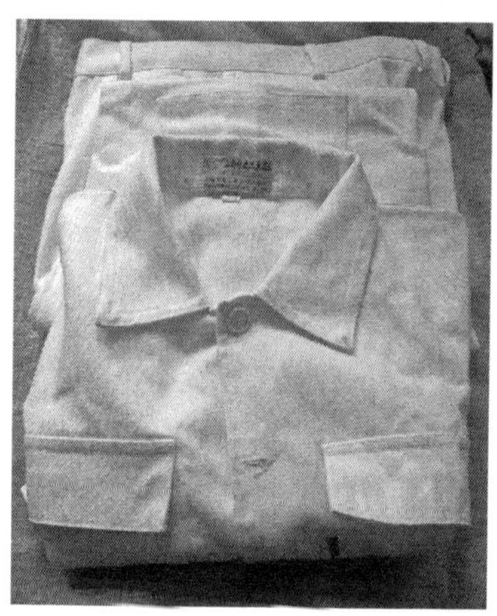

图 6.16　白色棉布工作服

图 6.17 工作服保持干燥，领口、袖口应扎紧

图 6.18 焊接场所必须配备有足够的水源、干砂、灭火器具等

下　篇

操作技巧

第 1 章　焊条电弧焊

第 2 章　钨极氩弧焊

第 3 章　CO_2 气体保护电弧焊

第 4 章　氩电联焊操作

第 5 章　不锈钢 / 铝材 / 灰铸铁焊接

第 6 章　异种钢焊接

第1章 焊条电弧焊

1.1 焊条电弧焊焊接时手握焊钳的姿势

手握焊钳的姿势主要有3种方法，即正握法、反握法、直握法（图1.1）。

正握法适用于平焊、横焊，其优点是摆动灵活，焊条倾角角度不易发生变化。

反握法适用于立焊、仰焊，其优点是焊接立焊及仰焊时不容易烫伤手背，但焊接时随着焊条的送进，焊条倾角易发生变化。

直握法适用于立焊、仰焊，其优点是焊条的倾角角度不易发生变化，运条灵活，节约焊条，但在仰焊时容易烫伤手背。

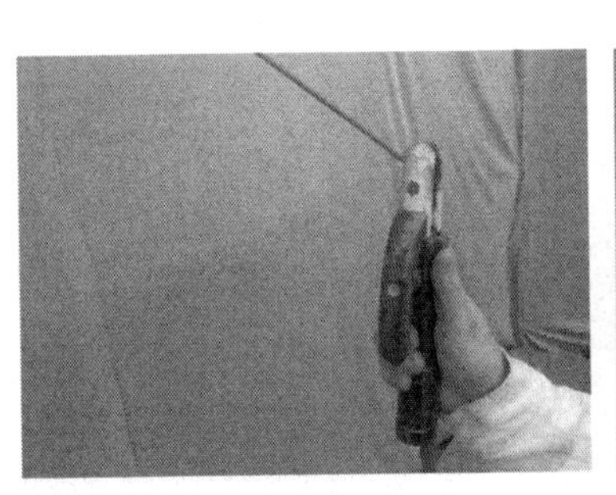

(a) 正握法

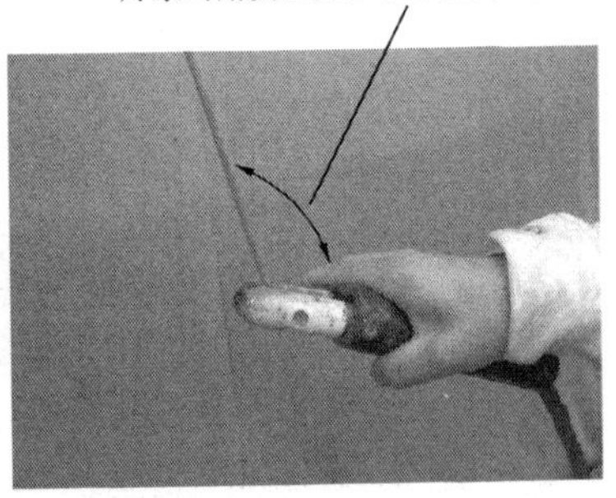

(b) 反握法

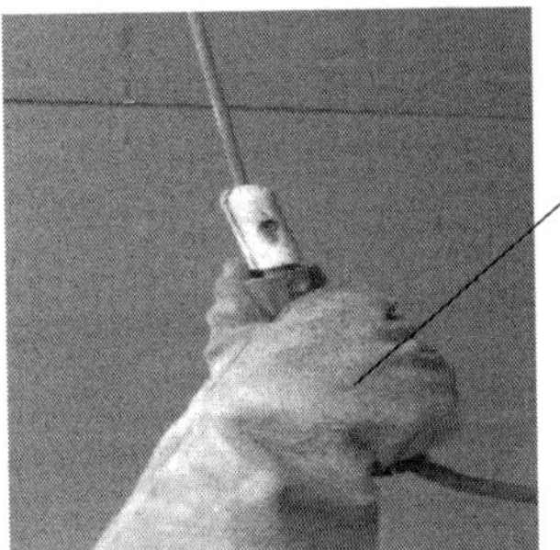

(c) 直握法

图1.1 手握焊钳的姿势

1.2 焊条电弧焊焊接时常用的运条方式

常用的运条方法有 10 种，如图 1.2 所示。

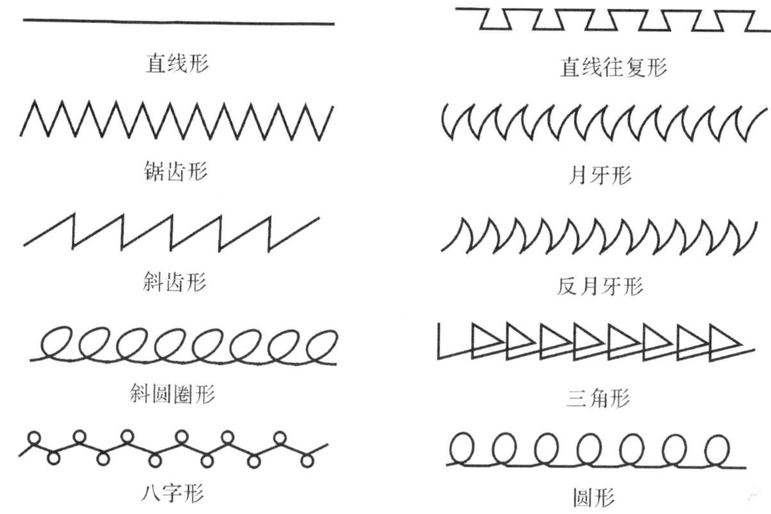

图 1.2 焊接常用运弧方法

1.3 焊条电弧焊 T 形接头平角焊缝装配与点固的要求

焊条电弧焊 T 形接头平角焊缝装配与点固的要求如下：

（1）定位焊时，选用与正式焊接相同的焊条进行点固。

（2）焊接电流要比正式焊接电流大约 10% ~ 20%，使定位焊点与母材熔合良好，以保证定位焊缝的强度。

（3）定位焊缝一般位于在角焊缝的背面两端，长约 10 ~ 15mm，保证立板和平板互相垂直。

（4）定位焊点的数量根据所焊部件焊缝的长度和厚度来定，确保焊后部件的变形尺寸控制在规程允许的范围之内。

（5）点固完成后，应对装配位置和定位焊质量进行检查，合格后方可正式焊接。

1.4 焊条电弧焊 T 形接头平角焊缝的打底焊焊接操作

使用酸性焊条起弧时，在离始焊端右侧约 10~15mm 处引弧，拉到始焊端，弧长约 10mm，停顿 1~2s，迅速压低电弧，弧长保持约 2~4mm，开始正常焊接。

使用碱性焊条起弧时，在离始焊端右侧约 10~15mm 处引弧，迅速将焊条移至始焊端，焊条中心对准角焊缝中心，压低电弧，弧长约 3mm，停顿 1~2s，正常焊接。

运条方法为直线运条、斜锯齿形、斜圆圈形。

采用直线运条时，焊条角度如图 1.3 所示。焊接时采用短弧，速度要均匀，焊条中心与焊缝的夹角中心重合；注意排渣和熔敷效果，防止产生夹渣和未熔合。采用锯齿形和斜圆圈形运条方法时，焊条应作适当摆动，摆动宽度约为 3~5mm，焊条角度及速度等要求不变。

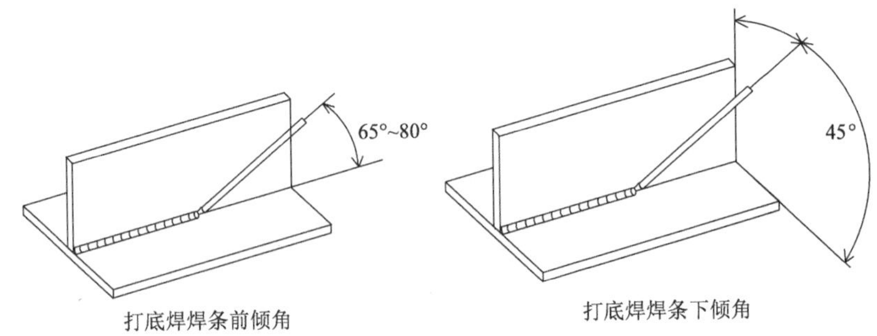

图 1.3 采用直线运条时的焊条角度

1.5 焊条电弧焊 T 形接头平角焊缝的填充及盖面层焊接操作

T 形接头平角焊缝可分为打底层、填充层、盖面层。一般焊缝第一层焊一道，第二层焊两道，第三层焊三道，以此类推。

打底层完成后，在每层填充或盖面前，将焊渣和飞溅清理干净。

（1）第二道焊缝焊接：焊条中心对准打底焊焊缝和平板之间夹角的中心，焊条与平板的角度约为 60°。直线运条时，要求运条平稳，速度均匀；

第二道焊缝要覆盖第一层焊缝的 1/2~2/3 左右；焊缝与底板之间熔合良好，边缘整齐。焊接速度比打底焊时的速度稍快，但比第三道的速度要慢。

（2）第三道焊缝焊接：操作同第二道焊缝；要覆盖第二道焊缝的 1/3~1/2；焊接速度均匀，不能稍快，手要稳，否则易产生咬边或焊瘤，使焊缝成形不美观。焊接层数及焊条角度如图 1.4 所示。

其余各层各道可以参照此类方法进行施焊。

焊缝表面要求应光滑，略呈内凹，避免立板侧出现咬边，焊道排列不整齐，焊脚对称并符合尺寸要求。

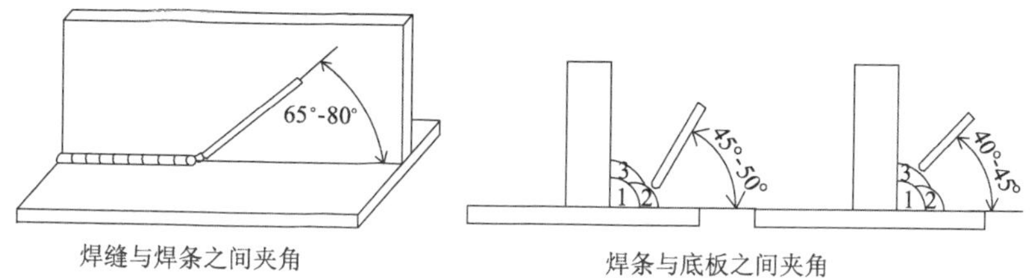

图 1.4　焊接层数及焊条角度

1.6　焊条电弧焊 T 形接头立角焊缝的打底焊焊接操作

打底焊焊条角度如图 1.5 所示，采用灭弧法或挑弧焊三角形运条方法打底焊接。在三角形顶角和试板两侧稍作停留，以保证顶角熔合良好，防止试板两侧产生咬边。

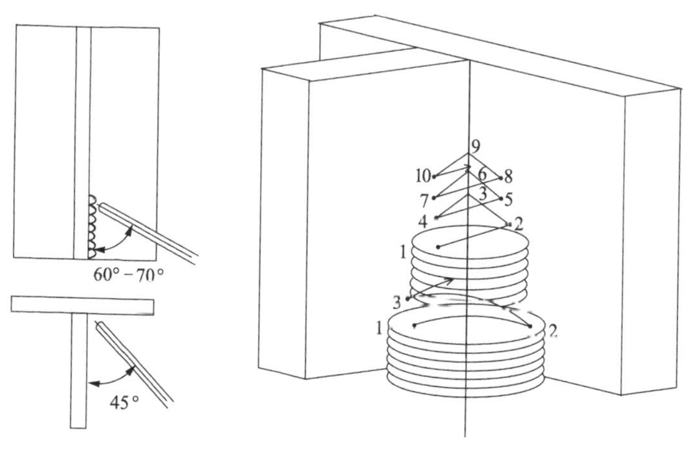

图 1.5　立角焊焊条角度和运条方法

1.7 焊条电弧焊 T 形接头立角焊缝的填充或盖面层焊接操作

填充焊的操作步骤如下。

（1）立角焊第一层焊接时，在起焊点上方 10~15mm 处引弧，将电弧下拉至起焊点，见图 1.6。

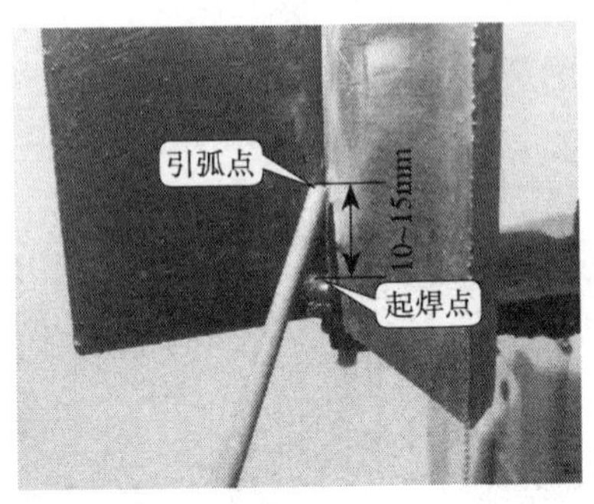

图 1.6 立角焊第一层焊接时的引弧点

（2）打底焊接采用连弧焊、挑弧焊或断弧焊。连弧焊过程中，当出现焊缝表面有焊瘤、下坠现象时，可以采用挑弧焊或断弧焊接，但碱性焊条不能采用挑弧焊。

（3）运条方法为“直线形”或“三角形”运条。

焊接时，焊条运行到坡口一侧时，焊条要靠在坡口上，并停留 0.5~1s，防止产生夹沟。

（4）层间的夹渣、焊瘤、气孔等一定清理干净。

盖面焊接的操作步骤如下。

（1）盖面施焊前，用錾削工具或角向砂轮机清除根部焊道的焊渣、飞溅、把焊缝接头局部凸起处打磨平整。

（2）在试板最下端引弧，焊条角度如图 1.5 所示，采用小间距锯齿形运条方法或反月牙形运条方法，横向摆动向上焊接。向上上升的距离应尽可能保持一致。

（3）焊接时，每侧比上一层同一侧增宽约 2~4mm，摆动的宽度尽可能保持一致。

（4）焊后，焊缝表面应平整，表面咬边，焊脚应对称并符合尺寸要求。

1.8　板对接焊条电弧焊时预留反变形量的操作步骤（300mm × 12mm × 12mm × 2mm 的铁板）

预留反变形的方法如下。

（1）根据平时的经验，如用眼睛目测。

（2）使用量角器测量反变形角度，反变形的角度一般为 3°～5°（图 1.7）。

图 1.7　用量角器测量反变形角度

（3）使用钢板尺测量反变形角度（图 1.8）。点固好试件后，将练习件平放，把钢板尺 10cm 处与板一侧棱角对齐，在 20cm 处测量钢板尺与另一侧板的距离，根据不同焊接方法（因焊接方法不同，变形量也不相同）确定距离，这种方法使反变形量数据化。该方法简单准确，值得推广。

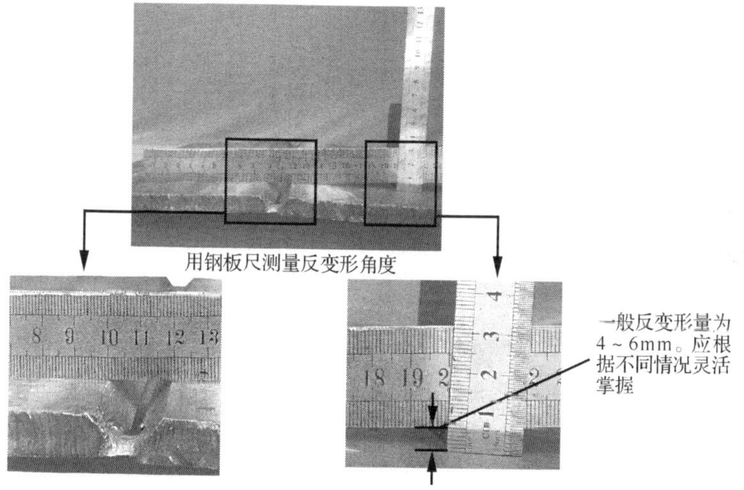

图 1.8　使用钢板尺测量反变形角度

1.9　在铁板试件上进行焊条电弧焊点固焊

铁板试件进行点固焊的操作方法如下。

（1）将焊接试件正、反两面距离坡口边缘 10~15mm 以内打磨干净，使其表面露出金属光泽；钝边 1~2mm（钝边：指焊件开坡口时，接头坡口根部的端面直边部分，见图 1.9）。

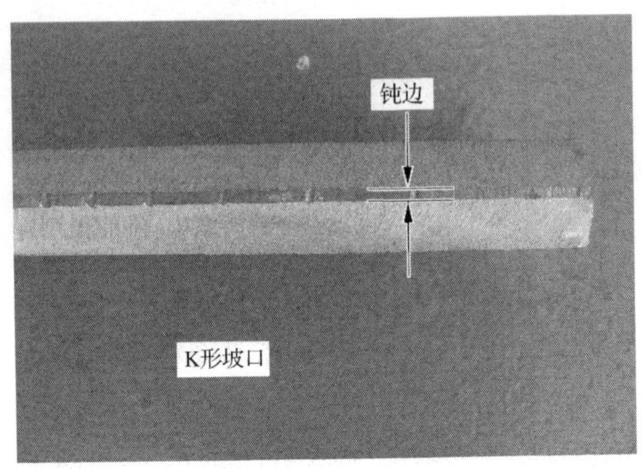

图 1.9　钝　边

（2）可以用电焊直接在铁板两端头点焊，点焊长度＜10mm（图 1.10）。

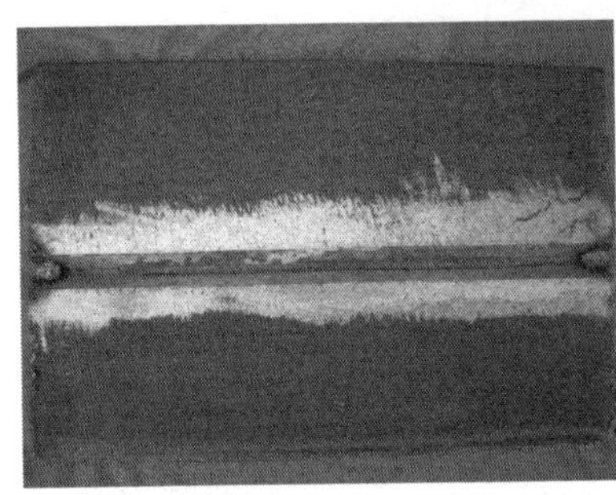

（a）铁板点焊试件

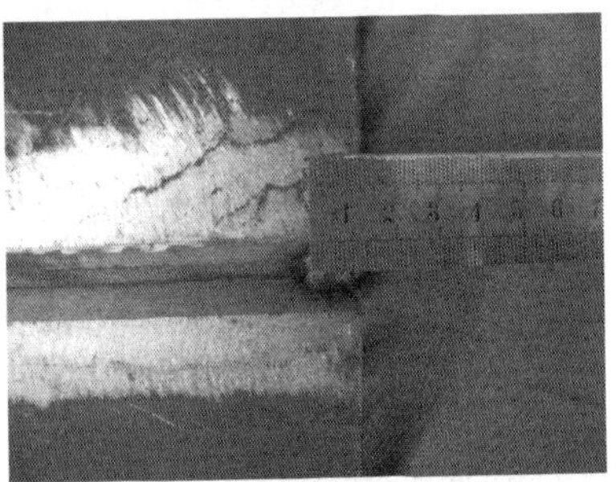

（b）铁板点焊长度

图 1.10　点焊长度

（3）一侧间隙 3~3.5mm，另一侧间隙 4~4.5mm。最简易的方法是一端夹 ϕ3.2mm 的焊条芯，另一端夹 ϕ4.0mm 的焊条芯。

（4）要求点焊完两块铁板上下、左右平齐，然后根据不同焊接空间位置做出反变形。

1.10　选择焊条电弧焊板对接平焊位置的焊接层道及反变形量

板对接平焊位置焊接层道及反变形量的选择方法如下（图 1.11）。

（1）每层焊接厚度与焊条直径基本一致，盖面层厚度要薄一些，余高一般为 2mm（不得大于 3mm）左右，焊接层数为四层[1]（层道数一般根据个人经验来确定，一般每层焊接厚度约为 3~4mm）。

（2）根据经验，平焊反变形角度一般为 3°~4°。

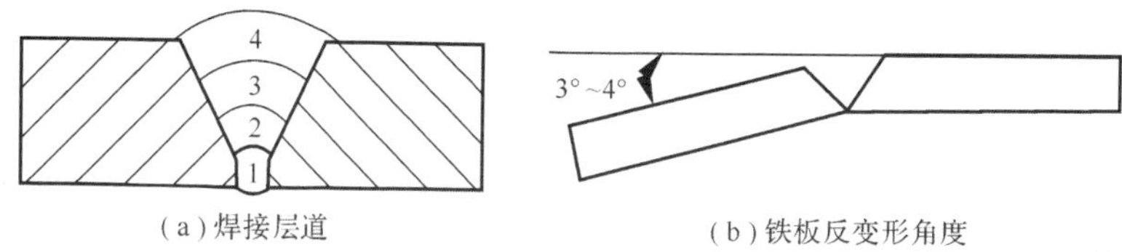

（a）焊接层道　　（b）铁板反变形角度

图 1.11　板对接平焊位置焊接层道及反变形量

1.11　选择焊条电弧焊铁板对接平焊位置打底层的焊条角度

铁板对接平焊位置打底层的焊条角度如图 1.12 所示。

（1）焊条和铁板左右角度都是 90°。

（2）焊条沿焊接方向夹角 45°~75°。

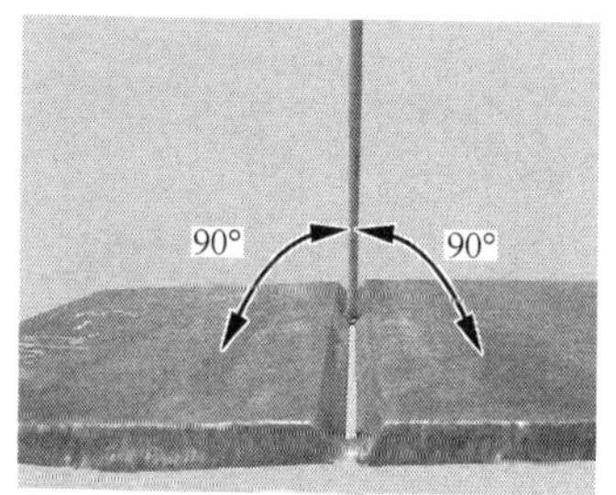

（a）焊条和铁板左右角度　　（b）焊条沿焊缝方向角度

图 1.12　铁板对接平焊位置打底层的焊条角度

① 板厚为 12mm，所以一般为 4 层。

1.12 焊条电弧焊铁板对接平焊位置打底层的操作方法（直线断弧法、锯齿（左右）形断弧法、两点断弧法）

铁板对接平焊位置打底层“直线断弧法”的操作方法如下。

（1）施焊中要密切观察熔池、熔孔（图 1.13）的变化，防止铁水下坠过多或透过焊缝背面过少，熔池最好为椭圆形，熔孔应保持 4~5mm。

图 1.13　熔　孔

（2）在定位焊处引弧，待电弧稳定燃烧后再把电弧运动到定位焊终端中心，向坡口根部往低压电弧并稍作停留，形成第一个熔池，并往前走 1~2mm，保证接头良好，此时应立即断弧，断弧在坡口中心，当熔池金属尚未完全凝固，在原断弧处前 5mm 处重新引弧，拉到焊缝端部并将电弧下压往前走 1~2mm 又形成一个新的熔池，这样往复类推，将打底焊层完成。如图 1.14 所示，从 1 处起弧，2 处熄弧。

（3）一根焊条焊完收弧要在坡口一侧熔池边点焊 1~2 点，以防因熔池温度过高而产生裂纹、气泡、缩孔等缺陷。

（4）换焊条后重新焊接，因温度降低，接头处要多停留，以保证和前面焊道收弧处熔合良好。

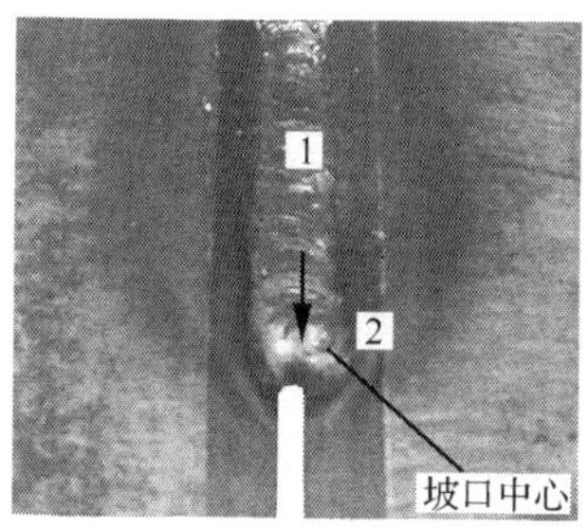

直线断弧法

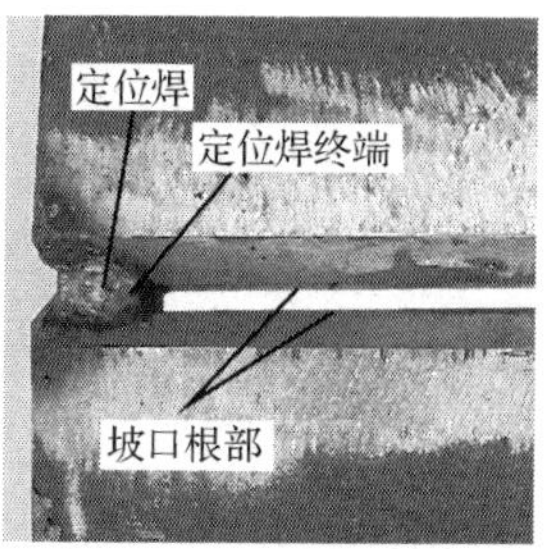

焊缝端部

图 1.14 直线断弧法

（5）焊接到最后距点焊处 5~6mm 时连弧焊接，接住头后电弧下压当听到“噗”声，说明接头良好。

（6）打底选用 ϕ3.2mm 焊条，电流为 100~115A。

铁板对接平焊位置打底层“锯齿（左右）形断弧法”的操作方法如下。

（1）起弧后正常打底时，从坡口一侧起弧，另一侧收弧；收弧处为下一步起弧处，运条如锯齿状，每一步压上一步熔池的 1/2 或 2/3（图 1.15），即电弧的分布为 2/3 电弧保护正面熔池，1/3 用来击穿坡口根部带着熔化金属和熔渣透过熔孔，使背面形成焊道，往复类推，将打底焊层完成。

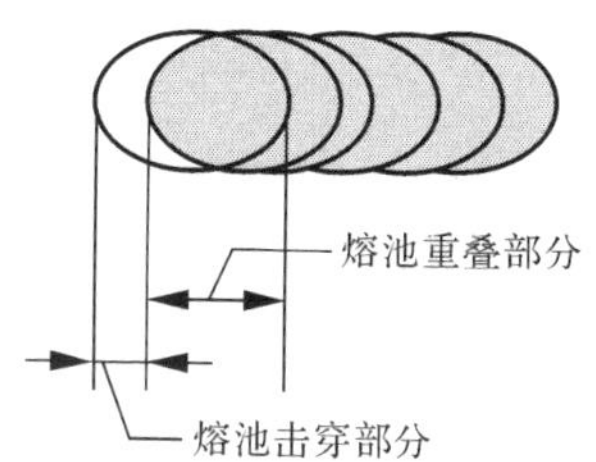

图 1.15 每一步压上一步熔池的 1/2 或 2/3

（2）要求断弧要快，落弧要准，动作要有节奏感。

（3）一定注意熔池大小的变化，既要充分熔化两侧坡口，又不可使熔池温度过高铁水下淌。

（4）换焊条时，收弧要收到坡口一侧，以防产生缩孔。

（5）左右形断弧法与锯齿形断弧法相似，只是始终从一侧引弧，另一侧灭弧（图 1.16）。这种方法的优点是，运弧有规律，易掌握，焊缝波纹整齐，始终呈半月牙形。

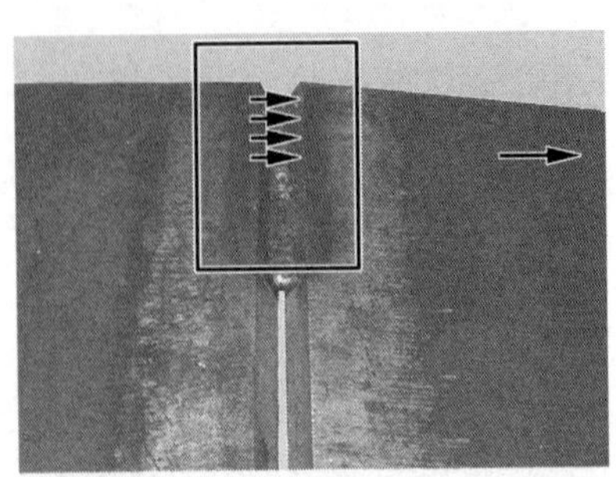

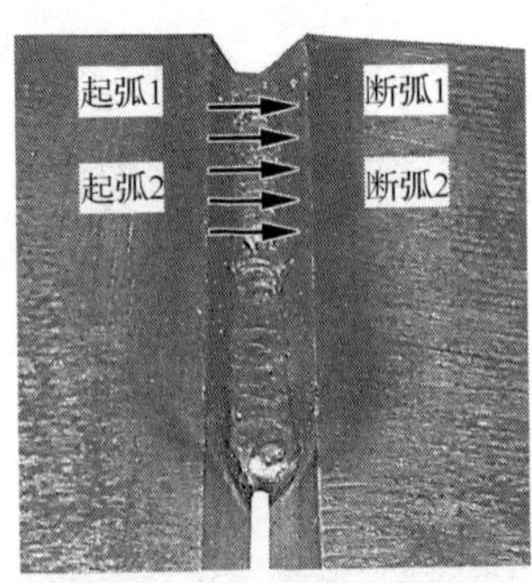

（a）左右形断弧法

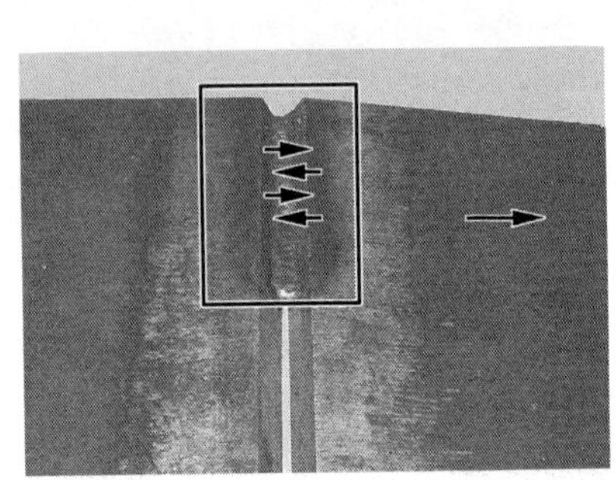

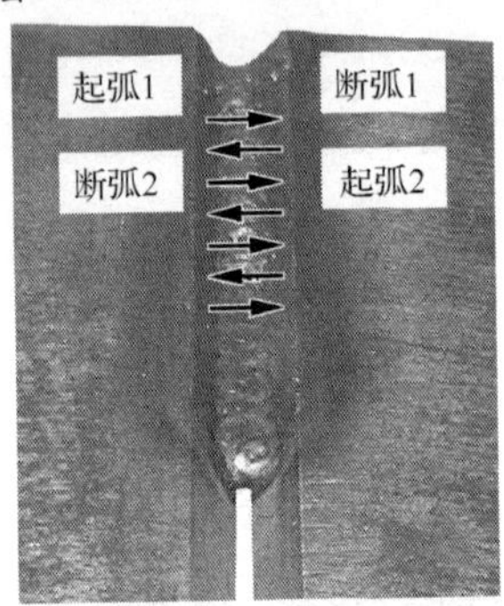

（b）锯齿形断弧法

图 1.16 左右形断弧法与锯齿形断弧法

铁板对接平焊位置打底层“两点断弧法”的操作方法如下。

（1）如图 1.17 所示，起弧后正常打底时，在坡口一侧起弧给一点铁水（1 位置），然后断弧，在另一侧起弧给一点铁水（2 位置），使两侧坡口连接形成焊缝，在坡口两侧交替进行断弧焊，并沿焊道往前走，将整条焊缝打完底。

（2）换焊条后，接头处要多熔化。

（3）采用两点法打底时，焊接电流要小，约为 95~105A。

（4）两点法主要是在间隙较大（大于 6mm）时才使用。

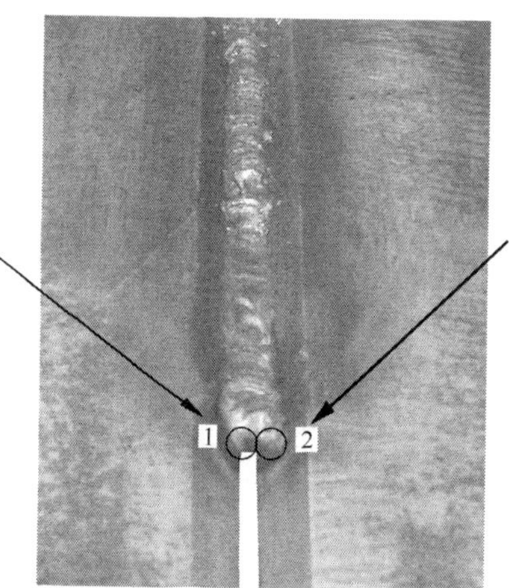

图 1.17 两点断弧法

1.13 焊条电弧焊铁板对接平焊位置填充层（第二层）的施焊方法

铁板对接平焊位置填充层（第二层）的施焊方法如下。

（1）焊前必须把打底层清理干净。

（2）采用锯齿形运条法，焊条角度呈 60° 左右（图 1.18）。

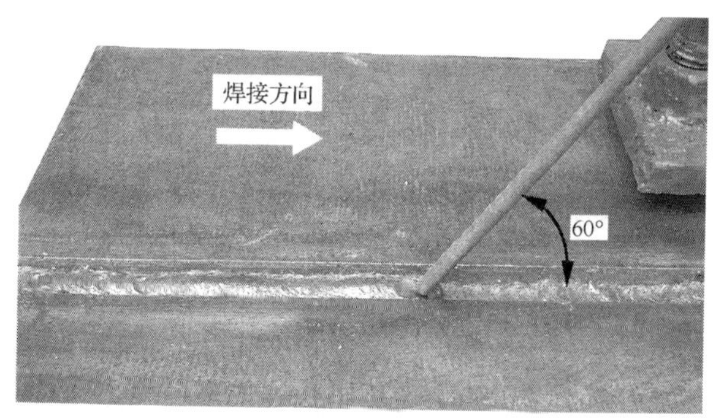

图 1.18 平焊位置填充（第二层）

（3）要注意两坡口边和层间熔合良好。

（4）焊条选用 ϕ3.2mm 焊条，焊接电流为 110~120A，焊条选用

ϕ4.0mm 焊条，焊接电流为 130~150A。第一层填充的电流较大，主要是熔化断弧打底时产生的气孔等缺陷。

1.14　焊条电弧焊铁板对接平焊位置第三层（找平层）焊接注意事项

铁板对接平焊位置第三层（找平层）焊接时的注意事项如下。

（1）焊条角度同第二层，采用月牙形或锯齿形运条施焊。

（2）第三层填充层也叫做找平层，焊接时保持坡口两侧边缘的原始状态，要求焊完焊道要平，焊缝低于坡口面 0.5~1.5mm，为盖面做准备（图 1.19）。

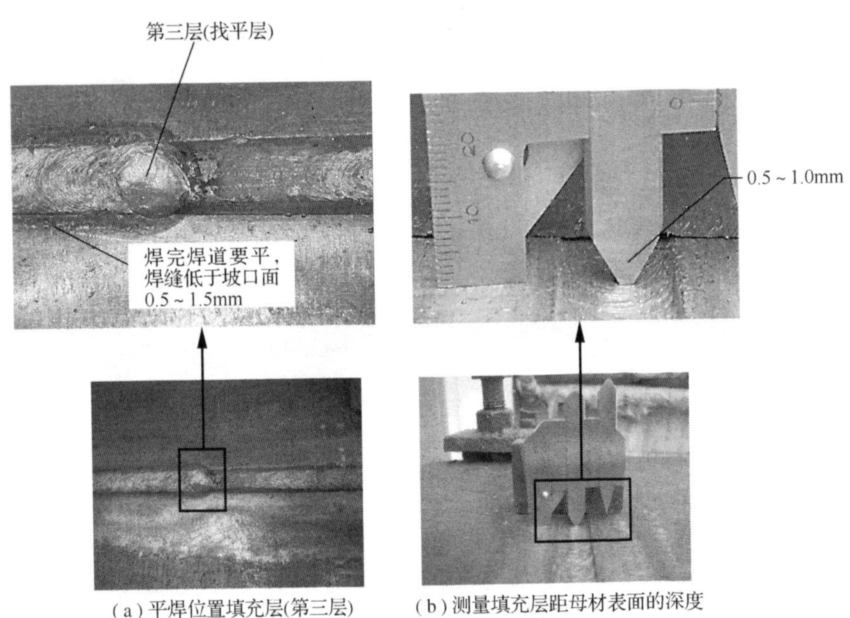

（a）平焊位置填充层(第三层)　（b）测量填充层距母材表面的深度

图 1.19　平焊位置填充焊接及测量

1.15　焊条电弧焊铁板对接平焊位置盖面层的施焊方法

板对接平焊位置盖面层的施焊方法如下。

（1）盖面层是保证焊接质量的最后环节，焊前必须把填充层焊缝两侧坡口边清理干净，以利于盖面时看清焊缝两侧坡口边，保证焊缝边缘直线度（≤ 2mm）符合技术要求。

（2）焊条和铁板夹角为 70°~80°（图 1.20），运条为锯齿法，焊条到坡口两侧要稍作停留以填满焊道并防止咬边，动作要稳且要均匀。

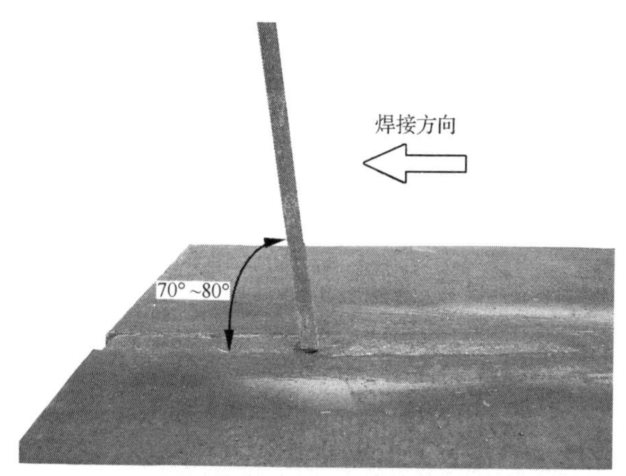

图 1.20　平焊位置盖面层

（3）重点观察坡口两侧和熔池，熔池形状保持椭圆形，电流要稍大，约 150A，要求焊缝到母材过度圆滑，一般焊缝厚度小于 3mm，较好焊缝的厚度小于等于 2mm。最好焊缝的厚度小于 1.5mm。

1.16　焊条电弧焊铁板对接平焊位置盖面层中间接头的操作方法

铁板对接平焊位置盖面层中间接头的操作方法如下。

（1）焊条从 1 处起弧，正常燃烧后拉到坡口边 2 处正式施焊，然后沿着 2 到 3 的圆弧焊到另一侧坡口边 3，稍作停动填满坡口，用锯齿法沿焊道继续施焊（图 1.21）。

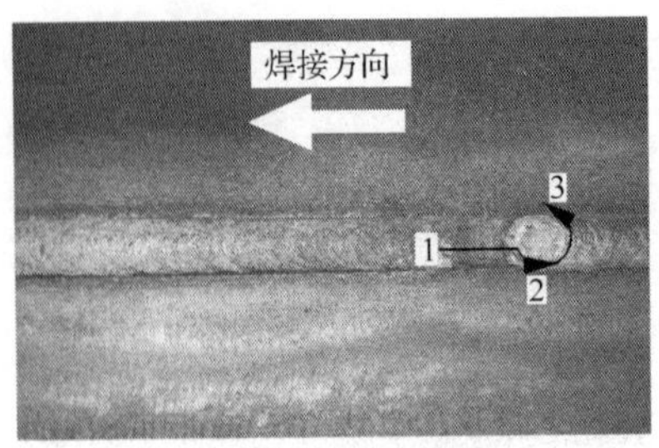

（a）平焊位置盖面接头(一)

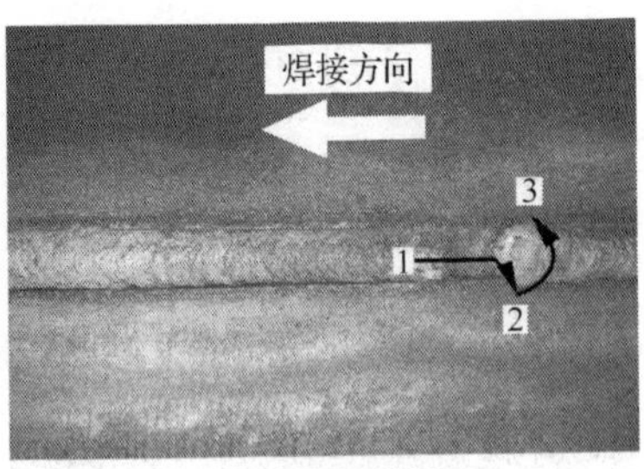

（b）平焊位置盖面接头(二)

图 1.21　中间接头的操作方法

（2）从 2 到 3 焊接时速度要稍慢，焊接的熔池要和接头收弧时的熔池重合，从而使焊缝成为一体。

板对接平焊打底和盖面焊接成品如图 1.22 所示。

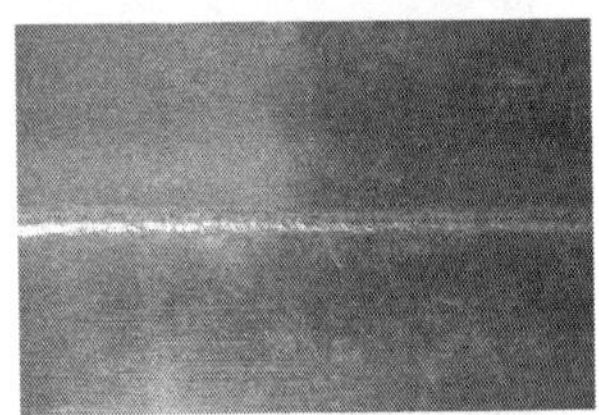
（a）板对接平焊打底焊接成品

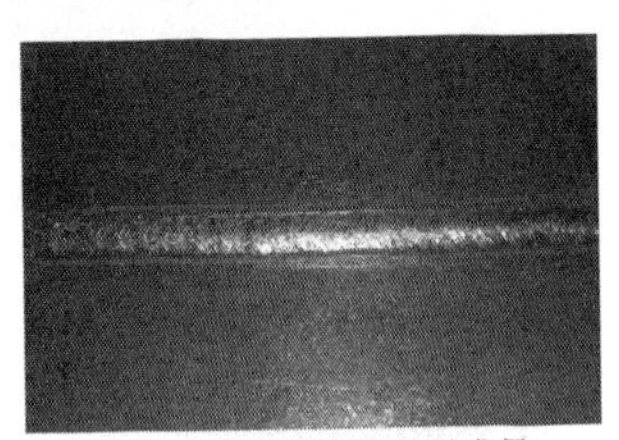
（b）板对接平焊盖面成品

图 1.22　板对接平焊打底和盖面焊接成品

1.17　焊条电弧焊铁板对接立焊打底层“三角形法”运条操作方法

图 1.23　对接立焊打底层焊条角度

铁板对接立焊打底层“三角形法”的运条方法如下。

（1）焊条与坡口两侧铁板应垂直，焊条倾角为 70°~80°（图 1.23）。

（2）首先在下侧定位焊处引弧，电弧燃烧稳定后拉到下侧定位焊上部，压低电弧左右稍作摆动焊接，击穿下侧定位焊上部与坡口钝边根部，使钝边根部与下侧定位焊上部焊缝熔化形成第一个熔池，稍作停顿使接头熔化良好，然后迅速向上灭弧（图 1.24）。

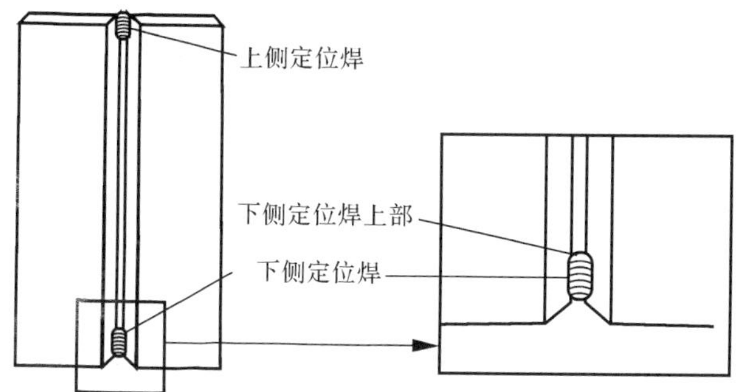

板对接立焊定位焊(上侧、下侧)、下侧定位焊上部图示说明

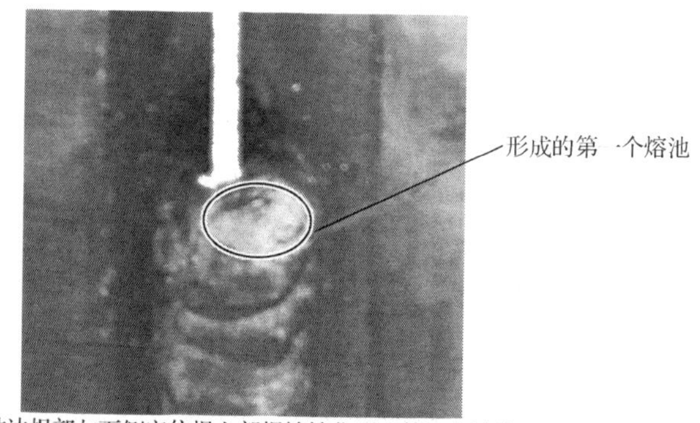

钝边根部与下侧定位焊上部焊缝熔化形成第一个熔池

图 1.24　对接立焊打底层焊接

（3）在第一个熔池还未冷却凝固时，立即在 1 处（收弧处）引弧，对准坡口根部中心从 2 到 3 稍作摆动，听到击穿坡口根部的“噗”声，立即灭弧转入有节奏的 1 → 2 → 3 → 1（引弧、焊接、灭弧、引弧）的正常运条（图 1.25）。

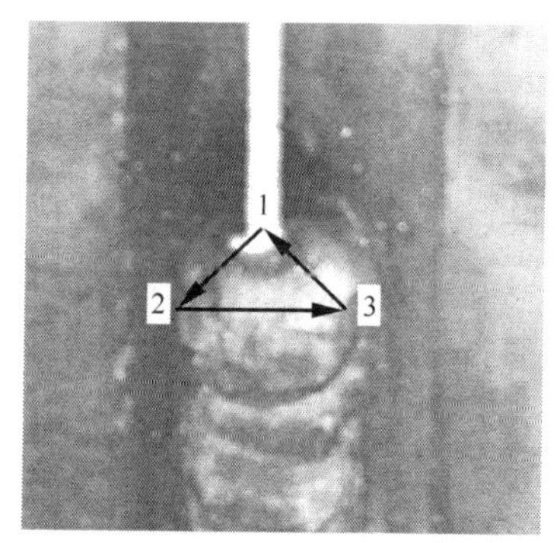

图 1.25　对接立焊打底层三角形运条法

（4）电弧引燃、灭弧频率每分钟 40~50 次。击穿坡口根部时，背

面应透过 1 / 3~1 / 2 的电弧。施焊过程中，保持 3.5~4.5mm 的熔孔尺寸和合适的熔池温度是保证焊接质量的关键。

（5）熔池形状以椭圆为宜，焊接时要注意观察熔池和熔孔变化，当熔孔变大，熔池温度升高时，要放慢焊接频率，增加停弧时间；反之，当熔孔变小，熔池温度降低时，要增加燃弧时间。

（6）换焊条后，在距焊接收弧下部 1cm 处起弧（之所以是 1cm 的距离，是因为焊条电弧焊接正常燃烧后，才能正式施焊），焊接方法同上。

1.18 焊条电弧焊铁板对接立焊打底层“交叉一字（一字）形”的运条操作方法

铁板对接立焊打底层“交叉一字（一字）形”运条法的操作见图 1.26。

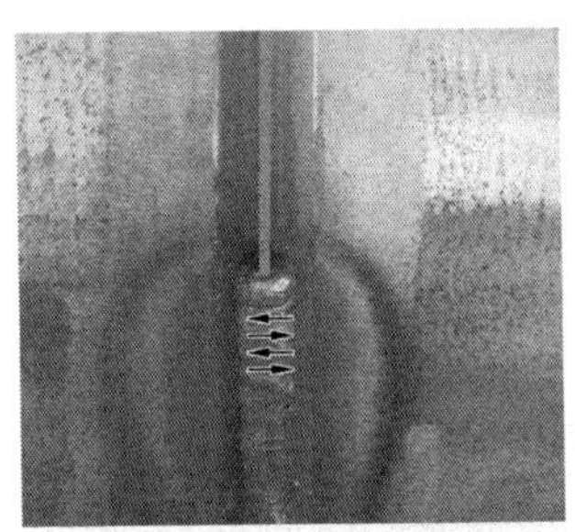
对接立焊交叉一字形打底法

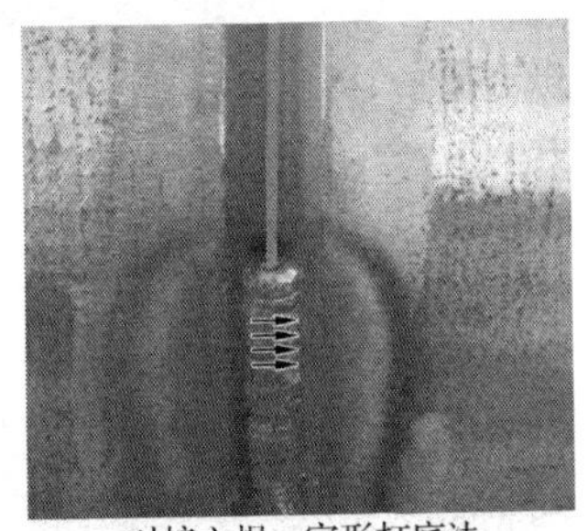
对接立焊一字形打底法

图 1.26 对接立焊一字形打底法

（1）焊条角度、焊接电流同三角形法（参见铁板对接立焊打底层“三角形法”运条方法）。

（2）在定位焊处引燃电弧以小锯齿形短弧向上运条，到定位焊端部向根部压送焊条，稍作停留击穿坡口根部，形成第一个熔池。

（3）然后在左坡口侧起弧、右坡口侧熄弧，右坡口侧起弧、左坡口侧熄弧，如此往复焊完整道打底焊缝（图 1.27）。

（4）左右形运条法，操作简单，容易掌握，焊接时应注意焊条不易送到坡口根部，应有 2~3mm 距离，若熔孔大、燃弧时间长，焊条距离根部就远些，反之亦然。初学者应根据情况灵活掌握。

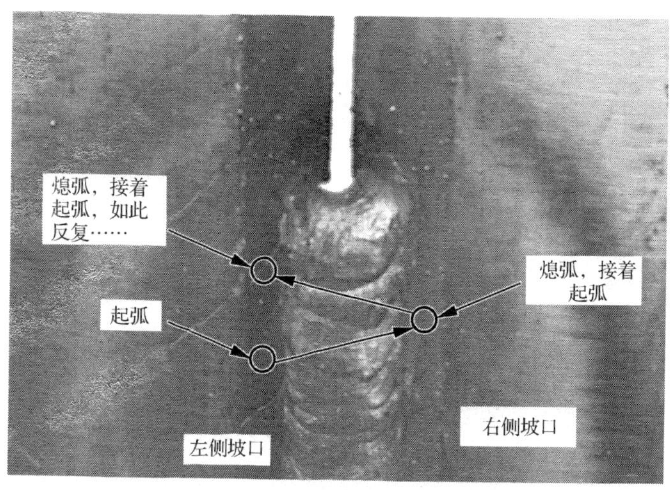

图 1.27 交叉一字形运条焊接方法

1.19 焊条电弧焊铁板对接立焊填充第一层焊接的操作方法

铁板对接立焊填充第一层焊接的操作方法如下。

（1）焊条角度同打底焊相同（参见铁板对接立焊打底层“交叉一字（一字）形”运条法）；选用 ϕ3.2mm 的焊条，焊接电流为 100~115A。若坡口间距较窄时或焊接电流较大时，也可以采取左右往复断弧焊法填充（图 1.28）。

（2）焊前把打底层清理干净，采用锯齿形短弧施焊，焊缝厚度约为 4mm。

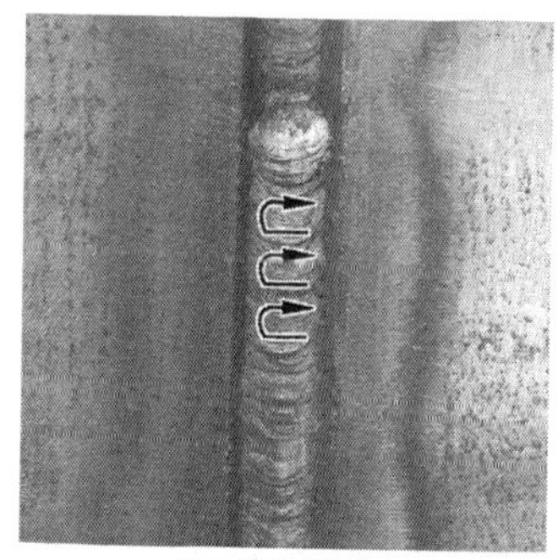

左右往复断弧法

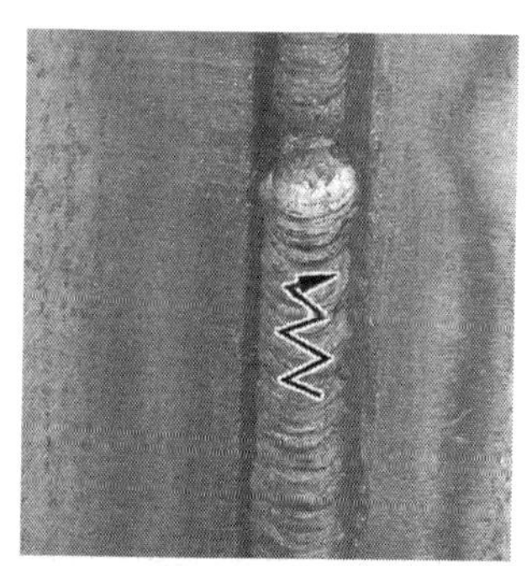

对接立焊锯齿形法

图 1.28 左右往复断弧法和对接立焊锯齿形法

（3）因为焊条起弧易出现气孔，所以每根焊条都从上部 10mm 处引弧，焊接时把打底层、坡口两侧夹沟和起弧处的缺陷熔化掉。

1.20　焊条电弧焊板对接立焊填充层第二层施焊方法

板对接立焊填充层第二层的操作方法如下。

（1）焊条角度同打底焊（铁板对接立焊打底层“交叉一字（一字）形运条法”）相同；选用 ϕ3.2mm 或 ϕ4.0mm 的焊条，选用 ϕ3.2mm 的焊条时，焊接电流为 100~115A，选用 ϕ4.0mm 的焊条时，焊接电流为 120~140A。

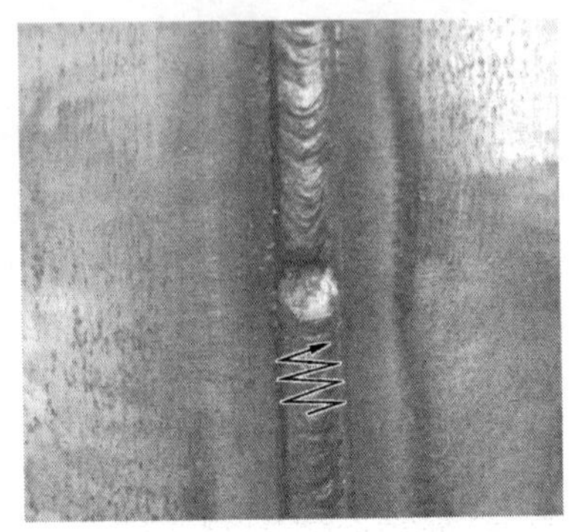

图 1.29　对接立焊填充第二层

（2）采用锯齿形运条或正月牙形运条法（图 1.29），焊接时注意两侧坡口不能破坏，焊缝整体要平直，焊缝的厚度约为 4mm，要求焊缝高度要比母材表面低 1mm 左右，以保证盖面焊缝成形美观。

（3）焊完后，要把焊道和坡口表面的药皮、飞溅、电弧擦伤等清理干净，为盖面做准备。

1.21　焊条电弧焊板对接立焊盖面层施焊方法

板对接立焊盖面层的操作方法如下。

（1）焊条角度同打底焊（铁板对接立焊打底层“三角形法”运条方法）相同；选用 ϕ4.0mm 的焊条，焊接电流为 120~140A。

（2）采用月牙形短弧施焊（图 1.30）；运条速度要均匀一致，运条到坡口边一定要压低电弧稍作停留，把坡口边填满并防止咬边。

（3）焊接时必须注意观察熔池形状，焊条带动铁水均匀往前移动，保持熔池形状一致。

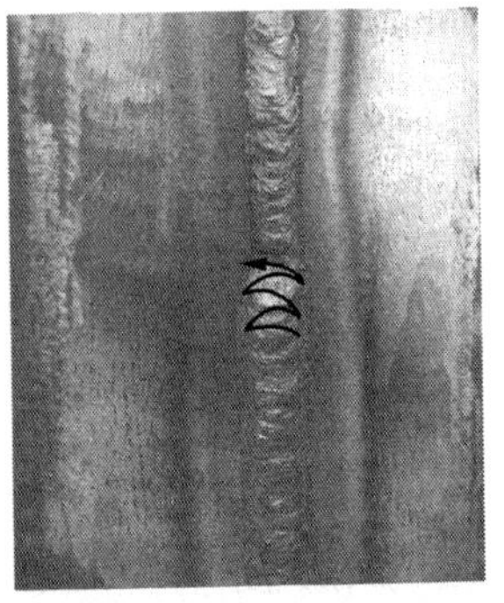

图 1.30　对接立焊盖面层

板对接立焊打底和盖面焊接成品如图 1.31 所示。

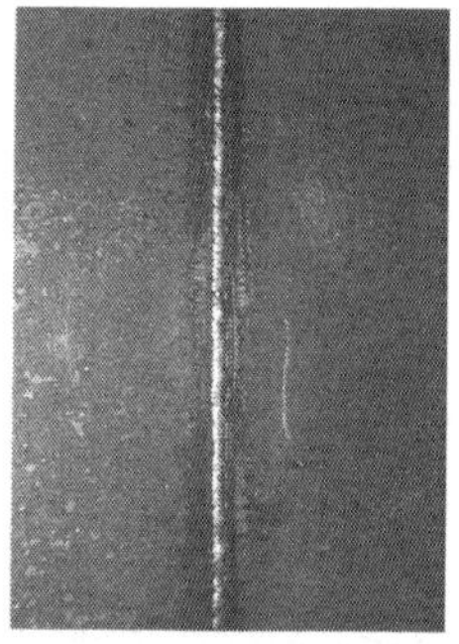
板对接立焊打底焊接样品

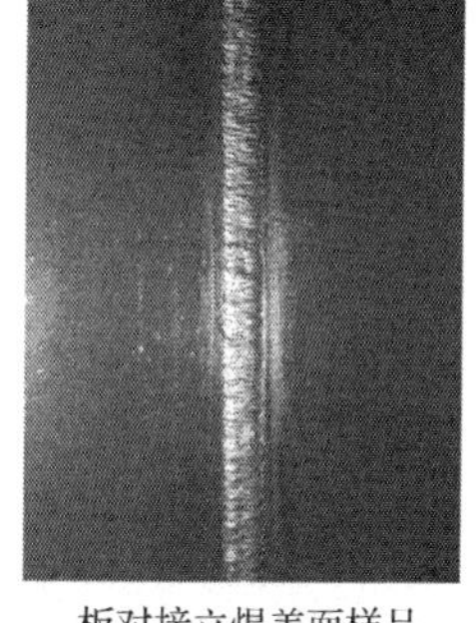
板对接立焊盖面样品

图 1.31　板对接立焊成品试件

1.22　焊条电弧焊铁板对接横焊打底“熔孔处一点法”运条操作

铁板对接横焊打底“熔孔处一点法”运条方法如下。

（1）焊条前倾角角度约 50°～70°（图 1.32），焊条基本贴下坡口边（向下和铁板夹角 60°～90°），使铁水给在坡口中心上部，保证背面上侧不咬边。焊条选用 ϕ3.2mm 焊条，焊接电流为 100～110A。

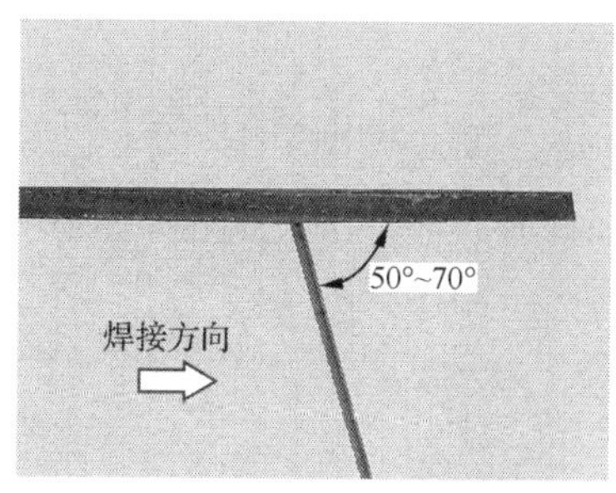

图 1.32　焊条前倾角角度

（2）首先从定位焊起弧，电弧燃烧稳定后将电弧拉到定位焊右侧，电弧深入坡口根部，并压低电弧，稍作停留使定位焊右侧充分融化形成熔池后立即断弧，形成第一个熔孔；紧接第二弧直接起弧在熔孔右侧 1/3 中心处，看到第二个熔孔处上下坡口充分熔化立即断弧。如此反复引弧→焊接→灭弧→引弧，如图 1.33 所示。

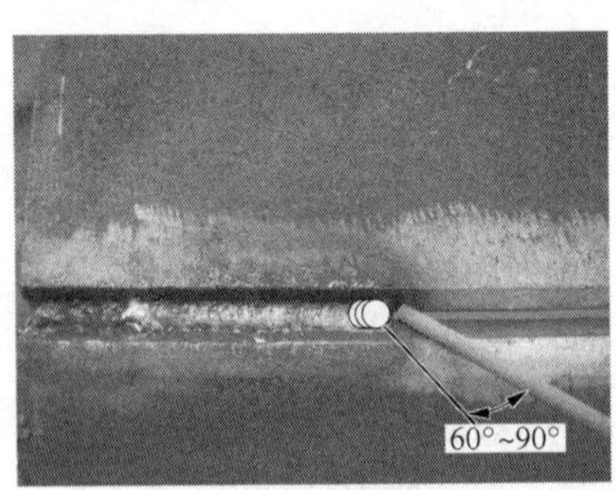

图 1.33 下倾角

（3）要更换焊条前，在最后一个熔池点一两点铁水再灭弧，以防形成弧坑裂纹。重新起弧时同（2）的方法相同，接头处必须充分熔化，以保证接头良好。

1.23 焊条电弧焊板对接横焊打底“上下直线（斜线）”运条操作

板对接横焊打底“上下直线（斜线）”运条法的操作方法如下。

（1）焊条下倾角为 70°~80°，焊条前倾角为 60°~80°（图 1.34）。

图 1.34 上下直线运条角度

（2）定位焊处起弧、电弧正常燃烧后拉到定位焊末端上部，在上坡口稍作停顿，直下拉到下坡口停顿、收弧；然后再从上坡口起弧下坡口灭弧，如此往复直到焊完整个焊道（图 1.35）。

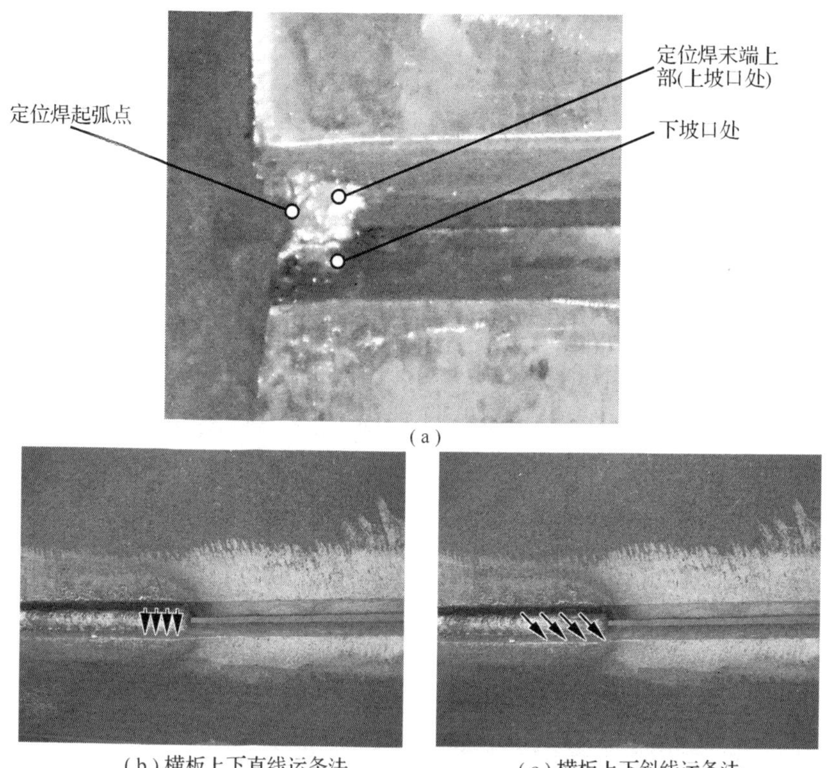

（a）

（b）横板上下直线运条法

（c）横板上下斜线运条法

图 1.35　板横焊打底运条方法

（3）焊接时必须保证上下坡口要熔化良好，换焊条重新起弧时，接头要多熔化，准备收弧时在坡口边补焊一两点铁水再灭弧。

1.24　焊条电弧焊铁板对接横焊位置填充层施焊方法

铁板对接横焊位置填充层分两层四道焊接，第一层分两道焊完，第二层分三道焊完；因横焊的变形量比其他位置都大，变形量为 6°~8°。

（1）填充第一层，采用斜锯齿运条法运条，注意上下坡口角部和层间熔合良好。填充使用 ϕ3.2mm 或 ϕ4.0mm 焊条均可，使用 ϕ4.0mm 时的电流为 130~150A。第一层可以分一道或两道焊接。

（2）填充第二层，分三道焊接，焊前将焊道表面清理干净，1、2、3 道按顺序依次施焊。

（3）焊条倾角（顺焊接方向）都是 70°~80°；第一道，焊条和下铁板夹角为 90°~100°；第二道，焊条和下铁板夹角为 80°~90°；第三道，焊条和下铁板夹角为 70°~80°（图 1.36）。

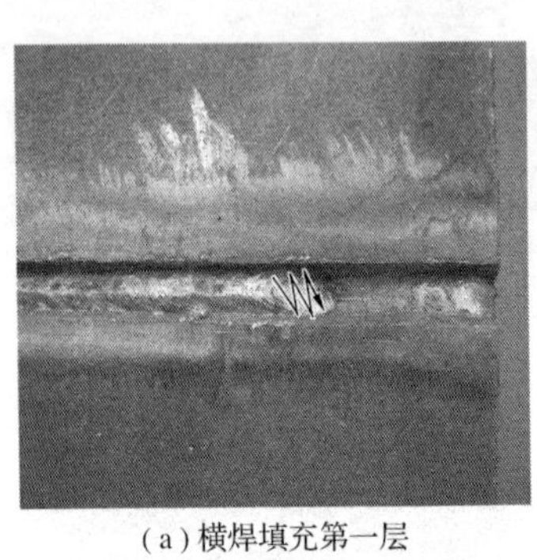

（a）横焊填充第一层

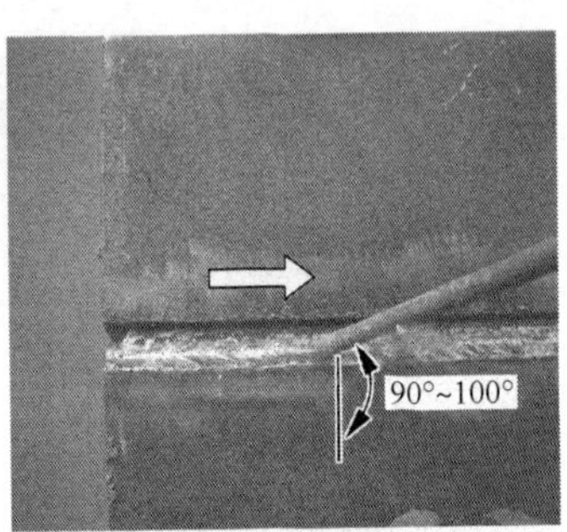

（b）横焊填充第二层第一道

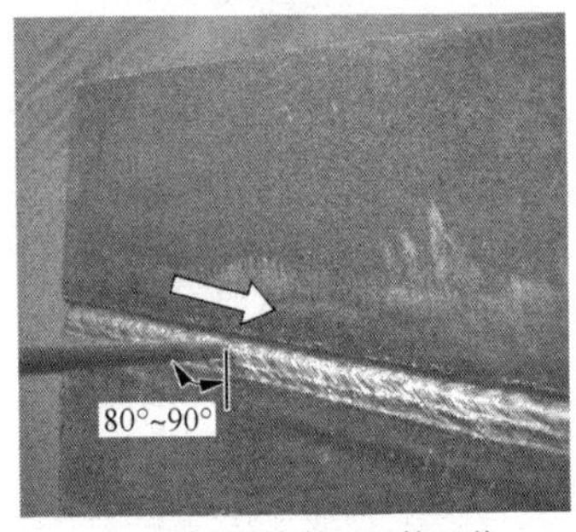

（c）横焊填充第二层第二道

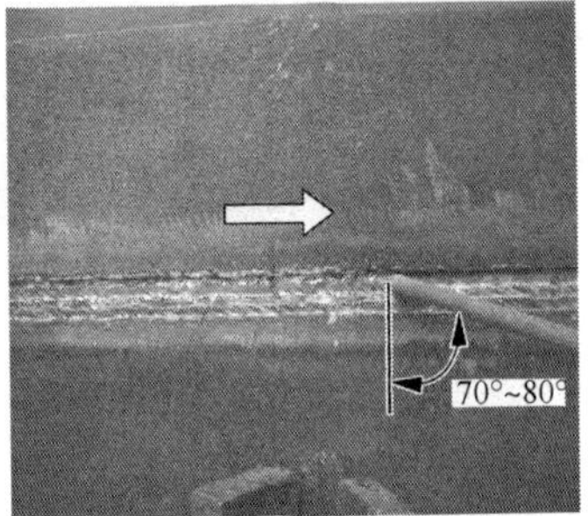

（d）横焊填充第二层第三道

图 1.36　焊条倾角

（4）填充第 1 道、第 3 道注意与上下坡口熔化良好，每道压前一道的 1/2~1/3，填充完焊缝表面离坡口边缘 1mm 左右，并保持坡口边的原始状态，为盖面做好准备。

1.25　焊条电弧焊板对接横焊位置盖面焊接施焊方法

盖面层分四道焊接操作时应注意以下事项（图 1.37）。

（1）选择合适的电流，建议为 140~160A，熔池保持椭圆形。

（2）第一道，焊条和下铁板夹角为 75°~85°；电弧中心对准下坡口边或者熔池下边缘压坡口棱边 1~2mm，焊层稍厚，一定要拉直，它是整个盖面的关键；第一道是整个盖面层的基础，因此焊接电流要小，焊缝要厚些，为以后焊道做基础，确保盖面层不会出现上高下低的现象，即通常说的“盖帽”。

（3）第二道，焊条和下铁板夹角为 90°；电弧中心对准第一道焊缝的上边缘，压第一道焊缝的 1/3，焊缝厚度和第一道平齐。

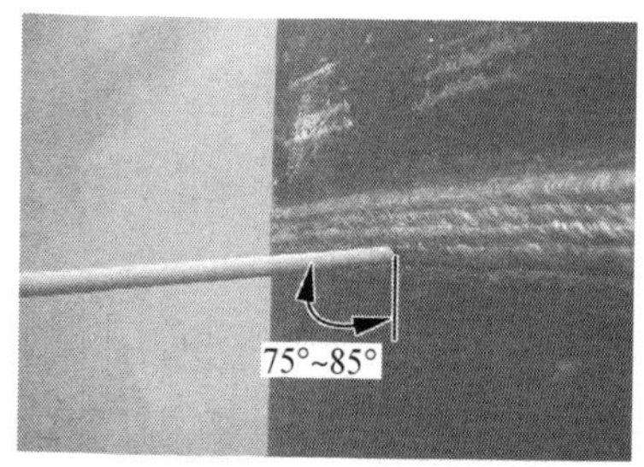

（a）横焊盖面第一道焊条角度

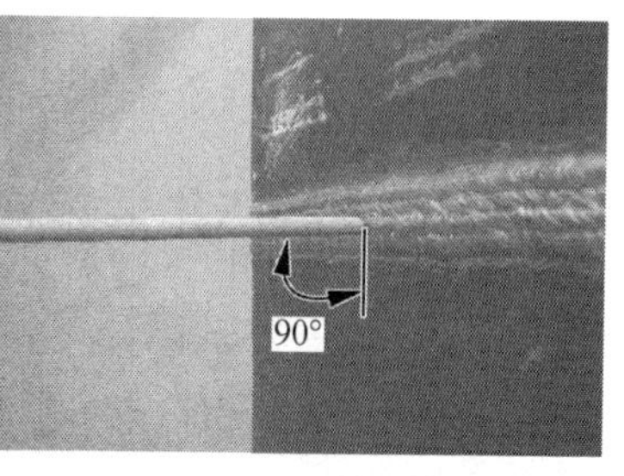

（b）横焊盖面第二道焊条角度

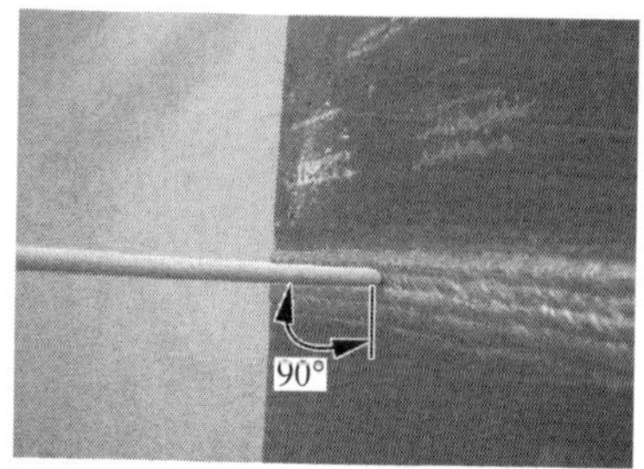

（c）横焊盖面第三道焊条角度

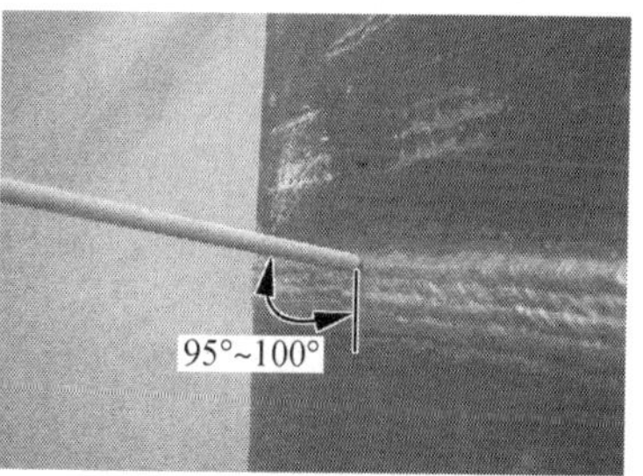

（d）横焊盖面第四道焊条角度

图 1.37　盖面层焊接角度

（4）第三道，焊条和下铁板夹角为 90°；焊接方法同第二道相同。

（5）第四道，是最后一道，也是整道焊缝的关键，焊条和下铁板夹角

95°~100°；首先焊缝要拉直，在填满焊缝的前提下速度稍快，以保证熔池不要向上扩展，并保证上坡口不能咬边。当最上一道填充沟槽较浅且容易超高时可以选用 ϕ3.2mm 焊条。

（6）电弧比填充稍高一点，以利于铁水充分铺开；焊道要拉直，表面圆滑、饱满（图 1.38）。

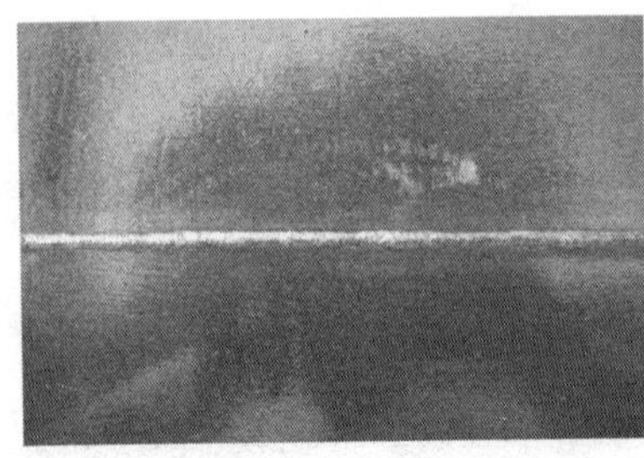

（a）板对接横焊打底焊接样品

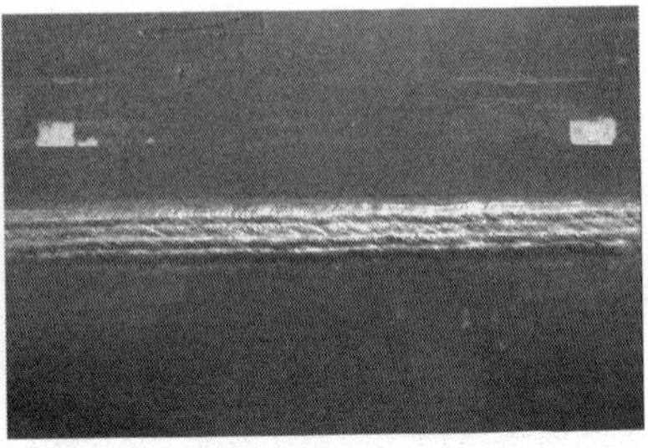

（b）板对接横焊盖面样品

图 1.38 板对接横焊打底焊接和盖面焊接样品

1.26 焊条电弧焊小径管水平固定焊装配与点固操作

（1）使用内磨机或圆锉、半圆锉清理管道坡口附近内、外表面各 20mm 范围内的油污、锈蚀、水分及其他污物，直至露出金属光泽。

（2）修磨钝边为 0.5~1.0mm，去除毛刺。

（3）装配间隙为 2.0~2.5mm，上部（平焊位）为 2.0mm，下部（仰焊位）为 2.5mm。放大下半部间隙作为焊接时焊缝的收缩量，如图 1.39 所示，错边量≤ 0.5mm。

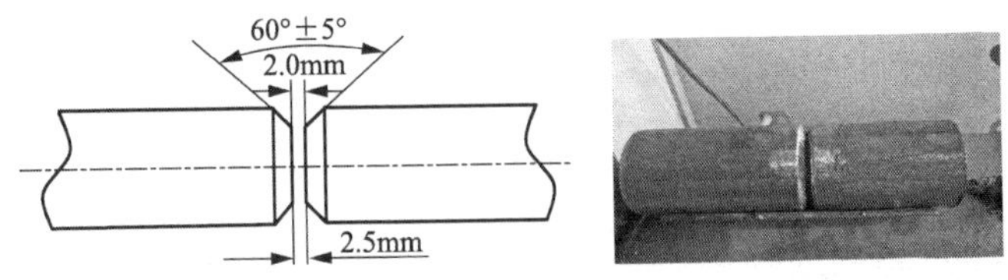

图 1.39 对口图

（4）定位焊：在试件上半部，管道时钟 10 点和 2 点的位置进行定位焊，如图 1.40 所示。采用与焊接试件相同牌号的焊条，焊缝长度约

5~10mm。要求焊透，并不得有气孔、夹渣、未焊透等缺陷。焊点两端修磨成斜坡，以利于接头。

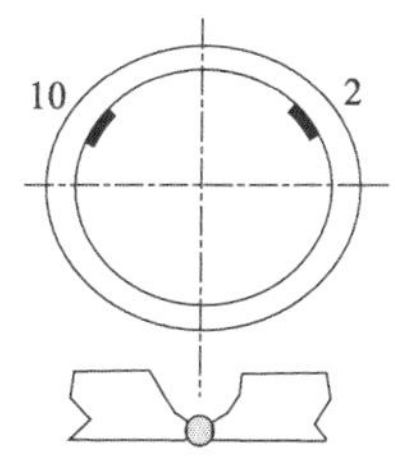

图 1.40　定位焊点示意图

1.27　焊条电弧焊小径管水平固定焊打底焊操作

焊条电弧焊小径管水平固定焊打底焊焊接参数见表 1.1。

表 1.1　焊条电弧焊小径管水平固定焊打底焊焊接参数

焊接层次	焊条直径	焊接电流	焊接方法
打底焊	2.5mm	75-85A	单点击穿灭弧法

（1）水平固定管的焊接常从管子仰位开始分两半周焊接。如图 1.41 所示，先按顺时针方向焊前半周，称为前半圈，后按逆时针方向焊后半周，称为后半圈。

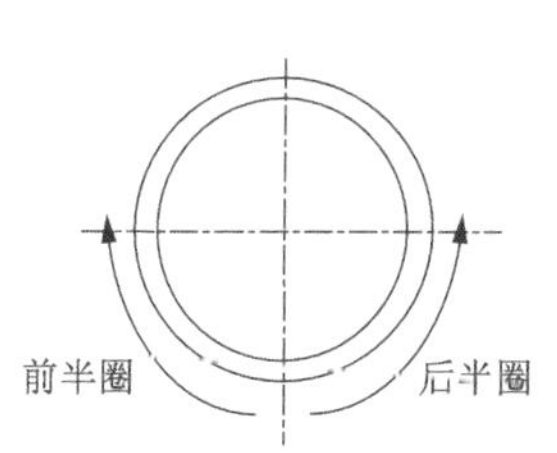

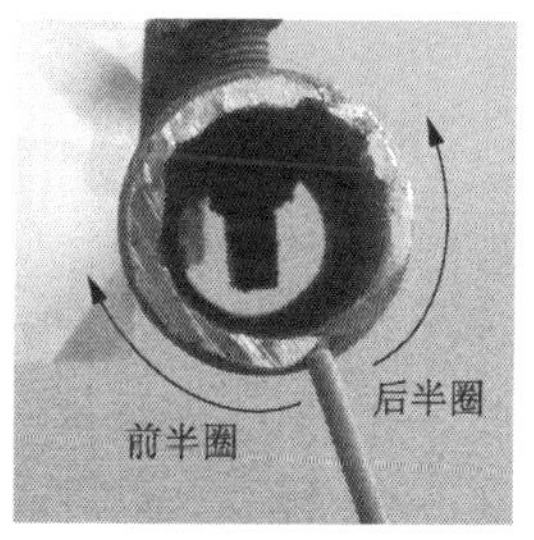

图 1.41　焊接方向

（2）打底焊。为了使坡口根部焊透，采用单点击穿灭弧法进行打底焊。

焊接时，焊条角度应随焊接位置的不断变化而随时调整。在仰焊、斜焊区段，焊条与管子切线的夹角（后倾角）应为 70°~80°，如图 1.42 所示，先焊的前半圈，起焊和收弧部位都要超过管子垂直中心线约 5~10mm，以便于焊接后半圈时接头。

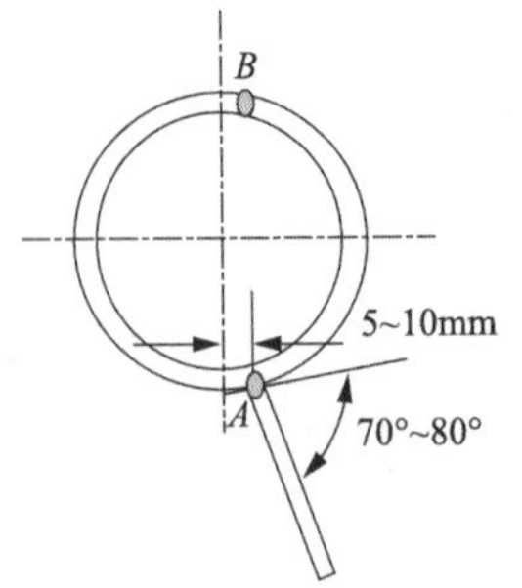

图 1.42 焊条角度

前半圈焊接从仰位靠近后半圈约 5~10mm 处引弧，即图 1.42 所示的 *A* 点，预热 1.5~2s，使坡口两侧接近熔化状态，立即压低电弧进行搭桥焊接。使弧柱透过内壁熔化并击穿坡口根部，听到背面电弧的击穿声，熔化的铁水将坡口两侧连接，停顿 1~2s，立即熄弧，形成第一个熔池。当熔池降温，颜色变暗时，再引弧然后压低电弧向上顶，形成第二个熔池，如此反复均匀地点射送给熔滴，并控制熔池之间的搭接量，向前施焊。这样逐步地将钝边熔透，使背面成形均匀，直至将前半圈焊完。后半圈的操作方法与前半圈相似，但是要注意仰位和平位的两处接头，焊条摆动的宽度一致，每次熔池的搭接量尽可能一致。

技术要点：

（1）仰焊位（下方）的接头。

当接头处没有焊出斜坡时，可用磨光机打磨成斜坡，从时钟 6 点处引弧时，以较慢速度和连弧方式焊至 *A* 点（图 1.42），把斜坡焊满，当焊至接头末端 *A* 点时，焊条向上顶，使电弧穿透坡口根部，并有“噗噗”声后，焊接时间是正常焊接时的 2~3 倍，然后恢复原来的正常操作手法。

（2）平焊位（上方）的接头。

若前半圈没有焊出斜坡，应修磨出斜坡。当运条到距 *B* 点 3~5mm 时，应压低电弧，将焊条向里压一下，听到电弧穿透坡口根部发出“噗噗”声后，并短弧前进 5~10mm，以保证充分熔合，填满弧坑，然后引弧到坡口一侧熄弧，防止产生缩孔。

注意事项：

（1）进行打底层单点击穿灭弧焊接时，熄弧动作要干净利落，不要拉长电弧，熄弧与燃弧的时间要适宜（根据熔池的温度状况调节）。

（2）打底焊时，熔池间的搭接量会直接影响焊件的背面成形，为避免出现管内仰位凹陷，平位凸起等缺陷，仰位、斜仰位处搭接量为 1/3，立位处搭接量为 1/2，斜平位、平位处搭接量为 2/3。

（3）为保证熔池的形状和大小基本一致，熔池的温度要控制得当，液态金属应清晰明亮，熔化坡口两侧始终为 0.5~1mm。

1.28　焊条电弧焊小径管水平固定焊盖面焊操作

焊条电弧焊小径管水平固定焊盖面焊焊接参数见表 1.2。

表 1.2　焊条电弧焊小径管水平固定焊盖面焊焊接参数

焊接层次	焊条直径	焊接电流	焊接方法
盖面层	2.5mm	70 ~ 80A	锯齿形或月牙形运条法

首先，消除打底焊缝表面的熔渣及飞溅物，修理局部凸起接头。在打底焊道上引弧，连弧焊接时采用月牙形或横向锯齿形运条法焊接，也可采用断弧焊。焊条角度比相同位置打底焊稍大 5° 左右。焊条摆动到坡口两侧时，要稍作停留，熔化两侧坡口边缘各 1~1.5mm，并严格控制弧长，即可获得宽窄一致，波纹均匀的焊缝成形，如图 1.43 所示。

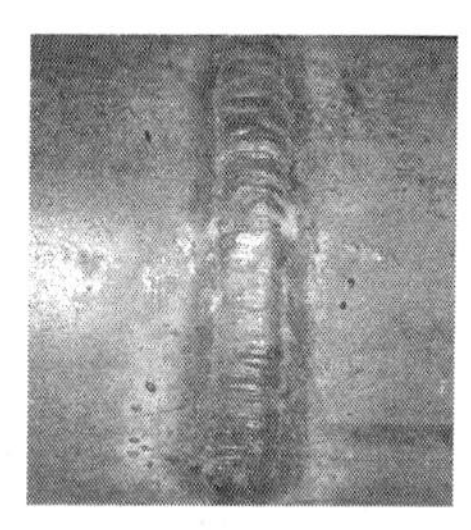

图 1.43　焊缝外形

前半圈收弧时，在坡口一侧对弧坑填约 1/2 液体金属，使弧坑呈斜坡状，以利于后半圈接头；在后半圈焊前，需将前半圈两端接头部位渣壳去除约 10mm 左右，最好采用砂轮打磨成斜坡。

盖面层焊接前、后两半圈的操作要领基本相同，注意收口时要填满弧坑，并前进 5~10mm，前进中逐步减少铁水量。

在盖面层焊接时，由于在仰焊、斜仰焊区段液态金属易下坠，要求焊缝焊薄些，而在斜平焊、平焊区段熔池温度偏高不易起孤，要求焊缝焊厚些，这样可使盖面焊缝余高整体均匀。

1.29 焊条电弧焊小径管垂直固定焊打底焊操作

焊条电弧焊小径管垂直固定焊打底焊焊接参数见表 1.3。

表 1.3 焊条电弧焊小径管垂直固定焊打底焊焊接参数

焊接层次	焊条直径	焊接电流	焊接方法
打底焊	2.5mm	70 ~ 80A	断弧焊

焊条电弧焊小径管垂直固定焊打底焊，采用断弧焊接，沿逆时针方向焊接。焊条与试件下侧夹角为 75° ~80°，如图 1.44 所示。与管子切线的焊接方向夹角为 70° ~80°，如图 1.45 所示。

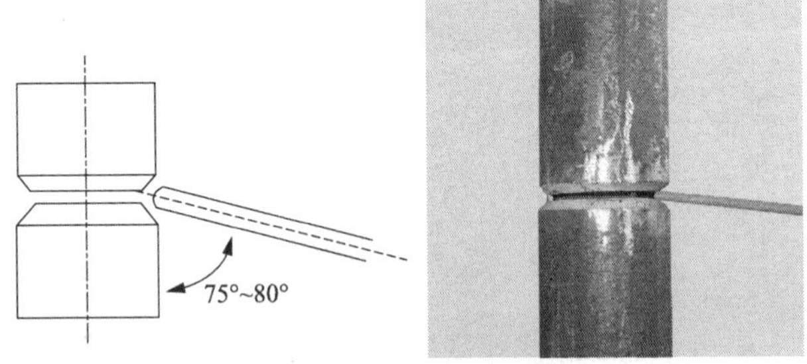

图 1.44 焊条与试件下侧夹角

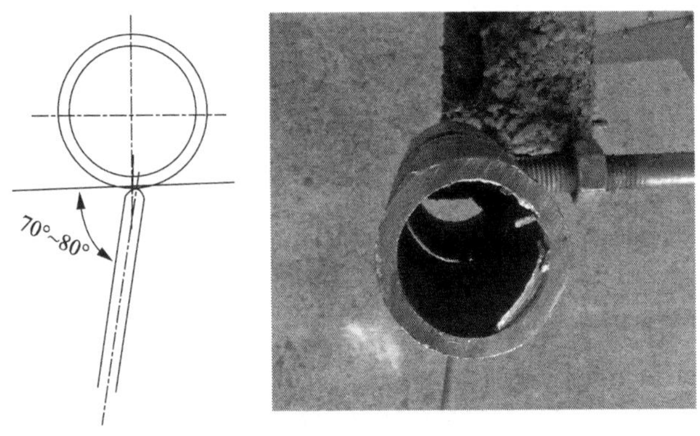

图 1.45 焊条与管子切线的焊接方向夹角

在与定位焊接点对称的坡口内引弧，从上坡口向下坡口移动。待坡口两侧熔化时，焊条向根部压送，熔化并击穿坡口根部，听到“哗、哗”的声音，并形成第一个熔池的熔孔，使两侧钝边熔化 0.5~1.0mm，立即灭弧。待熔池中心的亮点即将消失时，马上重新引弧进行焊接。电弧始终从坡口上侧引燃，并在上侧根部停留约 1s，然后向下侧运条。在下侧根部停留 1s 后，即可灭弧。灭弧与接弧时间的间隔要短，灭弧动作要果断，不得拉长电弧，灭弧频率每分钟 70~80 次。接弧位置要准确。

注意事项：

（1）焊接时要保持熔池形状大小一致，熔池铁水清晰明亮。

（2）打底焊换焊条时，在距离前段后方收尾处后约 10mm 处引弧，连弧焊接至收弧弧坑中心坡口根部时，焊条向下压一下，听到“哗、哗”的声音，表示接头熔透并形成熔孔，焊接时间是正常焊接的 2~3 倍，立即灭弧，前三次焊接时间长度比正常焊接时长两倍，然后正常运条施焊。

（3）与定位焊缝接头时，当运条到定位焊缝根部时，要留一个小孔，小孔直径与所用焊条直径相当，此时不能灭弧，并在定位焊处转 2~3 圈预热，继续补充铁水让小孔自由封口，在封口的同时焊条向下压一下，听到“哗、哗”的声音后，稍作停顿，继续焊接约 10mm，填满弧坑再收弧。

1.30　焊条电弧焊小径管垂直固定焊盖面焊操作

焊条电弧焊小径管垂直固定焊盖面焊焊接参数见表 1.4。

表 1.4　焊条电弧焊小径管垂直固定焊盖面焊焊接参数

焊接层次	焊条直径	焊接电流	焊接方法
盖面层	2.5mm	80~90A	直线运条或小斜锯齿形

焊条电弧焊小径管垂直固定焊盖面层分三道焊接，从下侧坡口开始向上排列。

焊前首先将填充层的熔渣、飞溅等清理干净，并修平局部上凸的部分。采用直线形运条方法。第一道焊道焊条与试件下侧夹角约为 80°，使下坡口边缘熔化 1~2mm，第二道焊条与试件下侧夹角为 85°~90°，并有

1/2 压在上一道焊道上。最后一道焊道焊条与焊件下侧夹角为 70°~80°，并使上坡口边缘熔化 1~2mm，达到焊缝与试件表面圆滑过渡。

盖面层要求高低、宽窄一致，避免上侧咬边。

1.31 焊条电弧焊铁板对接仰焊直流正接打底方法

铁板对接仰焊直流正接打底的操作方法如下。

（1）焊条与左右两侧铁板角度为 90°，后倾角为 70°~80°（图 1.46）。

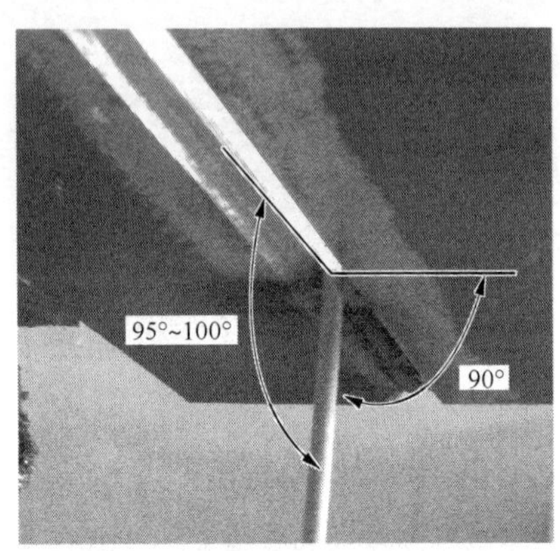

图 1.46 仰焊正接打底焊条角度

（2）从固定焊端部起弧，引燃电弧后立即压低电弧短弧拉到固定焊尾部，焊条头部深入坡口根部，击穿定位焊与坡口根部的连接处，听到击穿坡口根部的“噗”声，使钝边根部与定位焊缝熔化形成第一个熔池，左右稍作摆动，停留 3~5s 左右，使接头充分熔化，然后熄弧，进行断弧焊。

（3）在第一个熔池还未冷却凝固时，立即在收弧处引弧，对准坡口根部中心不摆动（或左右稍作摆动），电弧燃烧时间约为 1s，然后立即灭弧转入有节奏的引弧、焊接、灭弧的正常运条。

（4）电弧引燃、灭弧频率每分钟 35~40 次。击穿坡口根部时，背面应透过 1/2~1/3 的电弧。施焊过程中，保持 3.0~4.0mm 的熔孔尺寸和合适的熔池温度是保证焊接质量的关键。

（5）焊接时要注意观察熔池和熔孔变化，当熔孔变大，熔池温度升高时，要放慢焊接频率，增加停弧时间；反之，当熔孔变小，熔池温度降低时，要增加燃弧时间或加大焊接电流。

（6）更换焊条时，在距离接头处 10mm 左右处引燃电弧后，立即压低电弧并迅速移动到接头处焊条稍作摆动并向上顶到根部，因接头处温度一般较低，因此接头时的前三次燃弧时间都应稍长，大约为 2~3s。

（7）焊到铁板尾部离定位焊 4~5mm 处采用连弧焊，焊条在接头处向上顶，听到击穿坡口根部响亮的“噗”声，说明接头良好，接住头后并应前进 5~10mm 再熄弧。

1.32 焊条电弧焊铁板对接仰焊直流反接断弧打底方法

铁板对接仰焊直流反接断弧打底的操作方法如下。

（1）沿焊接方向的焊条角度即前倾角为 100°~120°（图 1.47）。

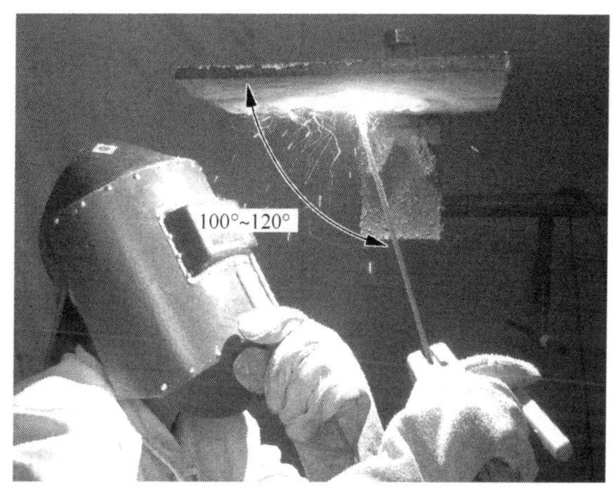

图 1.47 铁板仰焊直流反接焊接角度

（2）电源极性为直流正接或直流反接，直流正接电弧挺度好（有劲），背部不易产生内凹，直流反接打底要困难一点，易出现内凹，熟练掌握以后背面成形良好。焊接前调整好推力和引弧电流，一般电弧推力和引弧电流为 3 格左右。

（3）焊接电流为 100~115A。

（4）直流反接打底的焊条角度、运条方法与直流正接一致。

1.33 焊条电弧焊铁板对接仰焊填充层施焊方法

板对接仰焊填充层的操作方法如下。

（1）沿焊接方向的焊条角度为 100°~120°。

（2）填充分两层进行，焊前把打底层清理干净。运条方法采用锯齿形，顺序 1→2→3 以此类推（图 1.48）。因第一层打底焊接头引弧处产生的气孔多，为消除气孔，填充时的焊接电流要大，确保熔化气孔，但电流大会发生烧穿，因此焊接时第一层填充焊接速度要稍快，夹沟侧要稍作停留，以防把打底层烧穿，保证充分熔化好打底层的突出部分及两侧夹沟。

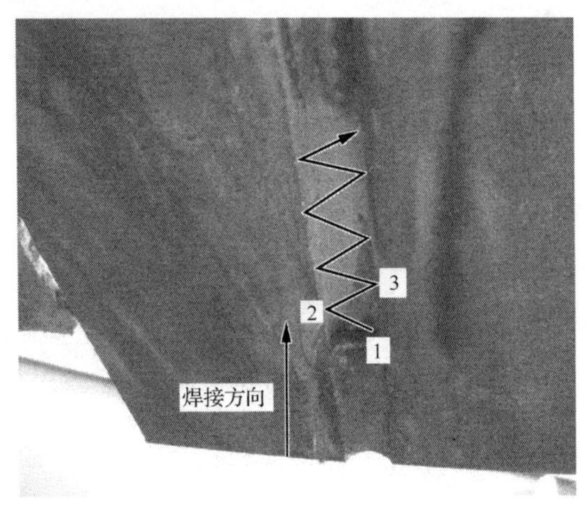

图 1.48 板仰焊填充层焊接

（3）第二层填充要领是两侧多停，中间稍快，焊道以平整为宜，高度比母材低 1mm 左右，保持坡口两侧边缘的原始状态，为盖面做准备。

（4）仰焊打底层夹沟较深，夹渣不易清理、焊缝中间部位较高，防止产生夹渣、未熔合，使填充层平整，第一层填充选用 ϕ3.2mm 焊条，焊接电流要大些，一般为 100~120A。为提高生产率第二层填充用 ϕ4.0mm 焊条，焊接电流为 125~140A。

1.34 焊条电弧焊板对接仰焊盖面层施焊方法及注意事项

盖面层的施焊方法及注意事项如下。

（1）焊前认真清理焊道，焊条角度同填充一样，沿焊接方向为 100°~120°，焊接电流 130~140A。

（2）要点是要控制好焊缝外形尺寸，注意焊缝余高和焊道整齐。

（3）采用反月牙法运条，目的是降低焊缝整体高度。顺序是 $a \rightarrow b \rightarrow c$（图 1.49），以此类推，严格注意两坡口边整齐，焊条摆到坡口边 b 处、c 处要压低电弧，稍作停留，使两侧熔化良好，并防止咬边。

（4）仰焊接头电弧从焊缝中心 1 引燃电弧以后运条到一侧坡口边 2，然后沿原焊道 3 运条，均匀向前焊接（图 1.49）。

另一种方法如图 1.50 所示，引燃电弧后，先到熔池中心再将焊条从坡口一侧运条至另一侧，这种方法的优点是接头良好，不易产生咬边、坡口棱边未熔合、焊缝宽窄不齐等现象。

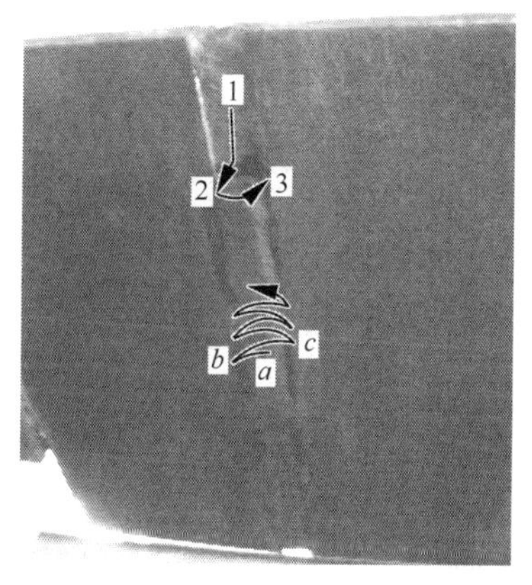

图 1.49 铁板仰焊盖面层焊接 1

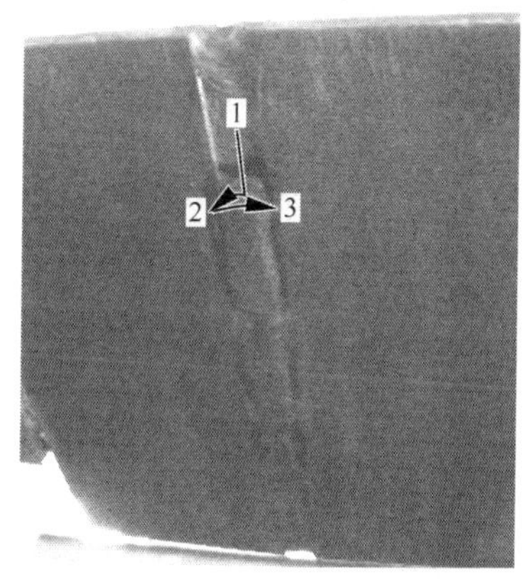

图 1.50 铁板仰焊盖面层焊接 2

（5）焊接结束后把整个铁板和焊缝清理干净。

图 1.51 所示为板对接仰焊打底和盖面焊接成品。

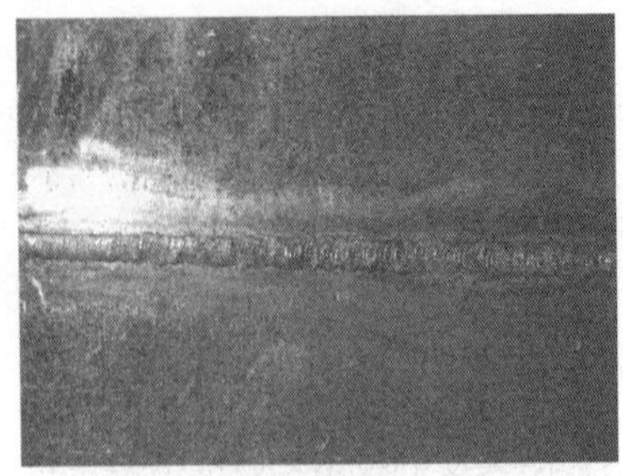

(a) 板对接仰焊打底焊接样品

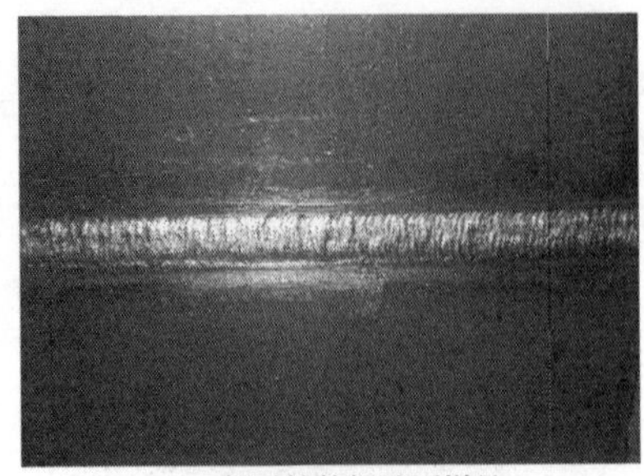

(b) 板对接仰焊盖面样品

图 1.51　板对接仰焊打底焊接和盖面样品

第 2 章　钨极氩弧焊

2.1　手工钨极氩弧焊的收弧方法及注意事项

手工钨极氩弧焊收弧时，如果操作不当容易产生弧坑裂纹、气孔等缺陷。常用的收弧方法有以下几种。

（1）前移收弧：是指收弧时，可以向熔池送少量铁水，并将铁水向前带，将电弧、铁水引向坡口边的收弧方法。该方法适用于一些易产生裂纹的母材。收弧时注意不可抬高电弧或拉长电弧，以防止产生气孔。

（2）直接收弧：是指收弧时，可以在收弧处送 1~2 滴铁水，然后直接收弧的方法。该方法适用于普通碳钢或要求较低的钢材。收弧时，注意不可将电弧收到坡口外，以防止破坏母材表面。

（3）高频收弧：是指收弧时，如果能采用高频装置，可以按下开关，使焊接电流逐渐减小的收弧方法。这是一种较好的收弧方法。

三种收弧方法的效果如图 2.1 所示。

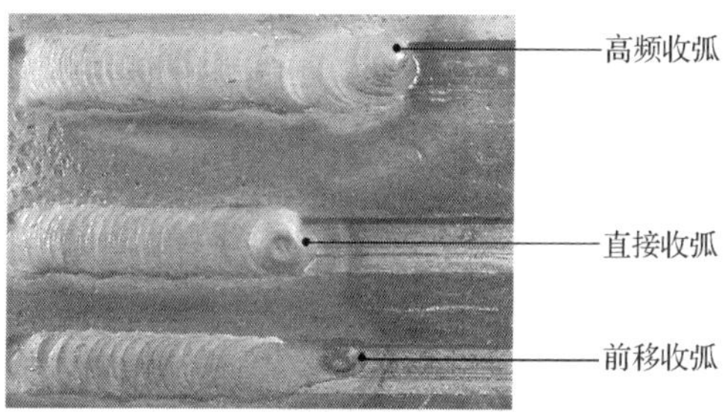

图 2.1　三种收弧法的效果

2.2　手工钨极氩弧焊接头的方法（形式）

手工钨极氩弧焊时，接头的形式有以下几种（图 2.2）。

（1）首尾相接：是指后一道焊缝起头熔池接前一道焊缝收弧熔池。

（2）尾尾相接：是指后一道焊缝收弧熔池接前一道焊缝收弧熔池。

（3）首首相接：是指后一道焊缝起头熔池接前一道焊缝起头熔池。

（4）尾首相接：是指后一道焊缝收弧熔池接前一道焊缝起头熔池。

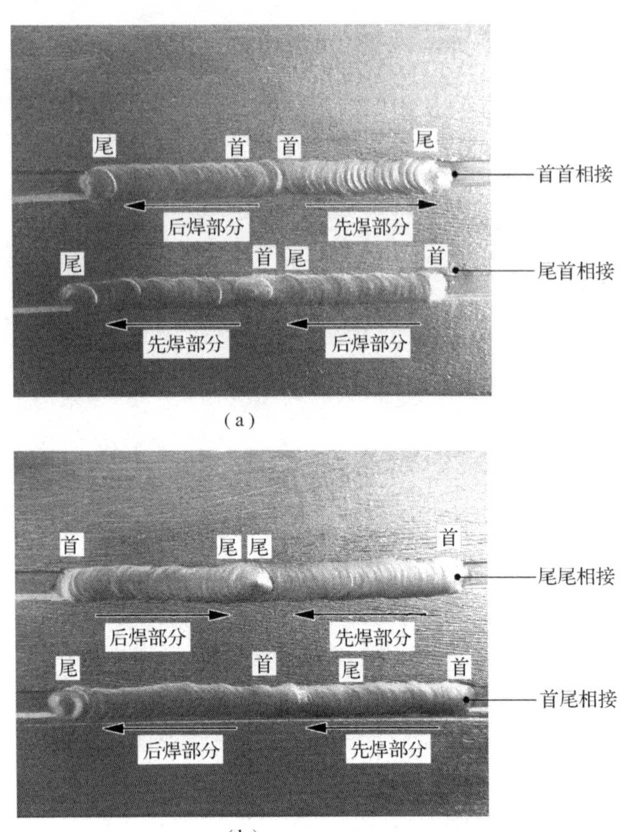

（a）

（b）

图 2.2　接头的形式

2.3　手工钨极氩弧焊时判断氩气保护效果的方法

手工钨极氩弧焊时，焊后应观察焊缝和钨极端部的颜色，当颜色为银灰色或灰色时（图 2.3），证明氩气保护效果良好；当焊缝表面颜色呈黄色、黑色，或钨极尖部为蓝黑色时，或者在焊接过程中发现焊缝中冒小火星，甚至出现小气泡时，证明氩气保护效果不良，出现气孔，这时应当停下来进行试气，查找产生气孔的原因，并采取相应的措施，确保焊口质量。

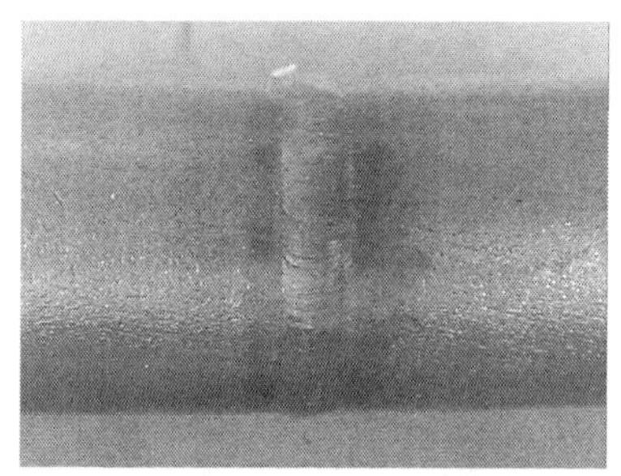

图 2.3　焊缝表面为银灰色，保护效果良好

2.4　手工钨极氩弧焊时氩气流量大小对焊缝质量的影响

如果氩气流量过小，氩气挺度不足，会因保护效果不良在焊缝内产生气孔、焊缝被氧化等缺陷。若氩气流量过大，会扰乱氩气的层流保护，产生氩气流的紊乱，使空气等有害气体卷入焊接区而降低氩气的保护效果。

一般氩气的流量为 5~7 L/min，当风力较大、焊接位置困难时，氩气流量一般为 8~10 L/min。焊接时焊工要根据具体情况来合理选择氩气流量。

2.5　手工钨极氩弧焊时坡口清理的注意事项

手工钨极氩弧焊接过程中，由于氩气是最稳定的惰性气体之一，保护效果良好。正因为如此，如果焊件坡口及其周围打磨不干净，在电弧的作用下，产生的有害气体也不易从保护层逸散出来，而且有害气体与液态金属容易发生反应形成气孔等缺陷，甚至影响焊缝的力学性能。所以，手工钨极氩弧焊时，对焊丝的清洁程度和对焊件坡口的清理要比焊条电弧焊的要求更高。坡口清理效果如图 2.4 所示。

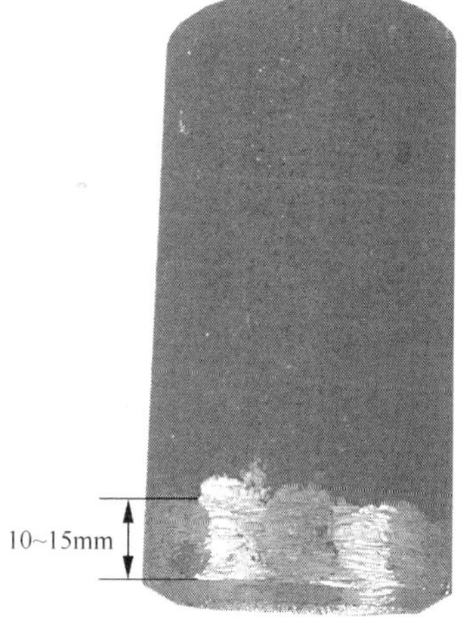

图 2.4　坡口清理的效果

2.6 手工钨极氩弧焊时焊丝、焊枪与母材的夹角

手工钨极氩弧焊时，焊丝在焊接过程中与焊件倾斜的角度大约为 10°~15°，倾斜角度大，影响焊接操作，容易发生焊丝与钨极相碰。焊枪的后倾角为 70°~80°，过大影响视线，过小会降低氩气保护效果。焊丝与焊枪的夹角为 90°~110°。焊丝、焊枪与母材的夹角如图 2.5 所示。

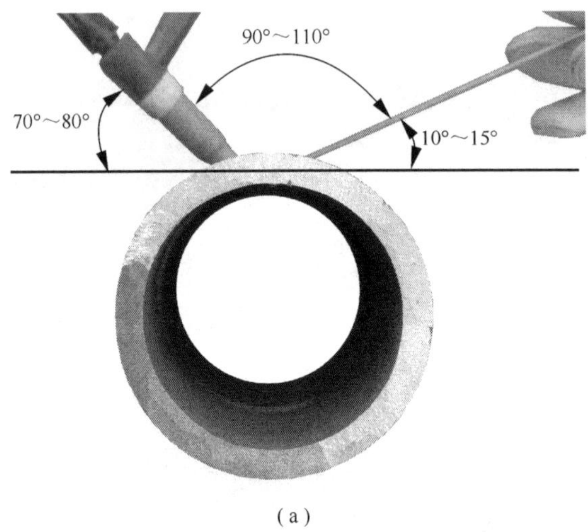

（a）

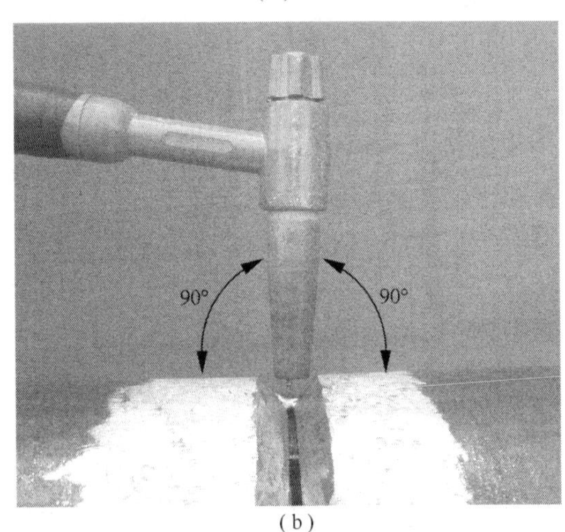

（b）

图 2.5 焊丝、焊枪与母材的夹角

2.7　手工钨极氩弧焊时手指的支撑方法

手工钨极氩弧焊时，运条灵活是确保焊缝外观工艺、焊口内部质量的关键，为此如何支撑是确保焊接质量的关键。支撑的方法有两种：一种是手指支撑，即用小手指指头肚支撑在管子上（图 2.6）；一种是用无名指、小拇指背靠在管壁上，因为有支撑，可以确保在运条过程中，当摆动和前进时，能保持稳定、均匀、灵活（图 2.7）。

图 2.6　用手指尖支撑

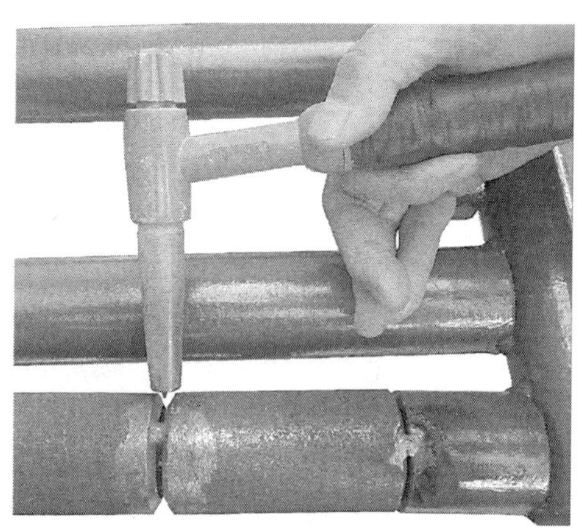

图 2.7　用手指背支撑

2.8　手工钨极氩弧焊时左右手运弧和送丝

在焊接单根管时，一般可以用习惯性的单独的右手或左手进行焊接，而在工程中，常常会遇到单排管或多排管，或靠墙，靠设备等物体的一些管道，这时如果只用右手或左手焊接就不能很好地完成任务，因此，在练习和施工过程中，就要学会两手并用，达到两只手都能灵活操作的目的，如图 2.8 所示。

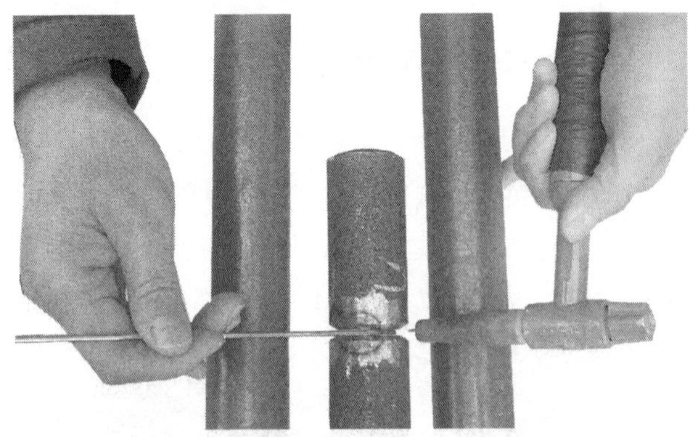

(a) 用左手拿把

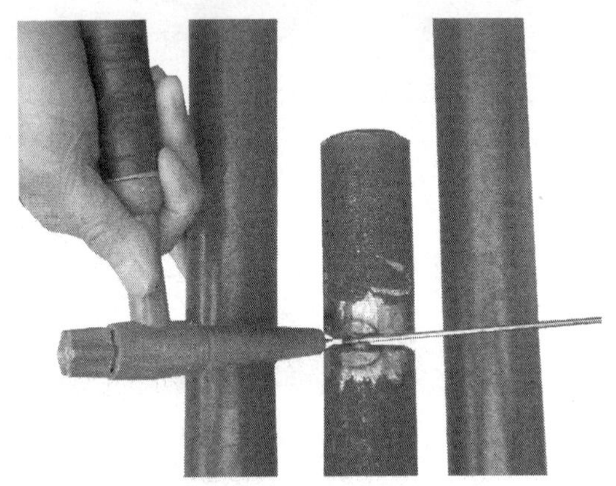

(b) 用右手拿把

图 2.8　左手拿把和右手拿把方法

2.9　手工钨极氩弧焊时注意事项

手工钨极氩弧焊操作时，应注意的事项如下。

（1）短弧施焊，确保电弧稳定。钨极与母材表面距离控制在 3~5mm 以内。

（2）焊丝与钨极不能相碰，否则易产生气孔，并损坏钨极尖。

（3）焊丝端头应始终处于氩气保护区内，否则焊丝端头会由于得不到保护而被氧化。

（4）接头与收弧应避开困难位置，以减小焊接难度，防止接头出现缺陷，提高焊口合格率。

（5）送丝有规律，送丝位置一致，前进速度均匀，摆动幅度宽度一致。

优良排管焊缝如图2.9所示。

图2.9 优良排管焊缝

2.10 氩弧焊时的接头方法

氩弧焊接头时应注意，引燃电弧后，钨极运条到接头部位，并在接头部位后退10~15mm，钨极在焊缝中心停顿1~2s，然后摆动钨极向前移动至接头部位，达到对接头处预热的目的，这样才能使接头处前后温度一直，确保焊缝宽窄、高低一致，如图2.10所示。

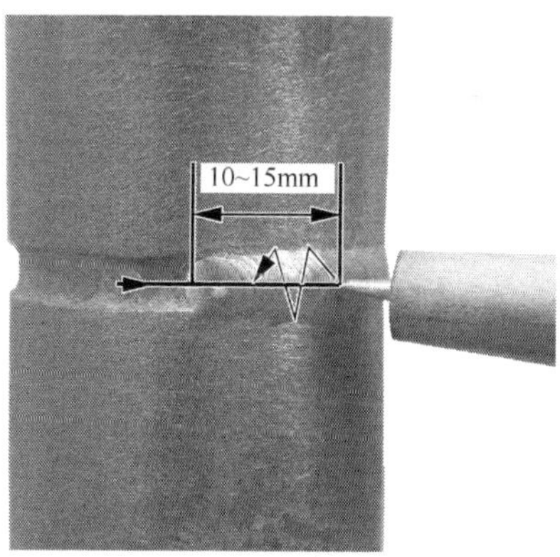

图2.10 氩弧焊的接头

2.11 钨极氩弧焊对焊件（试件）装配时的错边、间隙、焊点的要求

焊件装配的方法：培训时可将焊件放在角铁或槽钢上进行；工程中，小径管可用对口卡子将焊口夹持，如图 2.11 所示。

点口前，可用钢板或钢锯条等平直物品放在坡口表面，找时钟 12 点、3 点、6 点、9 点的位置观察有无间隙（图 2.12），若无间隙则说明无错口，若有间隙，应及时调整。

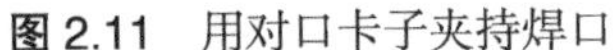
图 2.11 用对口卡子夹持焊口

图 2.12 用钢板尺量错口或折口

点口要求包括两部分内容：点口的位置和点固焊的对应长度。

点口的位置一般为：

（1）直径≤60mm 的管子，点焊 1 点；

（2）直径在 60~133mm 的管子，点焊 2 点；

（3）直径在 133~219mm 的管子，点焊 3 点；

（4）直径＞219mm 的管子，点焊 4 点。

点固焊的对应长度：

直径≤133mm 的管子，点焊长度≤10mm；

直径＞133mm 的管子，点焊长度 10~15mm。

焊点长度要以保证一定强度，防止焊点在外力作用下撕裂。

2.12　钨极氩弧焊小径管水平固定焊接顺序

小径管水平固定钨极氩弧焊打底、盖面时，可以分两半部分焊接，即先焊任意一半均可（管在靠墙位置时，应先焊靠墙部分，这样可以从未焊部分间隙观察靠墙部分打底是否合格），也可以分四部分焊接。焊接过程中，根据管径、壁厚、电流、拘束力等选择合理的焊接顺序。

分两部分焊接时的优点：接头少，缺陷少，焊缝外观成形美观。缺点：变形较大。分四部分焊接时的优点：变形小。缺点：接头多，根部易出现接头不良，缩孔、气孔等缺陷。且焊缝外观接头部分易出现宽窄不齐的现象。

焊接时，应做到通过选择合理的焊接顺序来减少焊接的变形量，也要尽量减少焊接接头，以确保焊缝内在质量和外观工艺。分四部分焊接盖面时，因打底结束后，焊件变形量已基本定形，盖面可以分两部分完成。

水平固定打底焊和盖面焊的顺序如图 2.13 所示。

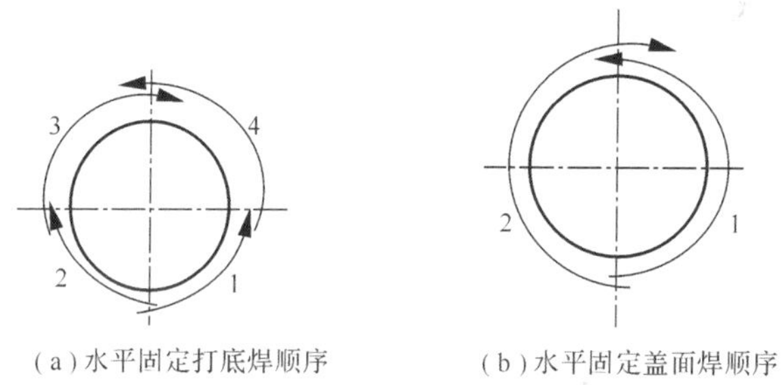

（a）水平固定打底焊顺序　（b）水平固定盖面焊顺序

图 2.13　水平固定打底焊和盖面焊的顺序

2.13　钨极氩弧焊操作过程中，发现钨极尖折断掉入熔池中的处理方法

焊接时，当焊接电流过大或焊丝与钨极端部相触碰，发生瞬间短路造成焊缝污染或使钨极尖掉入熔池，应立即停止焊接，用砂轮磨掉被污染处，直至露出金属光泽，并把钨极尖彻底去除；钨极尖部达不到使用要求时，要重新磨尖后，方可继续施焊。

2.14　钨极氩弧焊时，判断焊接电流是否合适的方法

钨极氩弧焊时，焊接电流需调整合适。

电流过大时，会出现焊瘤，塌陷，焊缝中间高、两侧低，熔池控制难度大，焊缝成形差，一些有色金属外表呈蓝色等现象，这时，应立即调整焊接电流，直至合适为止。

电流过小时，焊接过程中会感到铁水流动性差，焊接速度慢，焊缝中间高，两侧的母材棱角未熔，焊缝波纹不齐。

所以，电流合适时，铁水流动性好，运条自如，焊缝成形自然，波纹整齐。

2.15　钨极氩弧焊焊接过程中若发现有气孔时的处理方法

焊接过程中发现有气孔时，应立即停止焊接，并从以下方面查找产生气孔的原因：

（1）周围环境的风力是否过大，使氩气飘散；

（2）焊枪角度过小，使氩气层变薄；

（3）焊件或焊丝表面的油污、锈迹、水渍等污物没有清理干净；

（4）气路系统的皮带、氩气表、焊枪等连接处漏气；

（5）焊枪的喷嘴内侧有较多飞溅物、焊枪内的钨极夹出现鼓包、分流器的孔径堵塞等；

（6）钨极伸出过短或过长；

（7）操纵不当，钨极与焊丝、熔池相碰。

查找到原因并采取相应措施后，用内磨机、角向砂轮机等工具将气孔彻底清除干净，按要求对缺陷部位进行补焊。补焊完成后再进行后续焊接工作。

2.16　小径管侧障碍水平固定钨极氩弧焊焊接时，焊工所站位置及注意事项

钨极氩弧焊焊接仰焊部位时，见图 2.14（仰焊位置站位图）。

焊接下半部分焊口时，眼睛正对坡口，在焊到立焊位置时，送丝难度加大，眼睛看不清熔池，为保证质量，头应侧转为 45° 角度，这样可以通过眼睛余光观察到立焊部位熔池、送丝位置等，保证焊丝能顺利送到位，减少钨极与焊丝相碰而产生气孔，或焊丝送不到位而产生焊瘤、咬边等缺陷。图 2.15 所示为平焊位置站位。

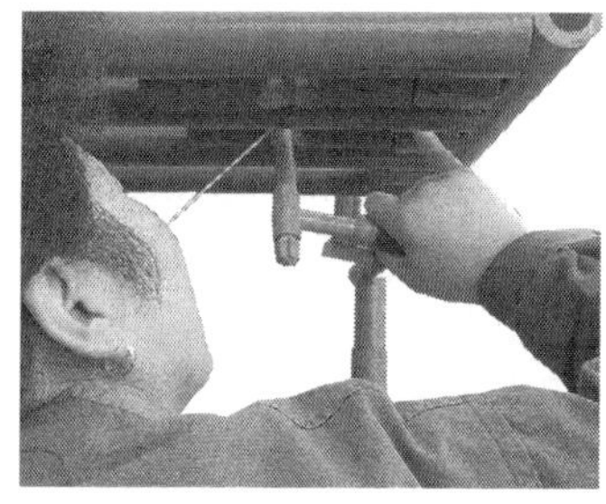

图 2.14　仰焊位置 45° 站位

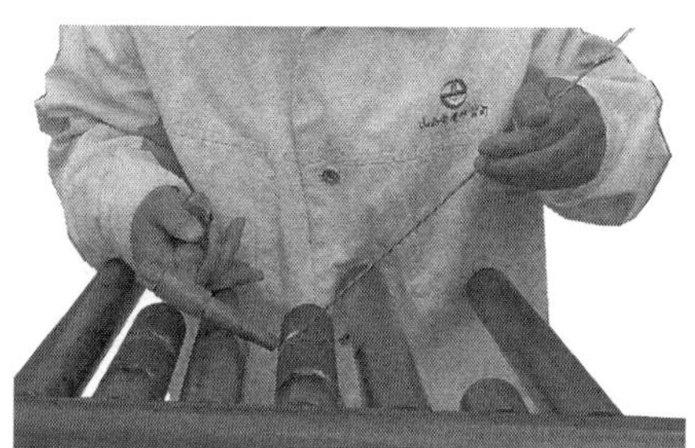

图 2.15　平焊位置站位

2.17　小径管侧障碍水平固定钨极氩弧焊打底焊时，立焊部位根部凸出超标的原因及处理方法

手工钨极氩弧焊打底焊时，立焊部位根部凸出超标（图 2.16）的主要原因如下。

（1）在侧障碍或一些困难位置焊接时，由于视线受管排的影响看不清熔池，使送丝速度减慢，熔池温度升高而下坠。

（2）熔池搭接多。

（3）钨极向上移动速度减慢。

（4）由于重力作用，铁水下淌。

（5）焊接侧障碍时，送丝力度大。

采取的措施如下。

（1）运条时，向上运条时要均匀上移；应保持前后运弧速度一致。

（2）在立焊部位送丝量要减小。

（3）在焊到立焊部位时，眼睛应从斜 45° 方向观察，送丝、运条及熔池位置，做到送丝准确。

（4）向熔池送丝动作要轻。

（5）焊丝与钨极不可相碰，影响送丝。

（6）当看不到熔池时送丝位置不准确。

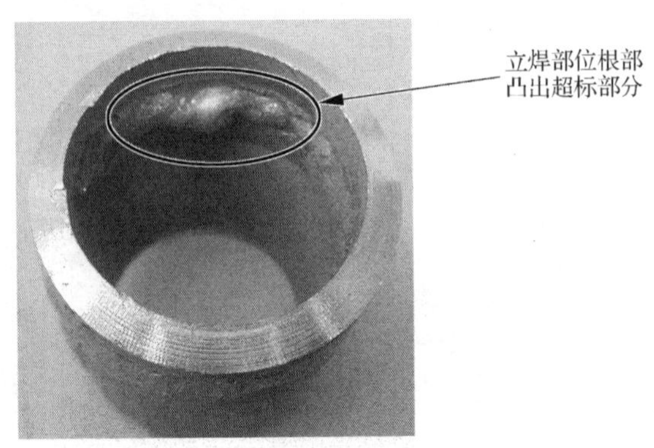

图 2.16　立焊部位根部凸出超标

2.18　小径管侧障碍水平固定钨极氩弧焊打底焊时，收弧时发现立焊部位有缩孔的处理方法

管对接水平固定焊，当手工钨极氩弧焊在焊到立焊部位（时钟 3 点、6 点）时，由于此处处于收弧位置，温度高，不利操作，若收弧速度快，操作不当极易产生缩孔（图 2.17）。

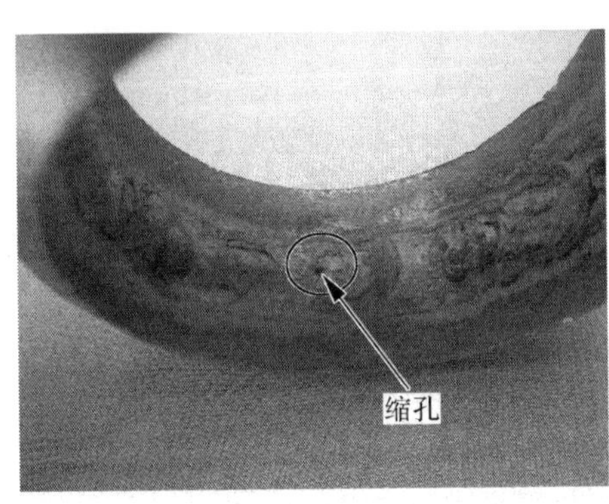

图 2.17　操作不当极易产生缩孔

采取的措施如下。

（1）收弧时，向熔池加少量铁水，并将电弧移至坡口边缘。

（2）若焊接侧障碍时，眼睛从侧方观察熔池，以方便收弧。

（3）立焊部位焊接速度应前后一致，防止立焊部位速度过慢而致此处温度升高，收弧时也容易产生缩孔。

2.19 小径管侧障碍水平固定钨极氩弧焊打底焊时，仰焊、立焊、平焊位置的起头、接头方法

当仰焊部位对口间隙与焊丝直径接近时，可以将焊丝放到间隙正中央，如果间隙较大时，焊丝可以随电弧从一侧移向另一侧，或者在坡口两侧各给送一定量铁水，使铁水将坡口左右两侧连接，形成起头焊缝。

当从仰焊部位焊到立焊部位收弧时，向熔池内再送 1~2 滴铁水，给送铁水量要少，并将电弧移到坡口边收弧，防止在高温时，突然收弧，在熔池上出现裂纹或缩孔。

立焊接头时，引燃电弧后，后退 5~10mm，在焊缝正中间停顿 1s，然后摆动上移，摆动宽度、焊接速度与正式打底焊接相同，到达接头部位后，看到前一段焊缝收弧处缩孔、未焊透熔合后，再给丝（图 2.18）。

平焊位置接头时在距离收弧点 5mm 左右时，焊枪转圈运弧，预热接头部位 2~3s，形成熔池后，向熔池中填加焊丝接头。为防止接头部位产生内凹，待填满熔孔后，再将焊丝对准接头部位熔池轻轻顶 1~2 次，不填丝向前移动 10mm 收弧，使接头部位凸起、高低一致，熔合良好。

在接头处可以用角向砂轮机、锉刀、锯条等，将焊缝修磨成斜坡状，便于接头。

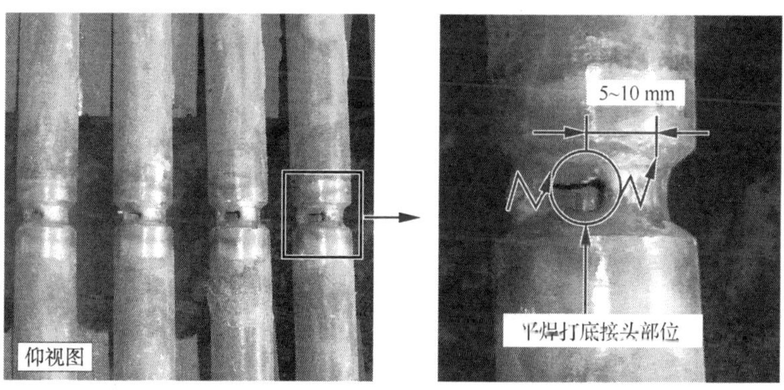

图 2.18　立焊时的接头方法

2.20　小径管侧障碍水平固定钨极氩弧焊时，仰焊部位接头出现内凹的原因及克服方法

手工钨极氩弧焊时，仰焊部位接头出现内凹（图 2.19）的原因如下。

（1）间隙大，电流大，铁水因重力作用下坠。

（2）间隙小，电流小，铁水不能穿过间隙顺利过渡到间隙背部。

（3）操作技能不熟练。

采取的措施如下。

（1）选择合适的焊接电流。

（2）选择合适的对口间隙，间隙尺寸一般为 2~4mm，不可过大，也不可过小。

（3）当间隙过大时，应采取两点法送丝；过小时，采取断续送丝，或加大焊接电流打开熔孔、断续送丝。

（4）掌握灵活的焊接操作技能。

图 2.19　仰焊部位接头出现内凹

2.21　小径管侧障碍水平固定钨极氩弧焊时，平焊位置易产生焊瘤的原因及预防措施

平焊位置易产生焊瘤（图 2.20）的原因如下。

（1）对口间隙大。

（2）焊接速度慢。

（3）焊接电流大，熔池温度高。

（4）操作不熟练。

防止产生焊瘤的措施如下。

（1）对口时应调整好间隙。

（2）在接近平焊位置焊接速度应稍快。

（3）减少送丝量。

（4）适当调小电流。

（5）可以采用两点甚至三点送丝。

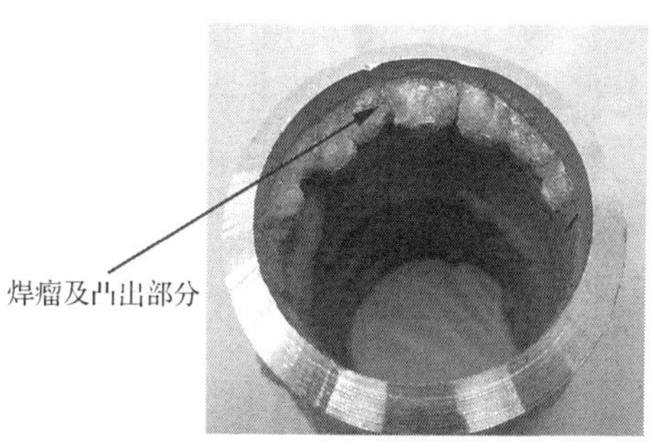

图 2.20 平焊位置易产生焊瘤

2.22 小径管侧障碍水平固定钨极氩弧焊打底时，当根部间隙较大时的焊接方法

水平固定管钨极氩弧焊打底时，当根部间隙较大时，可以采取单点法或两点法向熔池送丝，如图 2.21 所示，也可以采取连丝的方法送丝，同时，还应根据间隙大小具体情况适当减小焊接电流，加快焊接速度。

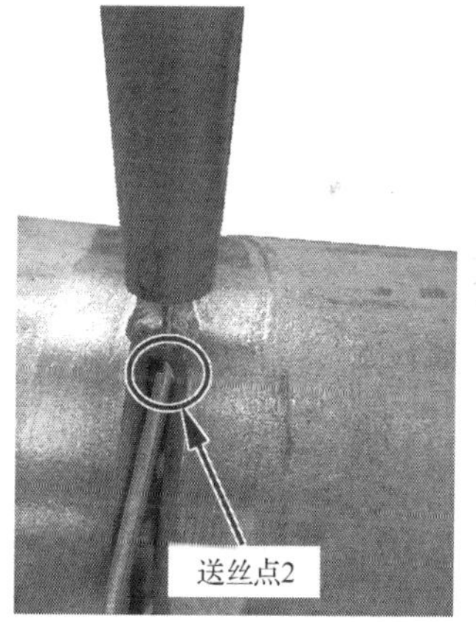

图 2.21 采取单点法或两点法向熔池送丝

2.23 小径管侧障碍水平固定钨极氩弧焊打底时，当根部间隙较小时的焊接方法

当遇到间隙较小时（小于 2mm），不仅要保证焊透，而且还要保证仰焊部位不产生内凹，其难度较大，因此应采取以下几种措施。

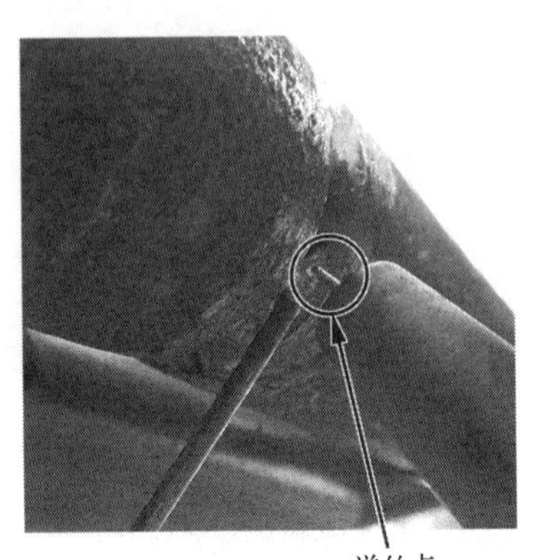

图 2.22 打开熔孔后再向熔池送丝

（1）应适当调大焊接电流采用断丝法焊接，焊接电流应比正常情况下大 5~20A。

（2）采用断丝法焊接时，打开熔孔后再向熔池送丝（送丝点见图 2.22）。焊接操作中要注意，每次等电弧熔化钝边打开熔孔后，再送下一滴铁水，一般焊丝在钨极前方送进。

（3）在仰焊位置焊丝在钨极后方直接送到熔池部位，并向上轻轻一顶，将铁水顶起，使仰焊部位的根部凸出。操作时，应把握送丝力度，送丝均匀，否则会在熔池背部产生生丝，熔池表面产生凹坑。若产生凹坑，运条时，应采取划半圈形运弧法，使表面凹坑进一步熔化，就不会有凹坑了。

2.24 小径管侧障碍水平固定手工钨极氩弧焊时，连丝打底、连丝盖面的注意事项

连丝打底时，钝边为 0~1mm，焊层要薄一些，焊丝紧贴坡口根部（图 2.23），电流比断丝时要大 10~20A，钨极尖垂直于熔池，接头时，速度要慢，使接头部分温度上升，确保接头熔合良好。防止产生未熔合，一般情况下，打底多用断丝法。

盖面时，送丝动作要连续，电流比断丝时稍大，氩弧把摆动宽度一致，前进速度均匀，这种方法焊接速度快，但成形不一致。

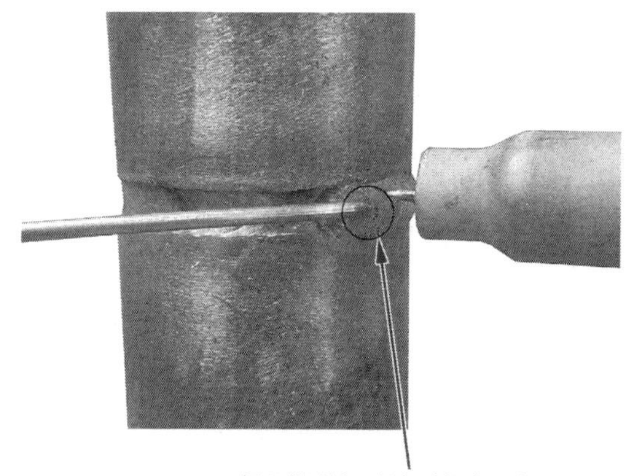

图 2.23　焊丝紧贴坡口根部

2.25　小径管侧障碍水平固定钨极氩弧焊盖面时，立焊部位接头脱节的原因及预防措施

侧障碍手工钨极氩弧焊时，立焊部位接头脱节（图 2.24）的原因是：管距窄，氩弧把向下伸受阻，起头温度低，铁水熔化不开，熔池搭接少，操作不熟练。

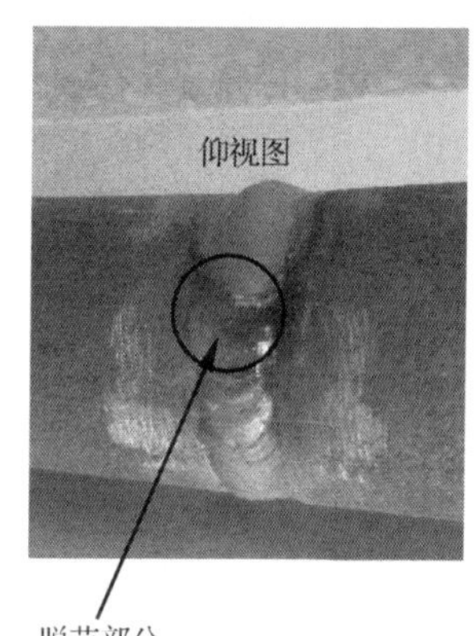

图 2.24　立焊部位接头脱节

采取的措施是：钨极尖向下延伸，接头时，第一滴铁水压上一个熔池的 1/3 即可，若搭接 2/3 时因铁水受重力作用会下坠，而使接头产生焊瘤。接头时熔化时间适当延长，对接头处进行预热，接头时钨极摆动范围比正常情况下稍宽 1~2mm 为宜。当管排两根管上的焊口间距小于 10mm，喷嘴紧贴侧障碍管（图 2.25），可以将钨极伸出长度适当延长并将氩气量调大。

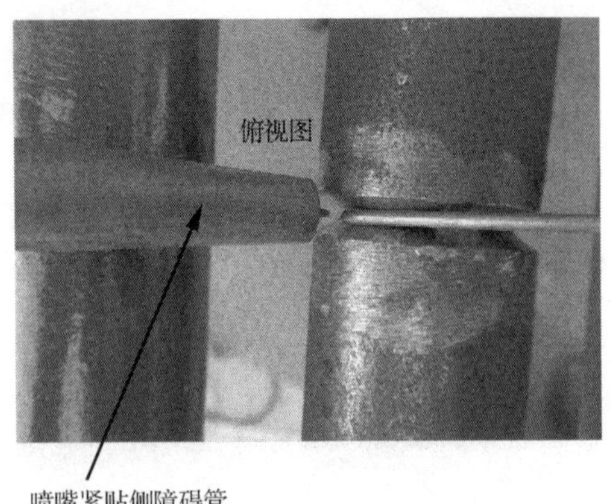

图 2.25 喷嘴紧贴侧障碍管

2.26 小径管侧障碍水平固定钨极氩弧焊盖面时，立焊部位的接头方法

小径管焊接时，带有障碍的情况下，应从时钟 6 点处焊到 3 点或 9 点位置时，经常会出现收弧缩孔及熔合不良现象，因此接头时，氩弧把、喷嘴要靠住其旁边的管子倾斜，减小氩弧把倾斜角度，确保氩气保护范围。钨极尖应向下延伸 5~10mm（图 2.26），引燃电弧后，不填丝按正常速度前进，对该部分进行焊缝预热，到接头处放慢摆动及上移速度，看到前一部分收弧处未熔、缩孔完全熔化后，再给送焊丝，向上焊接。

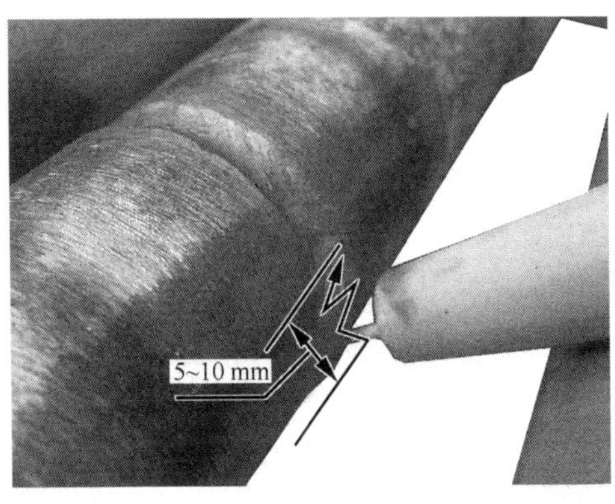

图 2.26 应向下延伸 5~10mm

2.27　小径管侧障碍水平固定钨极氩弧焊时，盖面出现宽窄不齐现象的原因及预防措施

水平固定管钨极氩弧焊时，盖面易产生宽窄不齐的原因是：盖面时，每一段焊缝起头处，由于温度低，铁水流动性差，熔池小，而收弧时温度升到最高点，铁水流动性好，熔池宽而薄，这样就会出现每一段焊缝起头窄而收弧处宽的现象。

采取的措施如下。

（1）引燃电弧后，在盖面的第一个起弧点停留 3~5s，然后向坡口两侧运弧，这时摆动幅度要略宽，确保起弧到收弧熔池压坡口棱角 1~2mm 为宜。

（2）在其他接头时，引燃电弧后，钨极后退 5~10mm（图 2.27），在已焊焊缝表面摆动前进，摆动宽度不得超过已焊焊缝宽度，防止超宽，前进速度前后一致，这样相当于对起头部位进行预热，保证接头处温度熔池大小，前后一致。

（3）当遇到搭接接头时，接住头后向前再前进 5~10mm（图 2.28），减少送丝量，或不送焊丝。

（4）打底及填充时，不可将坡口棱边破坏，因盖面时要以两棱边为参照物，否则会产生宽窄不齐。

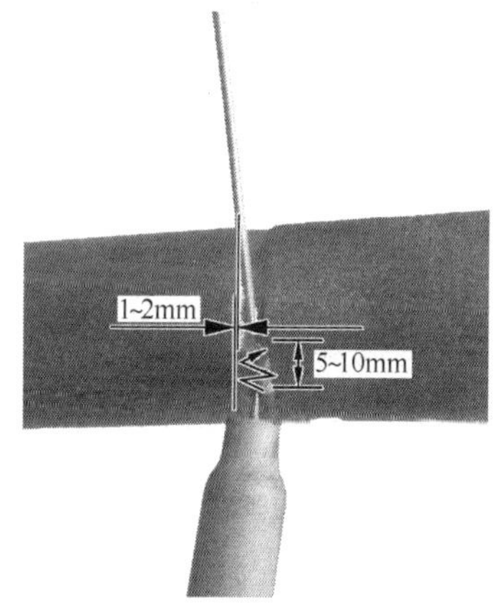

图 2.27　钨极后退 5~10mm

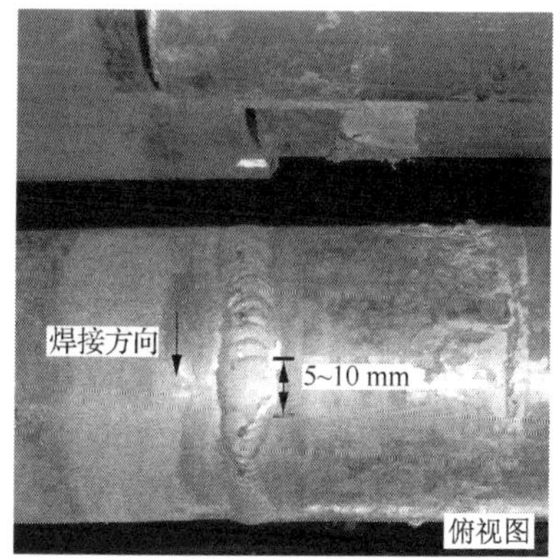

图 2.28　搭接接头的方法

2.28　小径管侧障碍水平固定钨极氩弧焊盖面焊时的操作方法

当坡口面宽度（图 2.29）小于 10mm 时，采用一点法送丝，焊丝放在坡口中央，当电弧将铁水熔化后，钨极将熔化的铁水带至坡口两侧。

当坡口面宽度大于 10mm 时，采用两点法送丝，焊丝在坡口内左侧送一滴铁水，右侧送一滴铁水，这种方法焊缝饱满，且不易产生咬边。需要较多焊丝时，也可以采用连续送丝，但每层厚度不超过 5mm，当焊缝厚度（母材厚度）超过时，可以分多层多道（图 2.30）或采取氩电联焊的方法焊接。

图 2.29　坡口面宽度

图 2.30　多层多道焊接

2.29　小径管侧障碍水平固定钨极氩弧焊时，出现焊缝表面高低不平现象的原因及预防措施

钨极氩弧焊的焊缝外观产生高低不平（图 2.31）的原因如下。

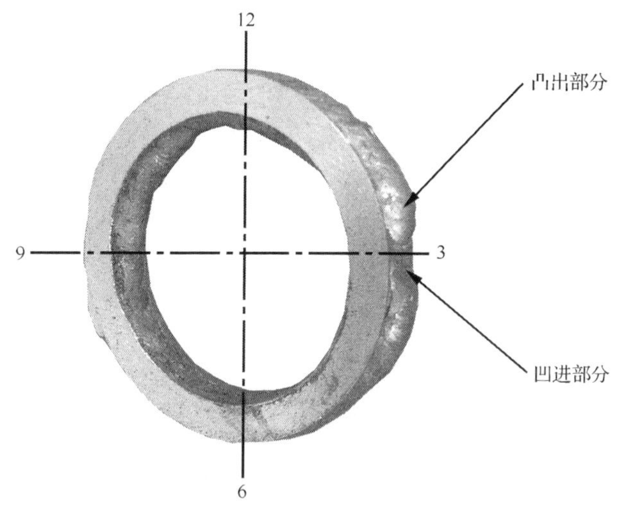

图 2.31　焊缝表面高低不平

（1）打底部位 12 点位置（平焊部位），铁水因受重力作用下坠，使平焊部位比其他位置低，致使盖面时容易产生 12 点位置比其他地方低的情况。

（2）坡口间隙宽，铁水下淌，焊缝表面高。

（3）仰焊部位，铁水受重力作用，出现向外凸出现象；容易形成焊瘤，使接头部位较高。

（4）操作时，在坡口两侧停留时间短，中间停留时间长，使焊缝中部凸出。

（5）焊接电流大，焊接速度慢，铁水外溢。

采取的措施如下。

（1）选择合适的间隙，一般为 2.5~3mm，努力适应各种间隙焊口的操作技能。

（2）在运条过程中，送丝要均匀一致。

（3）运条过程中，钨极运条到每侧要停顿 1s，中间要快，否则会在坡口两侧产生夹沟、中间凸起的现象。

（4）焊接电流要根据焊接位置来选择，达到铁水自如，无下淌或铁水发黏，前进速度慢的现象。

（5）在平焊位置接头搭接应多一些，或在平焊位置打底层补焊一层，弥补其因重力作用下坠而使平焊部位偏薄的缺陷。

图 2.32 所示为根层外表情况的对照。

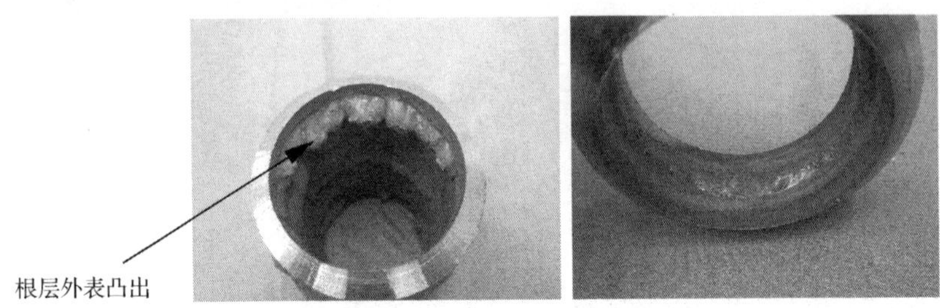

图 2.32　根层外表情况的对照

2.30　小径管侧障碍垂直固定钨极氩弧焊时，一般焊点放置的位置及对焊点的要求

垂直固定时焊点一般放在时钟 6 点和 12 点位置对称点焊较好，水平固定时一般放在 1~2 点或 10~11 点位置（图 2.33），焊点长度为 10mm，在条件允许的情况下，焊点两边可以用角向砂轮机或锉刀、小钢锯修磨成斜坡，方便接头。

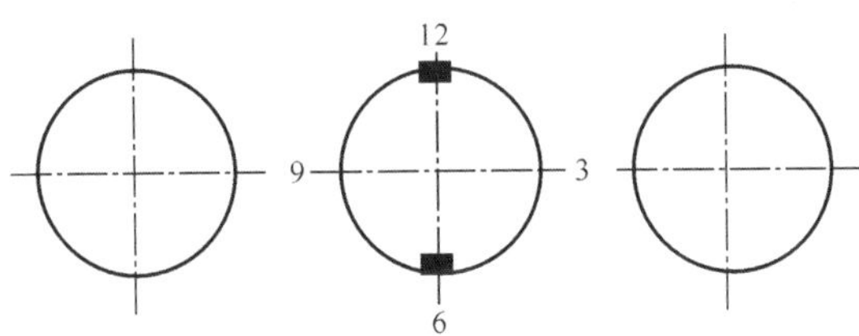

图 2.33　一般焊点放置的位置

2.31 小径管侧障碍垂直固定钨极氩弧焊打底、盖面时的焊接顺序

手工钨极氩弧焊垂直固定焊侧障碍打底、盖面时的焊接顺序见图 2.34 中的方法 1、方法 2 和方法 3。一般情况下，方法 1 的焊接顺序使用较多，而方法 2 的焊接顺序使用较少。

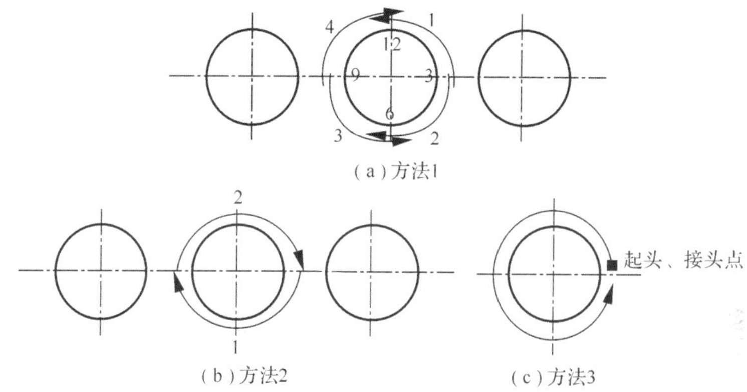

图 2.34 焊接顺序

方法 1 的优点：在时钟 3 点、9 点起头，6 点、12 点接头时，打底、盖面接头容易，打底根部不易产生内凹，产生气孔的概率小，操作难度小，应用广泛。

缺点：接头多（4 个接头），操作不熟练时会在焊缝表面产生宽窄不齐现象。

方法 2 的优点：焊接时从 3 点直接焊到 9 点，9 点到 3 点接头时只有两个接头，且在两个侧面，焊缝外观整体效果好。

缺点：起头部分的打底、盖面一般问题少，但在收弧部位打底易产生内凹，盖面易产生咬边，收弧处与起头处存在高度差（图 2.35），操作不熟练时，收弧

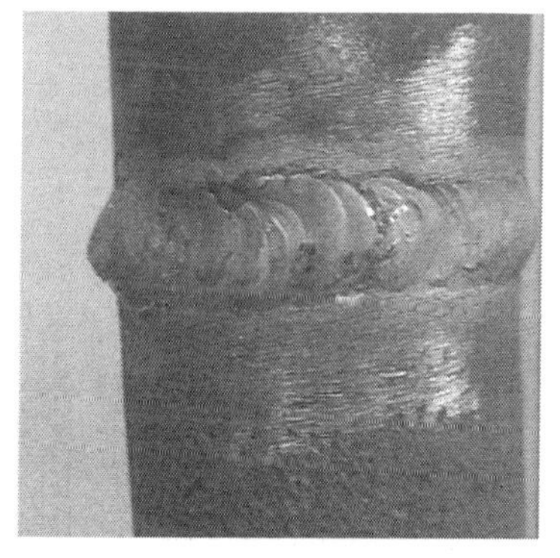

图 2.35 方法 2 中接头部分的缺陷

处易产生气孔。

方法 3 的优点：打底、盖面只有一个接头，操作容易，波纹顺序一致，接头少，缺陷少，焊口合格率高，焊缝外观成形较整齐。

缺点：焊接变形量大。

操作时的注意事项：焊接过程中，应根据实际情况选择合理的焊接顺序，以达到要求。优良焊缝外观见图 2.36。

图 2.36 优良焊缝外观

2.32 小径管侧障碍垂直固定钨极氩弧焊打底时起头方法

小径管垂直固定钨极氩弧焊打底时的起头方法如下。

（1）当对口间隙为 2~3mm 时，可将焊丝放在间隙正中心偏上的位置。

（2）当对口间隙大于 2.5mm 时，可将焊丝放在上坡口边缘，将第一滴铁水从上坡口引至下坡口，也可以在上坡口送一滴铁水，然后在第一滴铁水和下坡口边缘给一滴铁水，使上下坡口边缘连接在一起，也就是采取两点法送丝。

（3）当坡口边缘小于 2.5mm 时，加大焊接电流，看到坡口两边钝边溶化后，再送丝，送丝时直接将焊丝放到间隙正中央（图 2.37）。也可以连丝焊，但焊接电流要比断丝情况下大 10~20A。

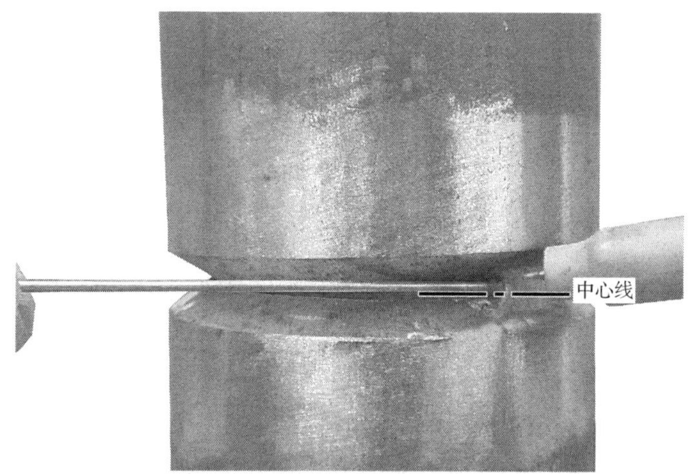

图 2.37 送丝时直接将焊丝放到间隙正中央

2.33 小径管侧障碍垂直固定钨极氩弧焊打底收弧的位置

手工钨极氩弧焊小径管横焊打底收弧时，必须在下坡口的坡口内收弧（图 2.38），而不能在上坡口收弧。因为如果收在上坡口，会在上坡口打开熔孔，形成管壁内咬边。接头时，由于重力作用铁水下坠而使内咬部分无铁水而形成内凹或内咬边缺陷。如果收在下坡口，形成的内咬边缺陷就会被下坠铁水补充起来，正好消除缺陷。

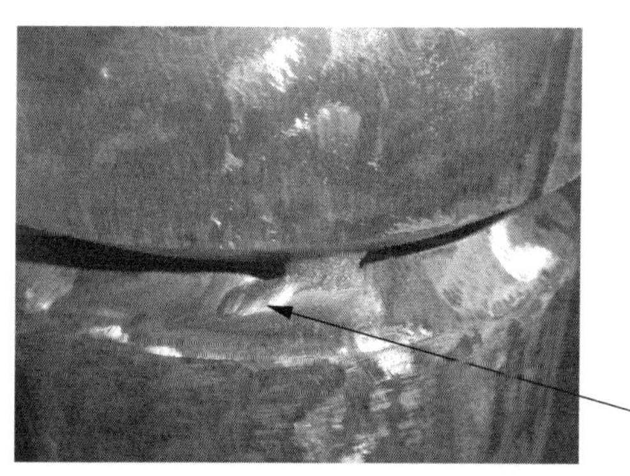

图 2.38 收弧位置

2.34 小径管侧障碍垂直固定钨极氩弧焊时，当坡口面较宽时的处理方法

在焊接中，当坡口面小于 8mm 时，则采用单道焊，当坡口面较宽（大于 8mm）时，为了保证焊接质量，采用多道焊（图 2.39），否则坡口上方易产生咬边，下方下坠。

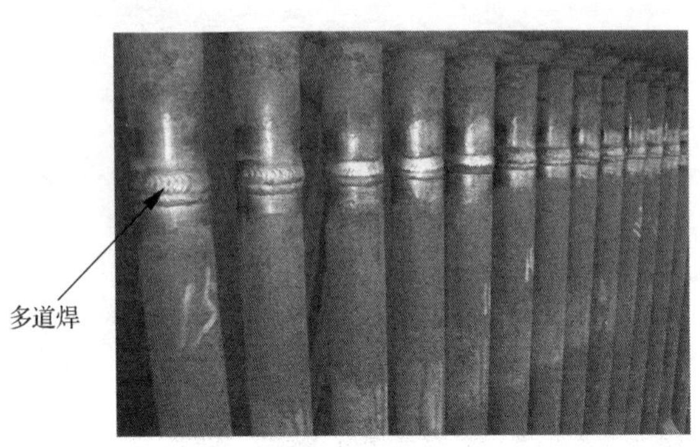

图 2.39 多道焊

2.35 小径管侧障碍垂直固定钨极氩弧焊时，盖面产生宽窄不齐现象的原因及预防措施

使用钨极氩弧焊盖面时，产生宽窄不齐（图 2.40）的原因有：起头温度低，铁水流动性差，摆不开，致使焊道窄而厚，待温度升高后，铁水流动性好，焊缝薄而宽。

采取的措施如下。

（1）最初起头部分电流应比正常情况下大 3~5A，在平焊位置电流可适当调小 3~5A。

（2）焊接过程中，眼睛要观察熔池，无论什么位置始终保持熔池边压坡口棱边 0.5~1mm。

（3）无论打底和盖面，切不可让电弧伤及坡口棱边，否则棱边不齐，也会产生宽窄差的问题。

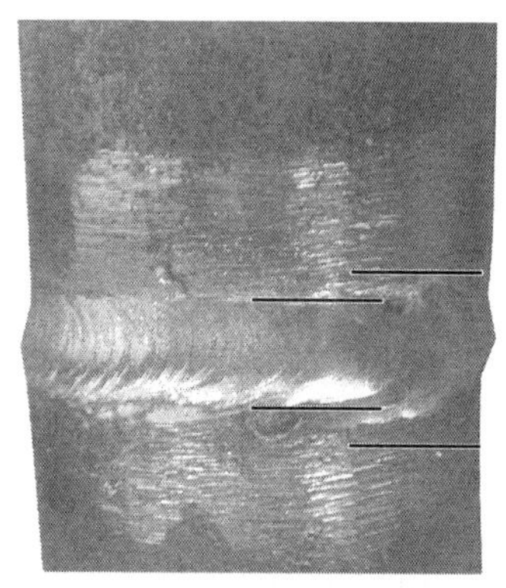

图 2.40　盖面接头部分宽窄存在差距

2.36　小径管侧障碍水平固定钨极氩弧焊的注意事项

侧障碍固定焊时，应先点焊间隙小的管子，依次由小到大进行点焊，同时还应注意先在管排中间选一道窄间隙，然后在管排两侧各选一道窄间隙的焊口进行定位焊。

（1）首先检查焊口是否打磨干净。

（2）焊口处可用木楔子将两根管距离撑大，方便焊接。

（3）对两侧障碍子进行预对口（假对），查看间隙是否合适，对影响对口间隙的管子进行打磨、修整，直到间隙较为合适为止。

（4）对口时，应从管排两侧进行定位焊，防止出现管排变形而呈拱起状。

（5）焊接时采取 2 人对称焊，防止产生焊接角变形（即折口）（图 2.41）。

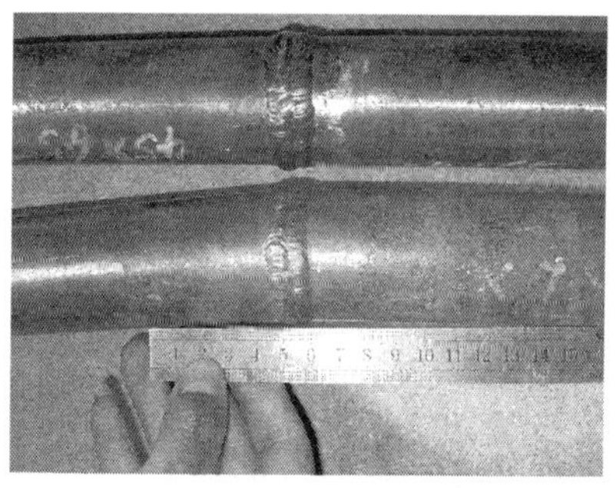

图 2.41　折口（仰视图）

（6）打底时，尽量选择先焊下半部分，检查无内凹、生丝、未熔等缺陷后，再焊上半部分（图 2.42）。

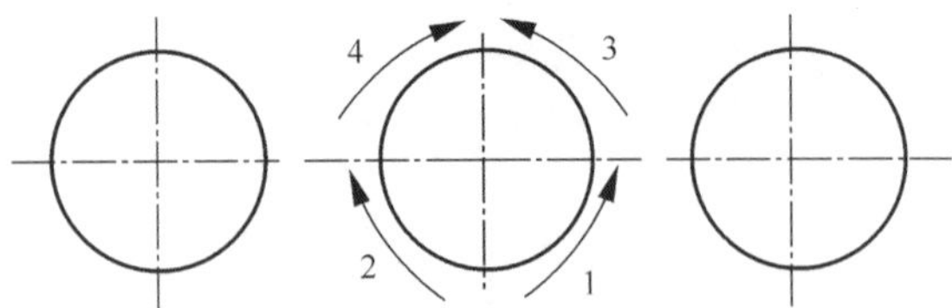

图 2.42　焊接顺序

（7）盖面时，焊接顺序如图 2.43 所示。

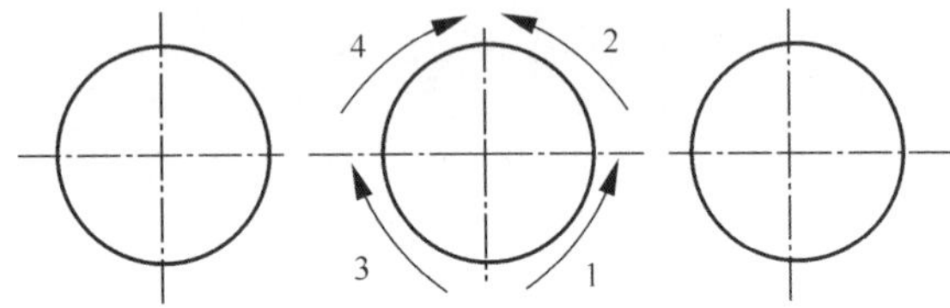

图 2.43　焊接顺序

（8）焊口，焊工要对焊口进行自检（个人检查），发现缺陷及时清除。

2.37 小径管侧障碍垂直固定钨极氩弧焊的打底、盖面时的接头方法

为了确保氩气保护效果，喷嘴与坡口上下两侧母材成 90° ± 5° 角，喷嘴的后倾角为 70° ~80° 。运条时，采用斜锯齿形，向上移动时角度为 15° ~30° ，向下移动时应垂直下移，见图 2.44。

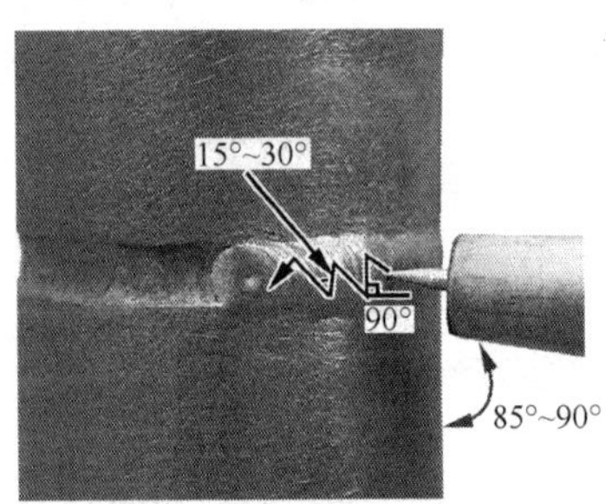

图 2.44　采用斜锯齿形焊接方法

如果焊接侧障碍管时，喷嘴在有障碍部位的前倾角应随着管径弧度不断增大，随着障碍的减少逐步增大（图 2.45），直到达到正常角度。在无障碍部位，喷嘴角度由前倾角变成后倾角，后倾角度正常，角度为 60°~120°。

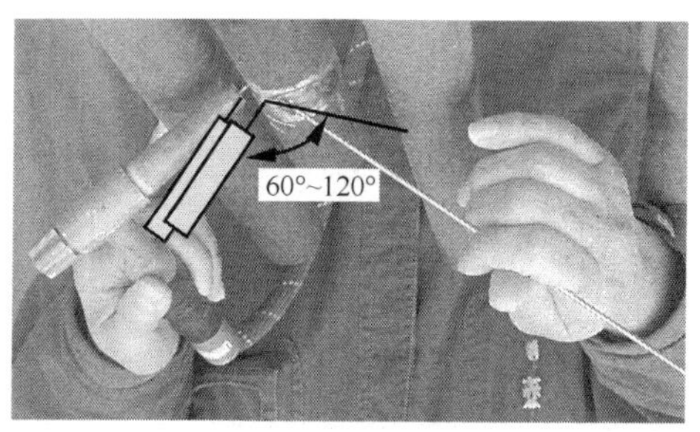

图 2.45　焊接角度

在有障碍的部位接头时，钨极尖要努力向接头部位对面延伸。打底起头时，将焊丝送到上坡口钝边处，焊口熔化成铁水后，从上向下移动，使上下钝边熔化并连接成一个整体。打底接头时，应向对方已焊部位延伸，在接头停顿 3~5s 后，按正常速度前进，到接头部位后速度要慢，看到接头部位完全熔化后再送丝，只是在有障碍部位接头、起头时，电弧到达下部后一定要停顿，看到下部铁水覆盖后再离开（图 2.46）。

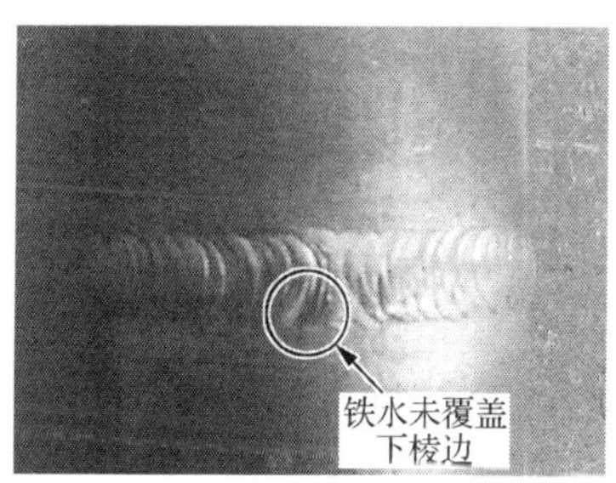

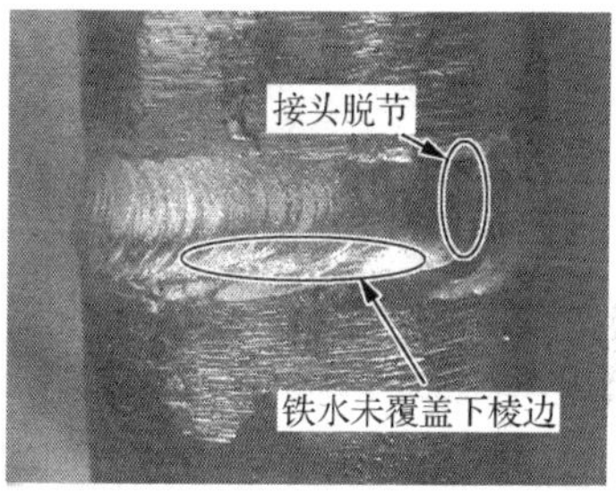

图 2.46　铁水未覆盖下棱边

2.38　小径管垂直固定钨极氩弧焊盖面产生咬边的原因及预防措施

小径管垂直固定焊钨极氩弧焊盖面产生咬边的原因如下。

（1）焊接电流大。

（2）坡口面宽，大于 10mm。

（3）焊接操作不当。

（4）氩弧把下倾角小。

克服小径管垂直固定焊钨极氩弧焊盖面产生咬边的方法如下。

（1）选择合适的焊接电流。

（2）选择适当的焊接间隙，一般为 2~5mm。

（3）坡口面角度为 30°。

（4）当坡口面＞8mm 时，可以分道盖面焊接。

（5）焊接时，焊丝先到熔池上方，然后电弧上移熔化焊丝，使铁水将坡口上棱边覆盖后，焊丝回抽，电弧下移，使铁水将下棱边覆盖（顺序见图 2.47），如此反复即可。否则，上坡口极易产生咬边。

（6）钨极下倾角小，电弧将上坡口棱边处熔化后，而铁水未能及时补充。

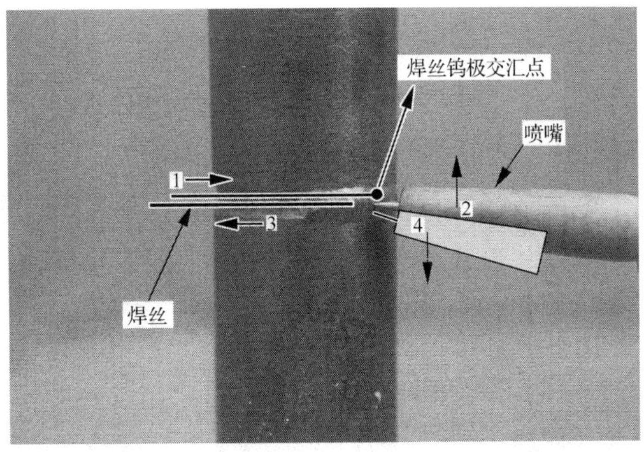

图 2.47 焊接顺序

2.39 小径管侧障碍垂直固定焊钨极氩弧焊焊缝表面下坠的原因及预防措施

小径管垂直固定焊钨极氩弧焊焊缝表面下坠（图 2.48）的原因如下。

（1）焊接电流大。

（2）焊接速度慢，熔池搭接多。

（3）给送的焊丝多，铁水多，铁水下淌。

（4）送丝位置不当。

预防小径管垂直固定焊钨极氩弧焊焊缝表面下坠的措施如下。

（1）选择合适的焊接电流。

（2）焊接前进的速度加快，熔池的搭接量为 2/3～1/3。

（3）减少送丝量，减少铁水量。

（4）送丝时，焊丝应放在上坡口棱边与焊缝中心处。

图 2.48　焊缝表面下坠

第 3 章　CO_2 气体保护电弧焊

3.1　在焊接现场进行 CO_2 气体提纯的方法

（1）将新灌气瓶倒置 1~2 小时后，使水分下沉，打开阀门放水 2~3 次，可排出沉积在下面自然状态的水；

（2）更换新气时，先放气 2~3 分钟，以排除装瓶时混入的空气和水分；

（3）当气瓶压力降到 1MPa 时，停止使用；

（4）在供气管路中串联几个干燥器。

3.2　CO_2 气体保护焊的引弧方法

CO_2 气体保护焊的引弧常采用接触短路引弧。

引弧前先将焊丝端头剪去，因为焊丝端头常常有很大的球形直径，容易产生飞溅，造成缺陷。经剪断的焊丝端头应为锐角（图 3.1）。

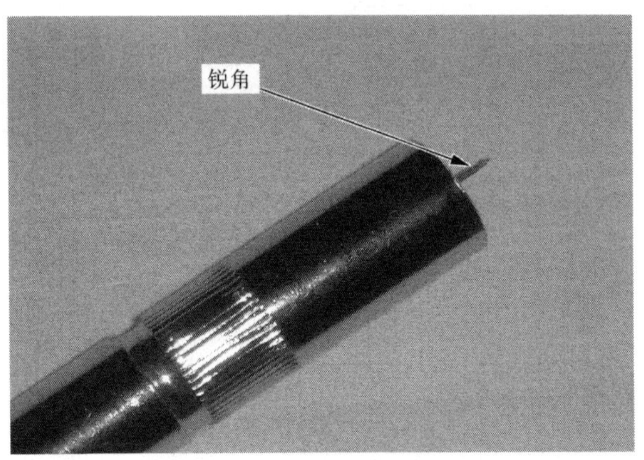

图 3.1　焊丝端头应为锐角

引弧时，注意保持焊接姿势与正式焊接时一样，同时焊丝端头距工件表面的距离为 2~3mm。然后，按下焊枪开关，随后自动送气送电、送丝、直至焊丝与工件表面相碰而短路起弧。此时，由于焊丝与工件接触而产生一个反弹力，焊工应紧紧握枪，勿使焊枪因冲击而回升，一定要保持喷嘴与工件表面距离的恒定，这是防止引弧时产生缺陷的关键。引弧的操作过程如图 3.2 所示。

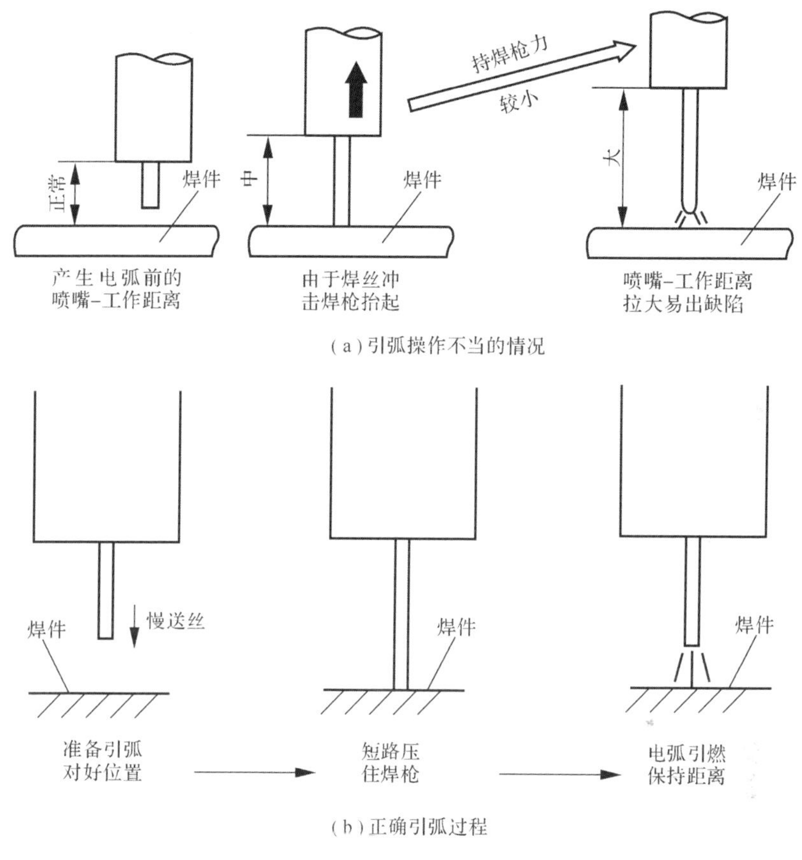

图 3.2　引弧过程

3.3　CO_2 气体保护焊的收弧方法

焊接结束前必须收弧，若收弧不当、容易产生弧坑，并出现弧坑裂纹（火口裂纹）、气孔等缺陷，操作时可以采取以下措施。

（1）CO_2 气体保护焊机带有弧坑控制系统，则焊枪在收弧处停止前进，同时接通此电路，焊接电路与电弧电压自动变小，待熔池填满时断电。

（2）若气体保护焊机没有弧坑控制系统，或因焊接电流小没有使用弧坑控制系统时，在收弧处焊枪停止前进，并在熔池未凝固时，反复断弧、引弧几次，直至弧坑填满为止。小电流封底时把电弧引向坡口内侧。

不论采用哪种方法收弧，操作时需特别注意，收弧时焊枪除停止前进外，不能抬高喷嘴，即使弧坑已填满，电弧已熄灭，也要让焊枪在弧坑处停留几秒钟才能离开，因为灭弧后，保证一段时间滞后停气可以保证熔池凝固时能得到可靠的保护，若收弧时抬高焊枪，则容易因保护不良引起缺陷。

CO_2 气体保护焊的收弧方法如图 3.3 所示。

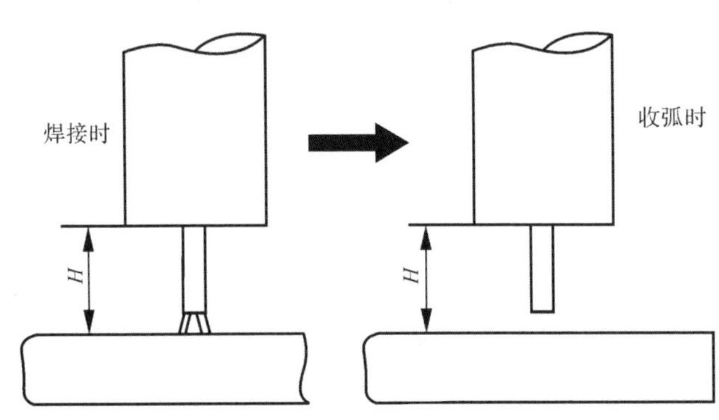

图 3.3 CO_2 气体保护焊的收弧方法

3.4 CO_2 气体保护焊的接头方法

为保证焊道接头质量在多层多道焊时，接头应尽量错开，建议对不同的焊道采用不同的接头处理方法。

1. *单面焊双面成形的打底焊道接头*

对单面焊双面成形的打底焊道接头的处理，按下述步骤操作（图 3.4）。

（1）将待焊接头处用角向磨光机打磨成斜面。

（2）在斜面顶部引弧，引燃电弧后，将电弧移至斜面底部，转一圈返回引弧处后再继续向左焊接。

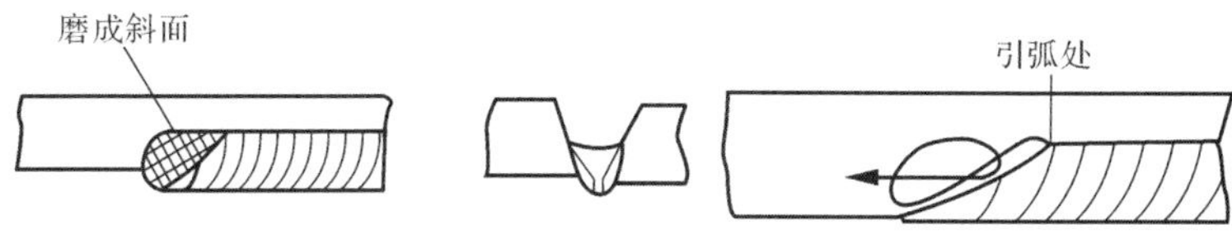

图 3.4　处理打底焊道接头

注意：这个操作很重要，引燃电弧后向斜面底部移动时，要注意观察熔孔，若未形成熔孔则接头处背面焊不透；若熔孔太小，则接头处背面产生缩颈；若熔孔太大，则背面焊缝太宽或焊漏。

2. 对其他焊道接头的处理方法（图 3.5）

直线焊接时，在前方 10~20mm 处引弧，然后将电弧引向弧坑，到达弧坑中心时，待熔化金属与原焊缝相连后，再将电弧引向前方，进行正常焊接。

摆动焊枪时，先在弧坑前方 10~20mm 处引弧，然后以直线方式将电弧引向接头处，从接头中心开始摆动，在向前移动的同时逐渐加大摆幅，转入正常焊接。

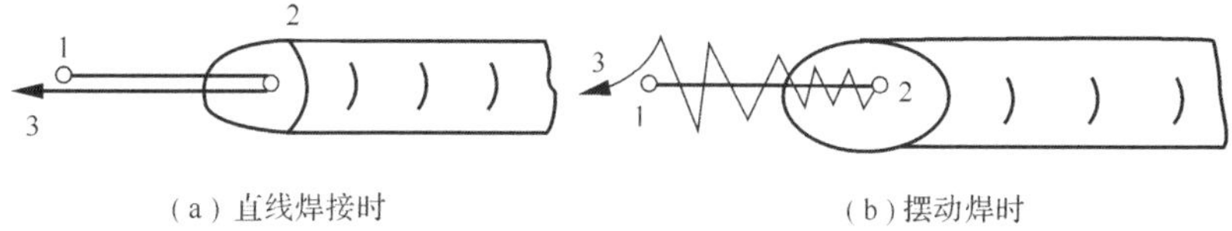

（a）直线焊接时　　（b）摆动焊时

图 3.5　其他焊道接头的处理方法

3. 相对接头的接法

在环缝的焊接过程中，不可避免地要遇到封闭接头，该接头一般称为相对接头，其接头的接法如下。

（1）先将封闭接头处用磨光机打磨成斜面。

（2）连续施焊至斜面底部时，根据斜面形状，掌握好焊枪的摆动幅度和焊接速度，保证熔合良好。

3.5　CO_2气体保护焊左向、右向焊法特点

焊工用右手持焊枪，焊枪采用前倾角，从右向左焊为左向焊称为左向

焊；反之为右向焊（图 3.6）。一般 CO_2 气体保护焊实心焊丝采用左向焊。

左向焊的优点：容易观察焊接方向，看清焊缝。电弧不直接作用于母材上，因而熔深较浅，焊道平而宽。抗风能力强，保护效果好，特别适用于焊接速度较大时。

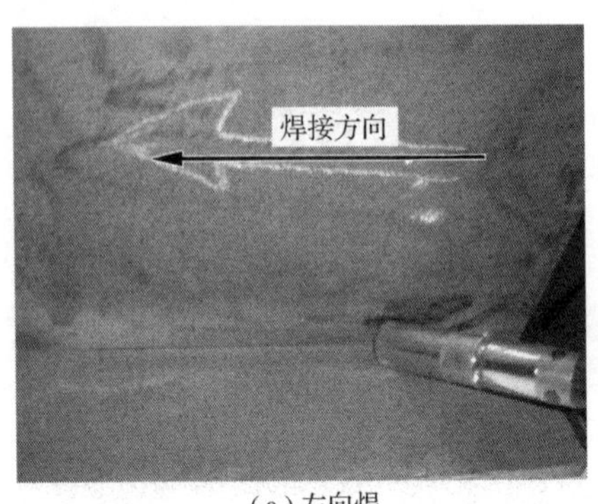

（a）左向焊

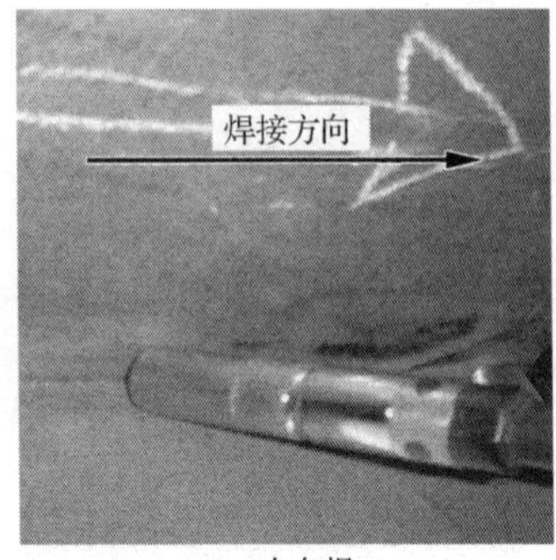

（b）右向焊

图 3.6　左向焊和右向焊

3.6　CO_2 气体保护焊的定位焊的要求

将试件打磨好后，把错边量及间隙调整好。用气体保护焊点固，焊接电流要比打底焊电流稍大些，点固焊缝长 10~15 mm。定位焊通常都不磨掉，仍保留在焊缝中，焊接过程很难全部重熔，因此要保证焊接时的定位焊的质量，焊缝要求熔合好、无缺陷，定位焊后用角磨机把定位焊边打磨成斜坡（图 3.7）。

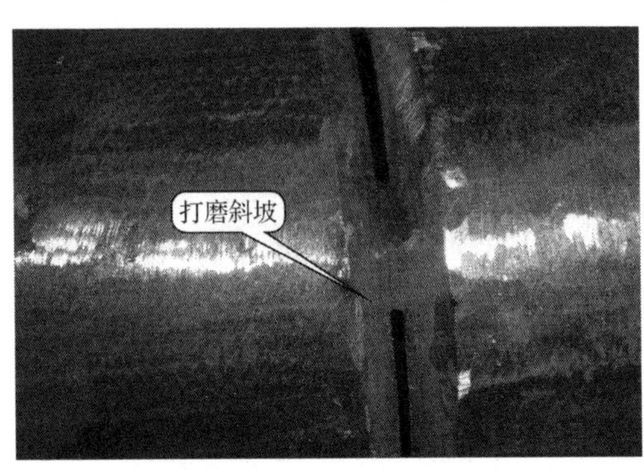

图 3.7　用角磨机把定位焊边打磨成斜坡

3.7　CO_2 气体保护焊焊前清理的要求

试件打磨通常是先将试件焊接部位内外 20mm 处用角磨机、锉刀等把金属表面的铁锈、油污、水分、氧化皮等去掉，直至露出金属光泽。打磨过程时要把试件进行预组对，把两个试件的间隙，坡口角度等调整好。

3.8　CO_2 气体保护焊薄板（6mm）平板焊接的操作要点

薄板（6mm）CO_2 气体保护焊平板焊接的操作要点如下。

（1）焊枪角度与焊法。采用左向焊法，两层两道，焊枪角度为左右 90°，前倾角 70°~80°（图 3.8）。

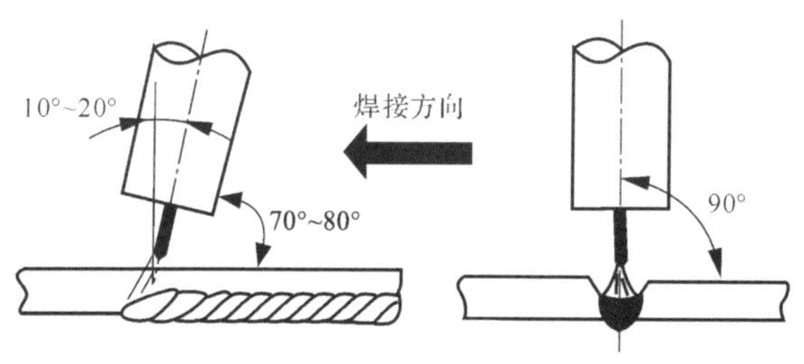

图 3.8　焊枪角度

（2）试板位置。焊前先检查装配间隙及反变形是否合适，试板放在水平位置，间隙小的一端放在右侧（图 3.9）。

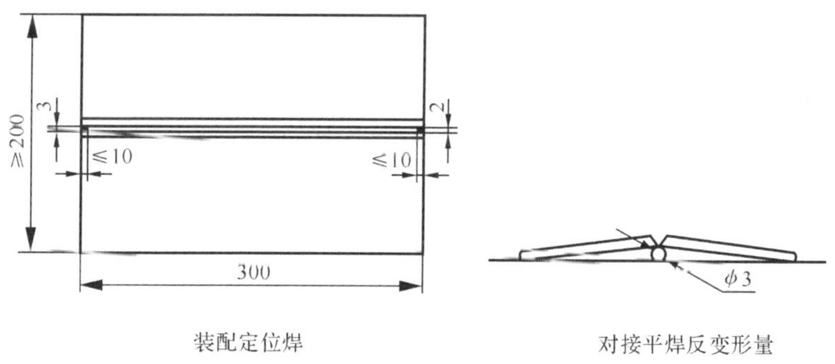

图 3.9　试板位置

（3）打底焊。调试好打底焊的参数后，在试板右端点固焊右侧坡口的一侧引弧。待电弧引燃后，向左开始焊接打底焊道，焊枪沿坡口两侧作小幅横向摆动，并控制电弧在离底边约 2~3mm 处燃烧，当坡口底部形成熔孔后转入正常焊接。因为薄板只需要焊两层，焊打底焊道时，除注意反变形外，还要掌握正面焊道的形状和高度。需要注意：焊道表面要平整，两侧熔合良好，最好焊道的中部下凹，避免两侧夹渣形成尖角（图 3.10）；不能熔化试件表面的棱边，保证打底焊道离试件表面 1.5~2mm 左右较好。

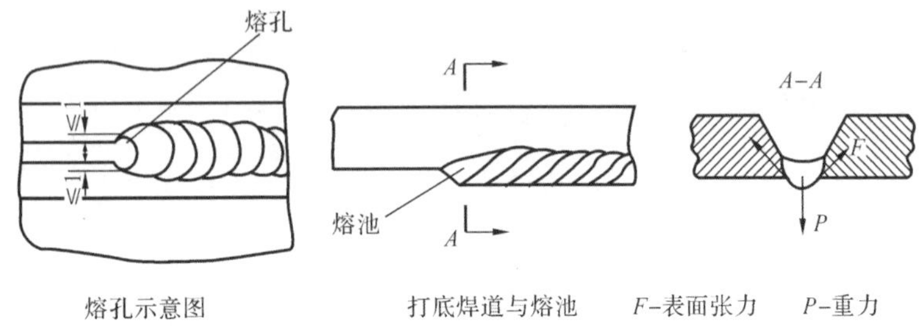

图 3.10　焊道表面的要求

（4）盖面焊除保证焊枪角度外还应加大横向摆动幅度，保证熔池两侧超过坡口上表面棱边 0.5~1mm，并匀速焊接（图 3.11）。

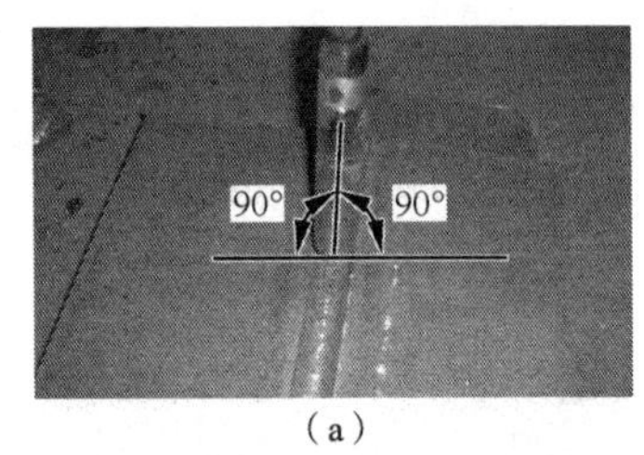

（a）

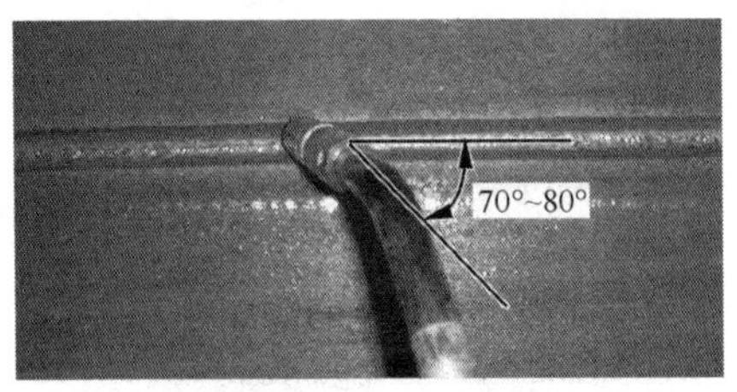

（b）对接平焊焊枪角度图

图 3.11　对接平焊焊枪角度图

3.9　CO_2 气体保护焊薄板（6mm）立板焊接的操作要点

薄板（6mm）CO_2 气体保护焊立板焊接的操作要点如下。

（1）焊枪角度与焊法。采用立向上焊法，两层两道焊枪角度为左右 90°，前倾角为 70°~90°（图 3.12）。

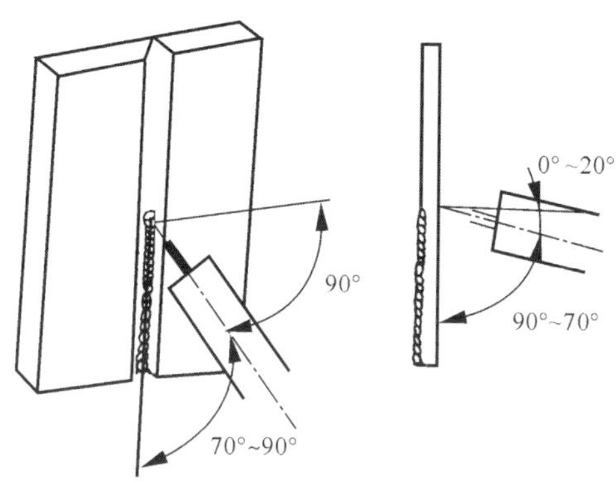

图 3.12　板对接立焊焊枪角度

（2）试板位置。焊前先检查装配间隙及反变形是否合适，试板垂直固定好，间隙小的一端放在下面。

（3）打底焊。调试好打底焊的参数后，在试板下端点固焊上引弧，使电弧沿焊缝中心作小锯齿形横向摆动，当电弧越过定位焊缝产生熔孔后，转入正常焊接。保持熔孔边缘比坡口边缘大 0.5~1mm（图 3.13）。

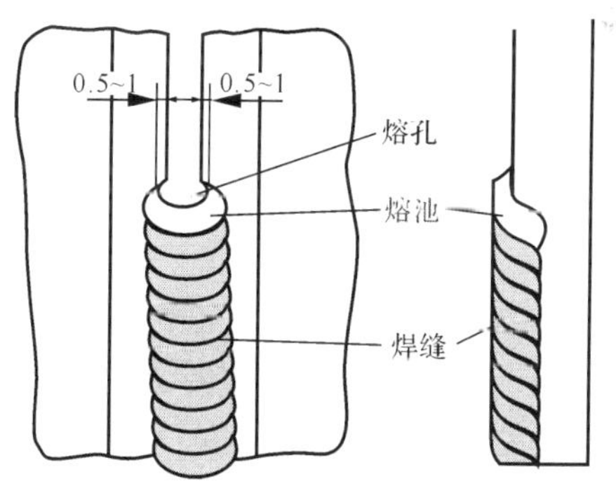

图 3.13　立焊时的熔孔与熔池

（4）盖面焊。调整好盖面焊的工艺参数后，从下端开始引弧自下向上焊接，焊枪横向摆动的幅度稍大些，熔池两侧边缘超过坡口上表面的棱边 0.5~1mm，匀速反月牙形摆动上升，两边略作停顿防止咬边（图 3.14）。

图 3.14 焊接方法

3.10 CO_2 气体保护焊薄板（6mm）横板焊接的操作要点

薄板（6mm）CO_2 气体保护焊横板焊接的操作要点如下。

（1）焊枪角度与焊法。采用左向焊法，两层三道（图 3.15）。

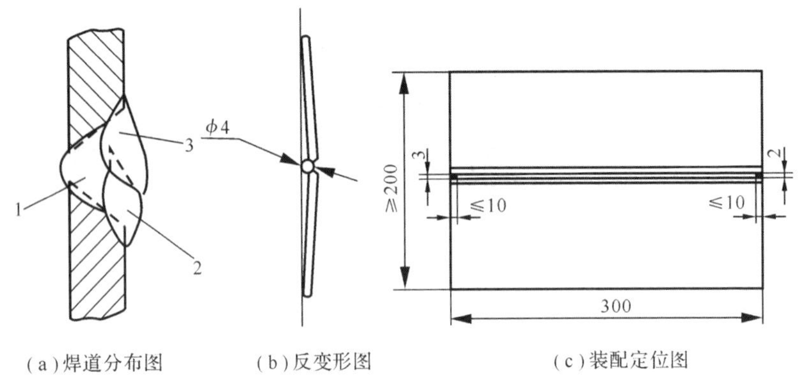

图 3.15 焊枪角度

（2）试板位置。焊前先检查装配间隙及反变形是否合适，试板垂直固定好，焊缝处于水平位置，间隙小的一端放在右侧。

（3）打底焊。调试好打底焊的参数后，从右向左焊打底焊。在试板右端点固焊右侧试件的一侧引弧，待电弧引燃后以小幅锯齿形在上下坡口中摆动，当点固点左侧形成熔孔后，继续向左连弧焊接，直至焊完打底焊道。焊完打底焊道后。清理打底焊道和坡口表面飞溅和熔渣，用角磨机打磨掉焊道表面局部凸起部位，特别是打底层焊道下边的夹沟，否则极易产生未熔合缺陷，这是因为 CO_2 气体保护焊熔深浅，熔池温度低，当夹沟较深时不易溶化。

（4）盖面焊。调整好盖面焊的工艺参数后，从右向左焊接，因为焊缝只有两层，因此操作时除了保持焊枪角度和对中位置外，还要保持焊道宽度，熔池两侧边缘要超过坡口表面的棱边 0.5~1mm 较好。

3.11　CO_2 气体保护焊薄板（6mm）仰板焊接的操作要点

薄板（6mm）CO_2 气体保护焊仰板焊接的操作要点如下。

（1）焊枪角度与焊法。采用右向焊法，焊二层二道，焊枪角度为左右各 90°，倾角为 70°~90°（图 3.16）。

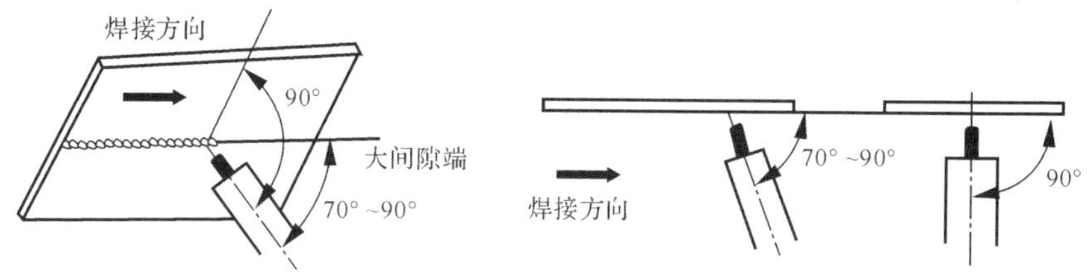

图 3.16　焊枪角度

（2）试板位置。焊前先检查试板装配间隙及反变形是否合适，调整好定位架高度，将试板放在水平位置，坡口朝下，间隙小的一端放在左侧。

注意：试板高度必须调整到能保证焊工单腿跪地或站着焊接时，焊枪的电缆导管有足够的长度，保证腕部能有充分的操作空间，操作时不感到别扭的位置。

（3）打底焊。调试好打底焊的参数后，在试板的左端进行引弧，焊枪开始做小幅度的锯齿形摆动，熔孔形成后转入正常焊接。焊接过程中不能让电弧脱离熔池，利用电弧吹力防止熔池金属下淌。焊打底焊道时，必须注意控制熔孔的大小，既保证根部焊透，又防止焊道背面下凹，正面中间下坠。

清除焊道表面对熔渣及飞溅，用角向磨光机打磨焊道正面局部凸起过高处。

（4）盖面焊。调整好填充焊的工艺参数后，在试板左端开始引弧，焊枪以稍大的反月牙形横向摆动幅度开始自左向右焊接。焊接时必须掌握好电弧在坡口两侧的停留时间，熔池两侧应超过坡口棱边 0.5~1mm。既保证焊道两侧熔合好无咬边，又不使焊道中间下坠。焊接过程中应根据打底焊缝的高度，调整焊接速度，尽可能地保持摆动幅度均匀，使得焊道平直均匀。

3.12　CO_2 气体保护焊 T 形接头平角焊的操作要点

T 形接头 CO_2 气体保护焊平角焊的操作要点如下。

（1）焊接前，检查试件清理与组对是否符合要求，焊接方向为从右向左焊，两层三道。

（2）打底焊、焊枪下倾角度 45°~50°，焊丝指顶角 [图 3.17（a）]，若焊枪下倾角度为 50°~60°，焊丝指向底板距立板 1~2mm 处 [图 3.17（b）]，焊接前进的前倾角度为 60°~80°（图 3.18）。既要使焊接时容易观察焊缝，又要保证焊接时气体保护良好。

打底焊缝成形外观见图 3.19。

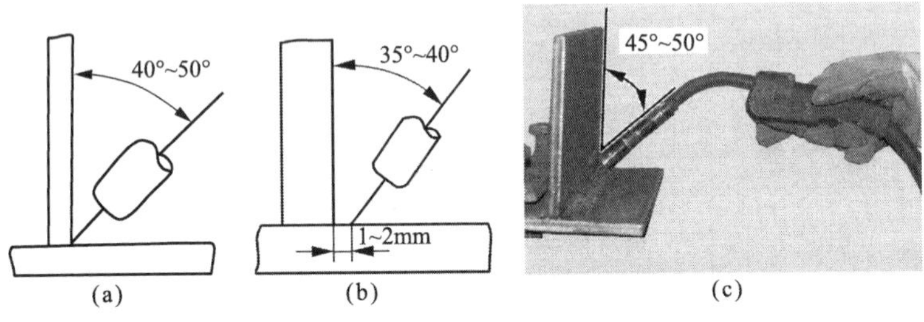

图 3.17　平角焊的焊枪角度

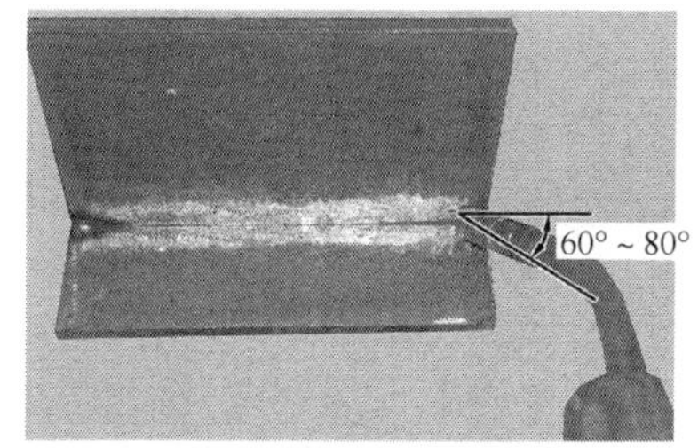

图 3.18　焊接前进的前倾角度

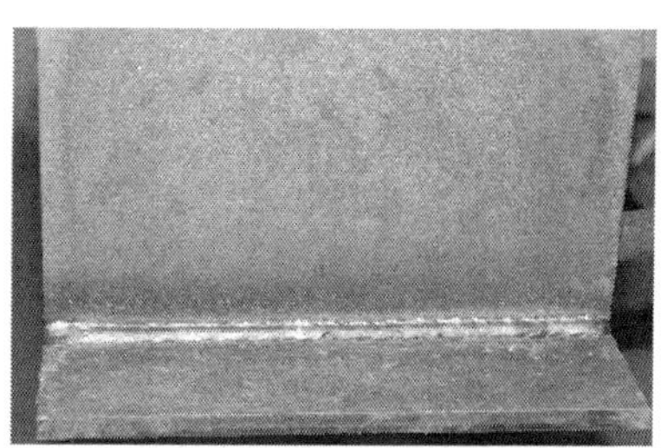
图 3.19　打底焊缝成形外观

调整焊接工艺参数：焊接速度视焊脚大小而定，单道角高最大为 8mm。焊接过程中焊枪做直线或往复形摆动，焊枪角度、焊丝伸出长度要尽量保持一致。焊接时焊枪从外侧起弧后，焊丝有一反作用力，须压住焊枪马上进入正常焊接，通常焊接开始的前 20mm，要注意熔深达到要求，这也是操作中的一难点。焊接到收弧时使用衰减电流把弧坑填满。

（3）盖面焊。焊接方向为从右向左自下向上分道焊。第二层第一道焊枪下倾角度为 60° ~70°（图 3.20），焊丝指向第一道焊趾处，焊接前进的前倾角度为 70° ~80° 。焊接时采用往复或斜环方式摆动，焊接时速度要均匀、摆幅一致，使第二道边缘平直，宽窄一致；第二层第二道焊枪下倾角度为 30° ~40°（图 3.21），焊接前进的前倾角度为 70° ~80° 。焊接时仍采用直线、往复或斜环方式摆动，焊枪指向第一道焊缝露出部位中间处，焊接时焊缝下边缘正好压住第二道中间脊梁处，焊缝上部要平直，防止咬边，收弧饱满，焊道与焊道搭接处不能有凹槽，避免咬边等缺陷。在产品中焊接中尽量少接头。大角焊缝接头时，焊缝的起头、收弧要尽量交错开 50mm 左右，避免接头集中。图 3.22 是完成后的焊缝外观。

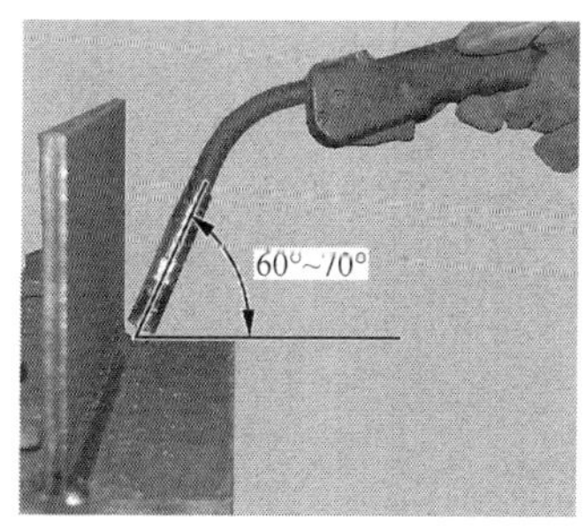

图 3.20　焊枪角度

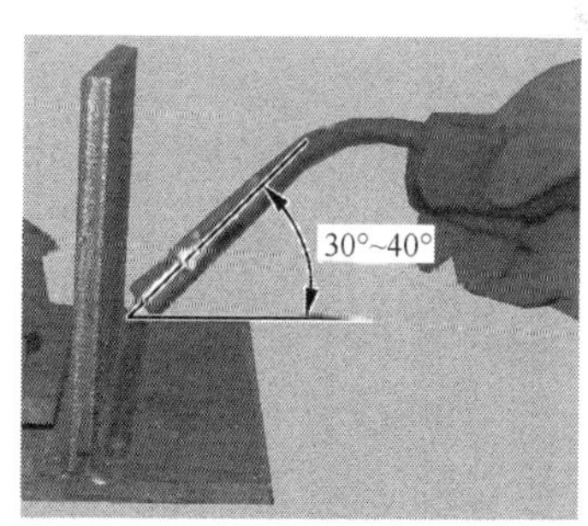

图 3.21　焊枪角度

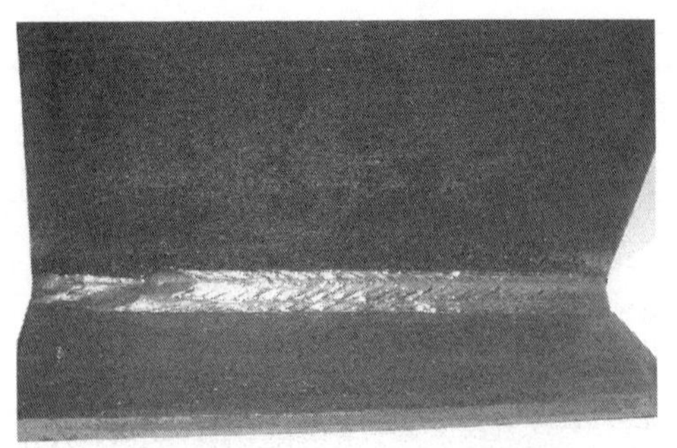

图 3.22 完成后的焊缝外观

3.13 CO_2 气体保护焊 T 形接头立角焊接的操作要点

T 形接头 CO_2 气体保护焊立角焊接的操作要点如下。

（1）焊接前，检查试件清理与组对是否符合要求，焊接方向为自下向上焊，焊枪角度为 45° 左右（图 3.23），焊接向上的前倾角度为 70° ~90°（图 3.24）。

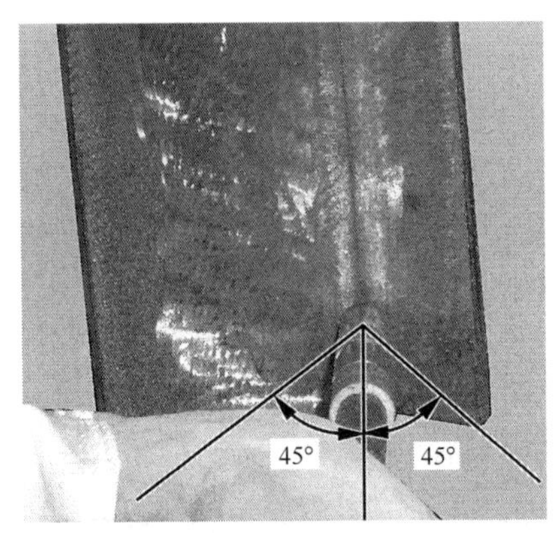

图 3.23 焊枪角度

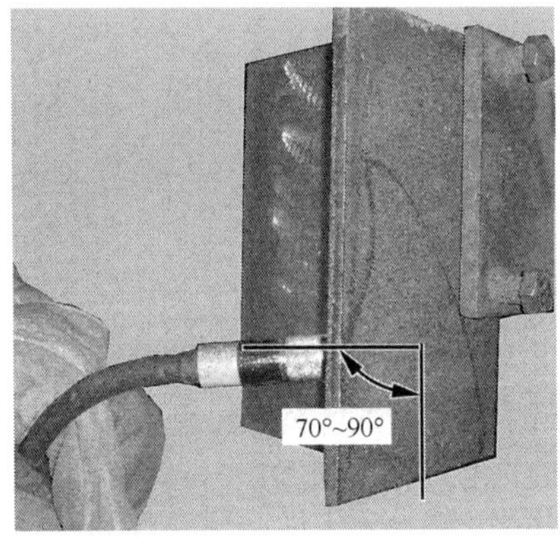

图 3.24 焊枪角度

（2）打底焊。调整好焊接工艺参数。焊接过程中要确保熔深和焊透，运条采用小幅反月牙或直线快速向上摆动，运条过程中，电弧应达到顶角根部，快速移动，两侧稍作停顿，才能避免顶角焊不透、两侧夹角深。中间运条要略快一些，避免中间铁水下坠。打底焊缝成形见图 3.25。

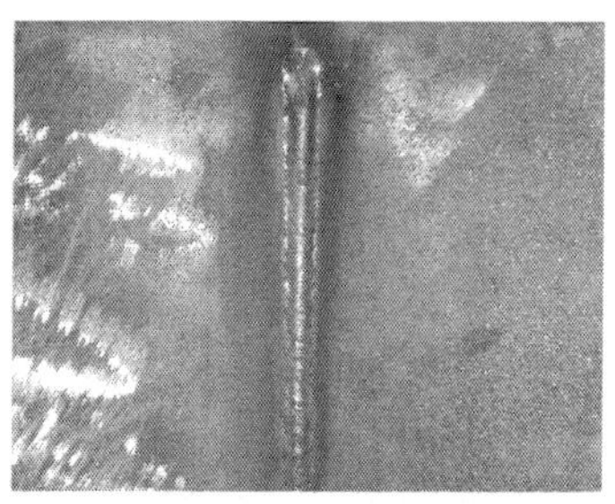

图 3.25　打底焊缝成形

（3）盖面焊。盖面焊焊枪的角度与打底焊的相同，焊接时采用反月牙或锯齿形运条方法。焊接过程中，电弧要在中间快一些，在两边略做停顿，防止咬边及中间下坠。焊接过程中要控制好焊缝温度和熔池成形，熔池形状要尽量接近平直或椭圆形，中间不能凸出来，根据熔池形状和温度，随时调整焊接速度及焊枪后倾角度，若焊缝温度仍高，中间可以断弧摆动。焊枪摆动幅度要一致。立角焊盖面焊的角度见图 3.26。立角焊盖面焊成形见图 3.27。

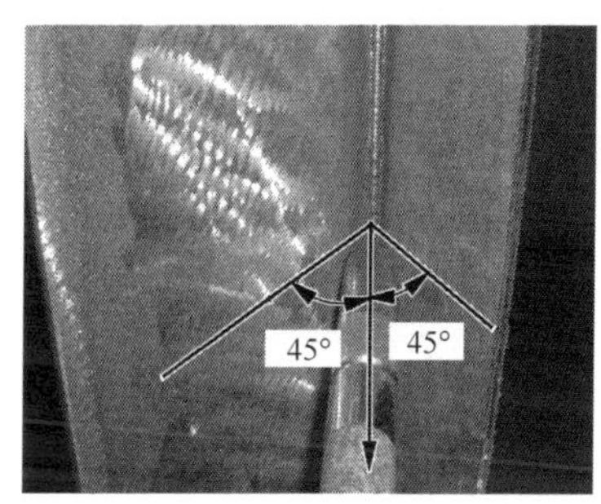

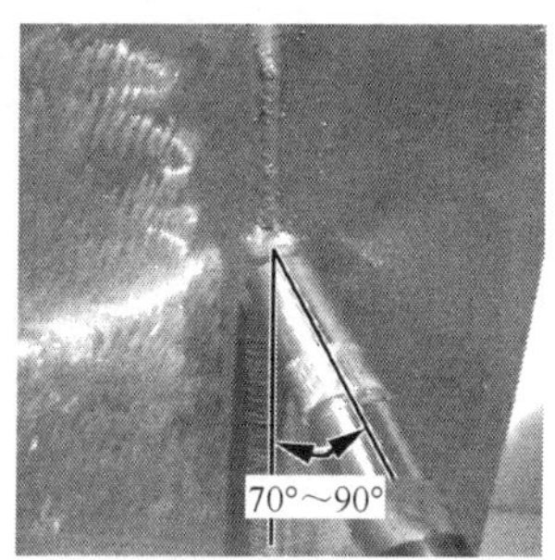

图 3.26　立角焊盖面焊的角度

图 3.27　立角焊盖面焊成形图

3.14 CO_2 气体保护焊 T 形接头仰角焊接的操作要点

焊接前，检查试件清理与组对是否符合要求，焊接方向为从右向左焊。

（1）第一层焊接。焊枪下倾角度为 40° ~45°，焊接前进的前倾角度为 75° ~85°（图 3.28），焊接电弧的过渡形式以短路过渡为主，电弧尽量要短。焊接过程中要确保熔深，熔池要始终在铁水的前面，焊接时从试件外部起弧，采用直线或往复快速摆动。焊枪角度、焊丝伸出长度，焊枪摆动幅度尽量始终保持一致，焊接速度均匀。

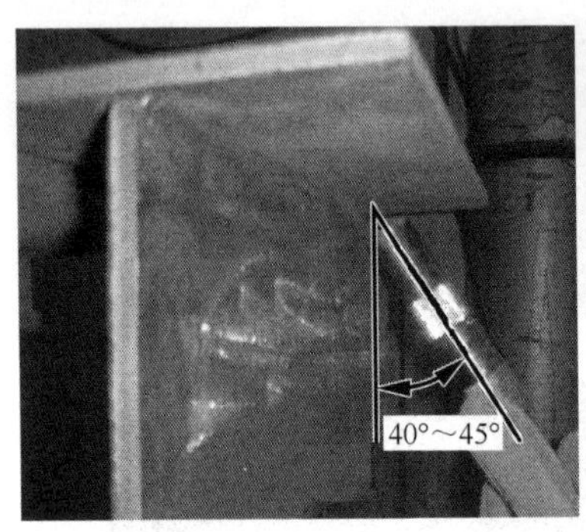

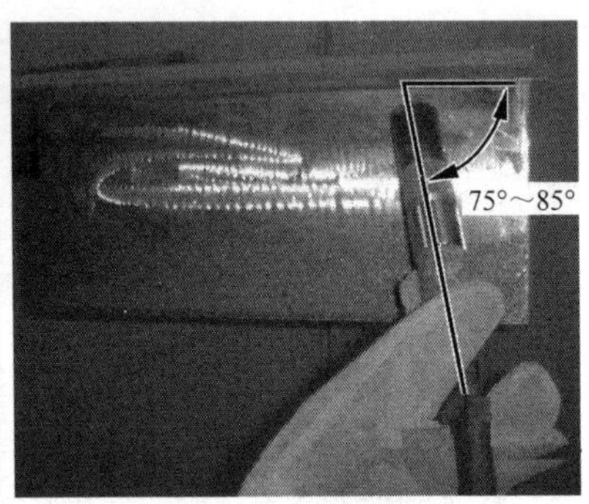

图 3.28 打底焊焊枪角度图

（2）第二层焊接。第二道焊枪下倾角度为 50° ~60°（图 3.29），焊丝指向第一道的焊趾处，焊接前进的前倾角度为 75° ~85° 。焊接时从下向上分道焊接，采用往复或直线摆动，焊接时要仔细观察熔池使第二道边缘平直，宽窄一致焊缝中间不因铁水下坠起大棱角；第三道焊枪下倾角度为 30° ~40°（图 3.30），焊接前进的后倾角度为 75° ~85° 。焊接时仍采用往复或斜环运弧，电弧指向第一道焊缝露出部位中间处，焊缝下边缘正好压住第二道中间脊梁处，要求电弧做横向摆动的幅度稍大些，使熔池的上沿与顶板熔合好，焊缝上部要平直，焊道与焊道搭接处要平整，避免未熔合等缺陷。CO_2 气体保护焊仰角焊，应尽量采用短弧，较小的焊接电流，焊接速度要快些，以加快熔池冷却速度。

仰角焊盖面成形的外观见图 3.31。

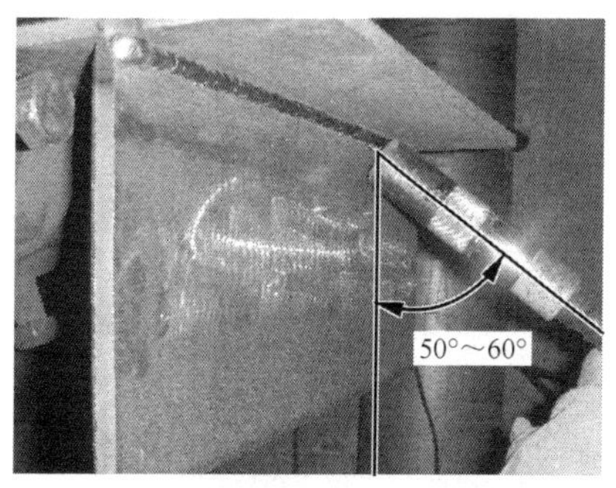

图 3.29　仰角第一道盖面焊的角度

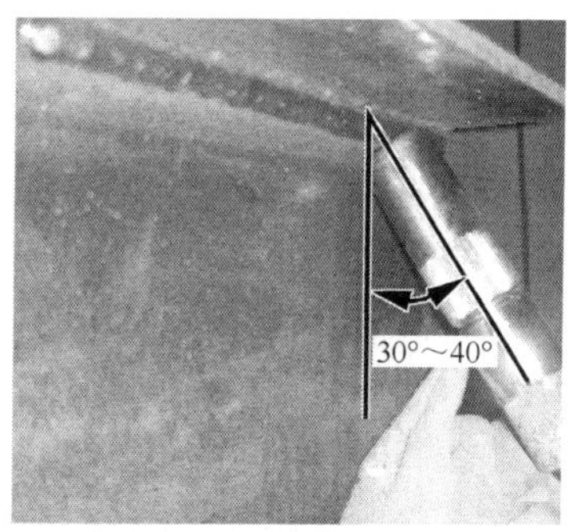

图 3.30　仰角第二道盖面焊的角度

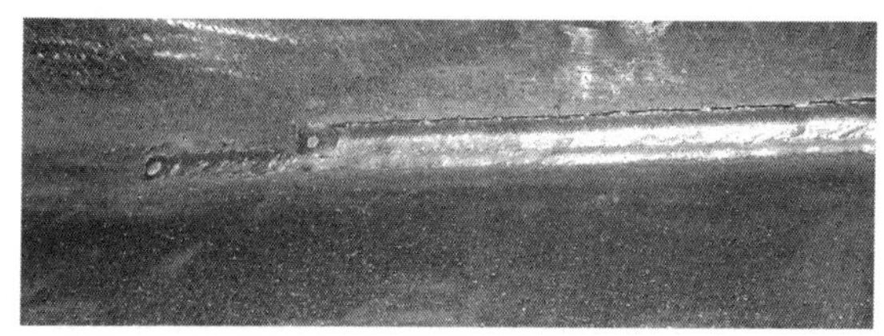

图 3.31　仰角焊盖面成形的外观

3.15　CO_2 气体保护焊中厚板（12mm）平板焊接的操作要点

中厚板（12mm）CO_2 气体保护焊平板焊接的操作要点如下。

（1）焊枪角度与焊法。采用左向焊法，三层三道焊枪角度是左右为 90°，前倾角为 70°~80°（图 3.8）。

（2）试板位置。焊前先检查装配间隙及反变形是否合适，试板放在水平位置，间隙小的一端放在右侧（图 3.9）。

（3）打底焊。调试好打底焊的参数后，在试板右端点固焊右侧试件的一侧引弧，待电弧引燃后，向左开始焊接打底焊道，焊枪沿坡口两侧作小幅横向摆动，并控制电弧在离底边约 2~3mm 处燃烧，当坡口底部形成熔孔后转入正常焊接。

打底焊道时的注意事项：

① 电弧始终在坡口内作小幅横向摆动，并在坡口两侧稍作停顿，使熔孔直径比间隙大 0.5~1mm。焊接时仔细观察熔孔，并根据间隙和熔孔直径

的变化调整横向摆动幅度和焊接速度，尽可能维持熔孔的直径不变，以保证焊缝反面宽窄和高低均匀。

② 依靠电弧在两侧的停留时间，保证坡口两侧熔合良好，最好焊道的中部下凹，焊道表面平整。

③ 打底焊道控制焊道厚度不要超过 4mm（图 3.32）。

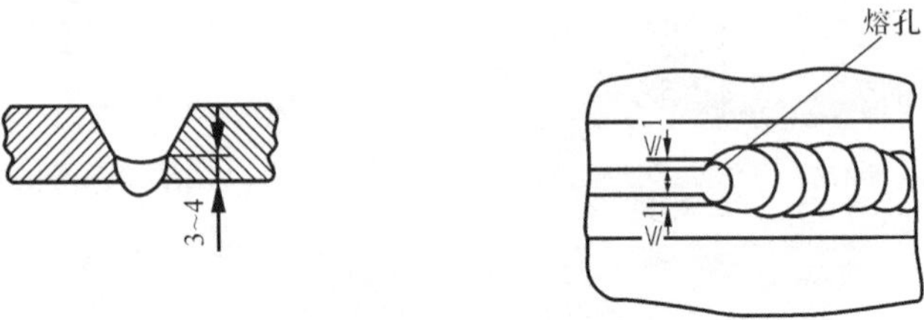

图 3.32　打底焊道

（4）填充焊。调整好填充焊的工艺参数后，在试板右端开始填充焊，焊枪横向摆动的幅度较打底层焊接时稍大些，应注意熔池两侧的熔合情况，保证焊道表面平整，中部稍下凹，焊道厚度控制好，不能太厚，不能熔化试件表面的棱边，保证焊道离试件表面 1.5~2mm（图 3.33）。焊接熔池始终要在铁水前面。

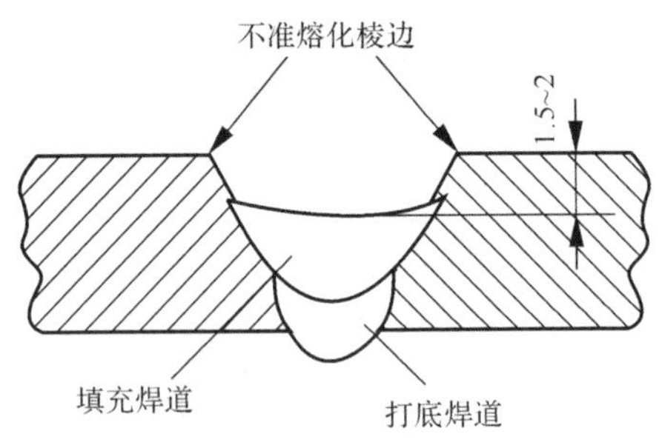

图 3.33　填充焊道

（5）盖面焊。调整好盖面焊的工艺参数后，从试板右端开始焊接保持喷嘴高度，注意观察熔池边缘，熔池边缘要超过坡口上表面棱边 0.5~1mm，并防止咬边。焊枪横向摆动的幅度较填充焊时稍大，尽量保持速度均匀，使焊缝外形美观。收弧时一定要填满弧坑，且弧坑尽量要短，防止产生弧坑裂纹。

3.16　CO_2 气体保护焊中厚板（12mm）立板焊接的操作要点

（1）焊枪角度与焊法。采用立向上焊法，焊三层三道，焊枪角度是左右各 90°，下倾角为 70°~90°（图 3.12）。

（2）试板位置。焊前先检查装配间隙及反变形是否合适，试板垂直固定好，间隙小的一端放在下面。

（3）打底焊。调试好打底焊的参数后，在试板下端点固焊上引弧，待电弧引燃后，使电弧沿焊缝中心作锯齿形横向摆动开始焊接打底焊道，当坡口根部形成熔孔后转入正常焊接。注意焊枪横向摆动的方式必须正确，否则焊肉下坠，成形不好看，小间距锯齿形或反月牙形摆动成形较好（图 3.14），焊接时仔细观察熔孔，并根据间隙和熔孔直径的变化调整横向摆动幅度和焊接速度，尽可能维持熔孔的直径不变，不能让熔池太大。焊接过程要断了弧，先将接头处打磨成斜面（图 3.34），再按接头方法焊接。焊接到试板最上方时收弧，待电弧熄灭，熔池完全凝固后，才能移开焊枪，以防收弧区保护不良产生气孔。

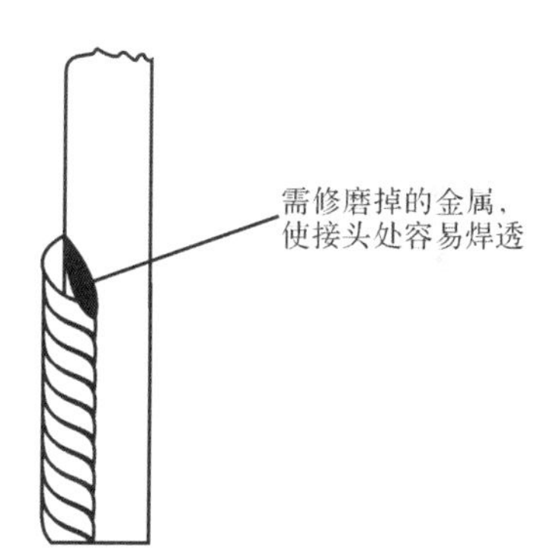

图 3.34　立焊接头处打磨要求

（4）填充焊。调整好填充焊的工艺参数后，自下向上焊填充焊，焊前先清理打底焊道和坡口表面飞溅、熔渣，并将表面凸起焊道打磨平整。焊枪横向摆动的幅度较打底层焊时稍大，电弧在坡口两侧稍作停留，保证焊道两侧熔合好。不能熔化试件表面的棱边，保证焊道离试件表面 1.5~2mm。

（5）盖面焊。调整好盖面焊的工艺参数后，焊前先清理打底焊道和坡口表面飞溅和熔渣，打磨掉焊道表面局部凸起部位，从试板下端开始引弧焊接，自下向上焊接，焊枪横向摆动的幅度较填充焊时稍大，熔池两侧超过坡口边缘棱边 0.5~1mm 匀速反月牙形上升，两边略作停顿防止咬边。焊接到顶端收弧，待电弧熄灭，熔池凝固后，才能移开焊枪，以免局部产生气孔。

3.17 CO_2 气体保护焊中厚板（12mm）横板焊接的操作要点

中厚板 CO_2 气体保护焊横板焊接的操作要点如下。

（1）焊枪角度与焊法。采用左向焊法，焊三层六道（图 3.35）。

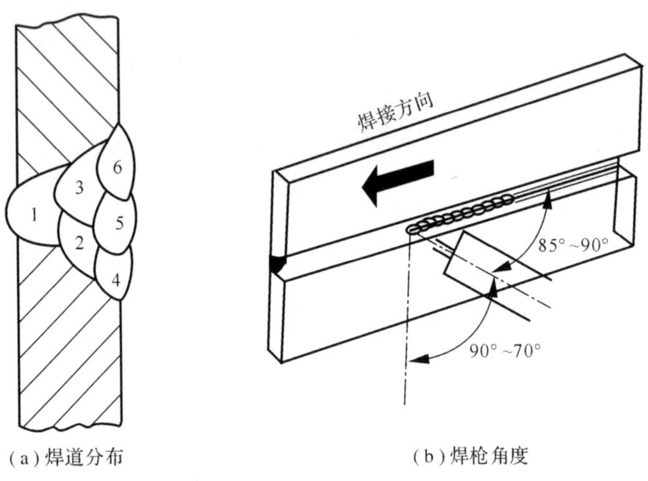

图 3.35 焊道分布和焊枪角度

（2）试板位置。焊前先检查装配间隙及反变形是否合适，试板垂直固定好，焊缝处于水平位置，间隙小的一端放在右侧。

（3）打底焊。调试好打底焊的参数后，从右向左焊打底焊。在试板右端点固焊右侧，试件的一端引弧，待电弧引燃后以小幅锯齿形摆动，当点固点左侧形成熔孔后，保持熔孔直径比间隙大 0.5~1mm 较好（图 3.36）。焊接时仔细观察熔池和熔孔，并根据间隙和熔孔直径的变化调整摆动幅度和焊接速度，尽可能维持熔孔的直径不变，焊至左端收弧。如果打底焊过程中断，首先将接头处焊道打磨成斜坡状，在打磨的焊道最高处引弧，并开始小幅度作锯齿形摆动，当接头区前端形成熔孔后，继续焊完打底焊道。焊完打底焊道后，清理打底焊道和坡口表面飞溅和熔渣，打磨掉焊道表面局部凸起部位。

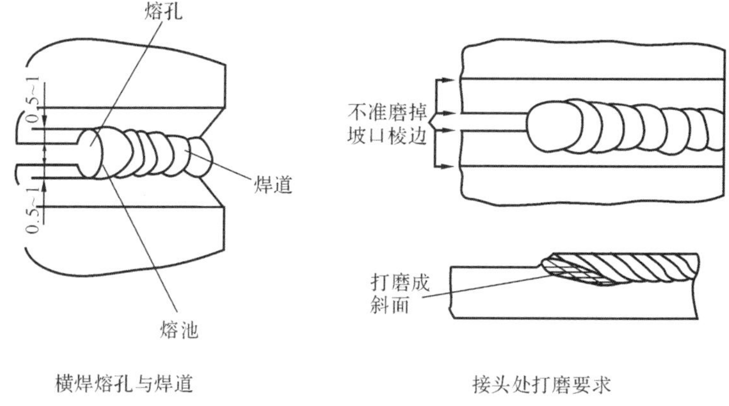

横焊熔孔与焊道　　　　接头处打磨要求

图 3.36　打底焊

（4）填充焊。调整好填充焊的工艺参数后，要求调整焊枪的俯仰角及电弧瞄准方向。

① 焊填充焊道 2 时，焊枪角度为 0°～10° 俯角（图 3.37），电弧以打底焊道的下边缘为中心做横向摆动，保证下坡口熔合好。

② 焊填充焊道 3 时，焊枪角度为 0°～10° 仰角（图 3.37），电弧以打底焊道的上边缘为中心，在焊道 2 和坡口上表面间摆动，保证熔合良好。焊接这道焊缝时最容易产生未熔合，需特别注意焊枪角度及摆动方法和焊接规范要稍大些。

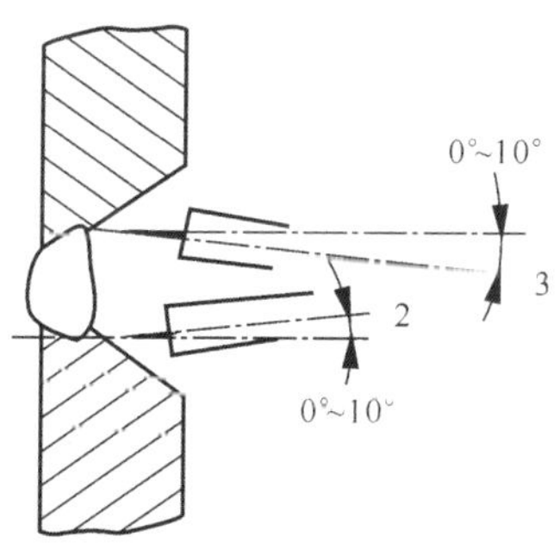

图 3.37　横焊填充焊焊枪角度及位置

③ 填充焊时焊道的高度应低于母材 0.5~2mm，距上坡口约 0.5mm，距下坡口约 2mm。

注意：不能熔化坡口两侧的棱边。清理打底焊道和坡口表面飞溅、熔渣，打磨掉焊道表面局部凸起部位。

（5）盖面焊。调整好盖面焊的工艺参数后，盖面焊共三道，依次从下往上焊接。摆动时注意幅度一致，角度变化小，速度均匀。5、6 道焊缝要压住前一道焊缝约 2/3 处。焊接时注意观察坡口边防止产生未熔合和咬边等（图 3.38）。

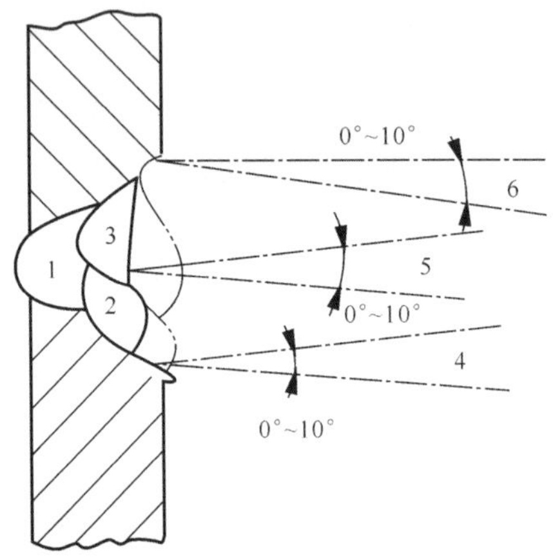

图 3.38　横焊盖面焊焊枪角度及位置

3.18　CO_2 气体保护焊中厚板（12mm）仰板焊接的操作要点

中厚板 CO_2 气体保护焊仰板焊接的操作要点如下。

（1）焊枪角度与焊法。采用右向焊法，焊三层三道，焊枪角度为左右各 90°，倾角为 70°~80°（图 3.16）。

（2）试板位置。焊前先检查试板装配间隙及反变形是否合适，调整好定位架高度，将试板放在水平位置，坡口朝下，间隙小的一端放在左侧固定好。

注意：试板高度必须调整到能保证焊工单腿跪地或站着焊接时，焊枪的电缆导管有足够的长度，保证腕部能有充分的空间，肘部不要举得太高，操作时不感到别扭的位置。

（3）打底焊。调试好打底焊的参数后，在试板的小间隙端进行引弧，焊枪开始做小幅度的锯齿形摆动，熔孔形成后转入正常焊接。焊接过程中不能让电弧脱离熔池，利用电弧吹力防止熔池金属下淌。焊打底焊道时，必须注意控制熔孔的大小，既保证根部焊透，又防止焊道背面下凹，正面下坠。打底焊道不能太厚。

清除焊道表面的熔渣及飞溅，用角向磨光机打磨焊道正面的局部凸起太高处。

（4）填充焊。调整好填充焊的工艺参数后，在试板小间隙端开始引弧，焊枪以稍大的反月牙形或 8 字形横向摆动，开始自左向右焊接。焊填充焊道时应注意以下事项：

① 必须掌握好电弧在坡口两侧的停留时间，既保证焊道两侧熔合好，又不使焊道中间下坠。

② 掌握好填充焊的厚度，保证填充层焊道表面距试板下表面 1.5~2mm，不能熔化坡口的棱边。

清除填充层熔渣及飞溅，打磨平整焊道表面局部的凸起地方。

（5）盖面焊。调整好盖面焊的工艺参数后，从左至右焊盖面焊道。焊接过程中应根据填充焊缝的高度，调整焊接速度，尽可能保持摆动幅度均匀，使得焊道平直均匀，不产生两侧咬边，中间下坠等缺陷。

3.19　CO_2 气体保护焊小径管水平固定焊接的操作要点

CO_2 气体保护焊小径管水平固定焊接的操作要点如下。

（1）焊枪角度与焊法。采用单层单道焊，焊接过程中，小管全位置焊接焊枪的角度（图 3.39）随管道弧度变化而变化（俗称角度要跟上）。

（2）试件位置。调整好卡具的高度，保证焊工单腿跪地能从时钟 7 点处焊接到 3 点处，站着稍弯腰能从 3 点处焊到 0 点处，然后固定小管子，保证小管子的轴线在水平面内，0 点在最上方。焊接过程中不准改变小管子的相对位置。

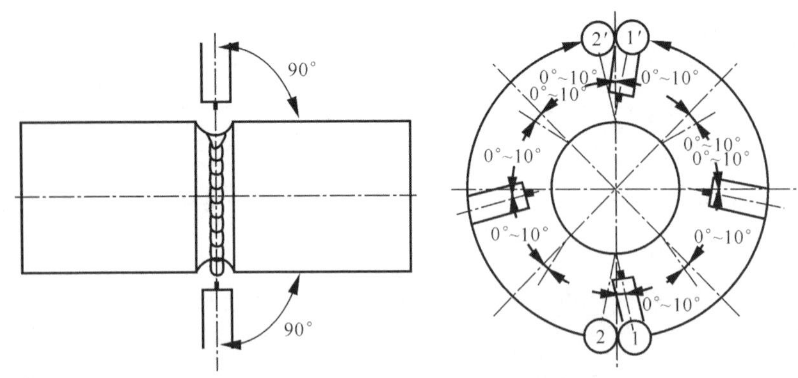

图 3.39 水平固定焊焊枪的角度

（3）焊接。调试好焊接工艺参数后，按下述步骤焊接。

① 在 7 点处的引弧，保证焊枪角度、沿逆时针方向焊至 3 点处断弧，不必填弧坑，但断弧后不能立即拿开焊枪，利用余气保护熔池，至凝固为止。

② 焊前将定位焊缝打磨成斜面。

③ 在 3 点处的斜面最高处引燃电弧，沿逆时针方向焊至 11 点处断弧。

④ 将 7 点处的焊缝头部磨成斜面，从最高处引燃电弧后迅速接好头，并沿顺时针方向焊至 9 点处断弧。

⑤ 将 9 点和 11 点处的焊缝端部都打磨成斜面，然后从 9 点处引弧，仍沿顺时针方向焊完封闭段焊缝，在 0 点处收弧，并填满弧坑。

注意：将正反手两段焊缝分为几段焊的目的是，为了能够在焊接练习过程中掌握接头技术。为此焊接过程中可以多分几段，一旦学会了接头，两半焊缝都可一次完成。采用锯齿或反月牙断弧摆动，焊接时容易控制熔池形状及外部成型。打底焊可以采取段弧焊，也可以采用连弧焊。一般断弧焊焊缝打底背部成形较好。

3.20 CO_2 气体保护焊小径管垂直固定焊接的操作要点

CO_2 气体保护焊小径管垂直固定焊接的操作要点如下。

（1）焊枪角度与焊法。采用左向焊法，单层单道，小径管垂直固定焊焊枪的角度见图 3.40。

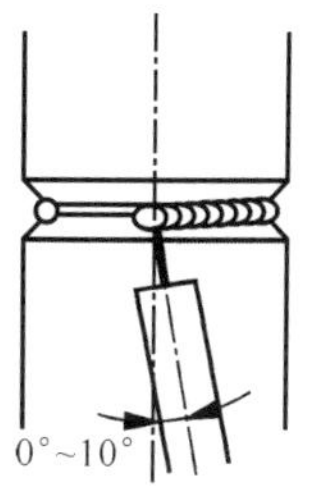

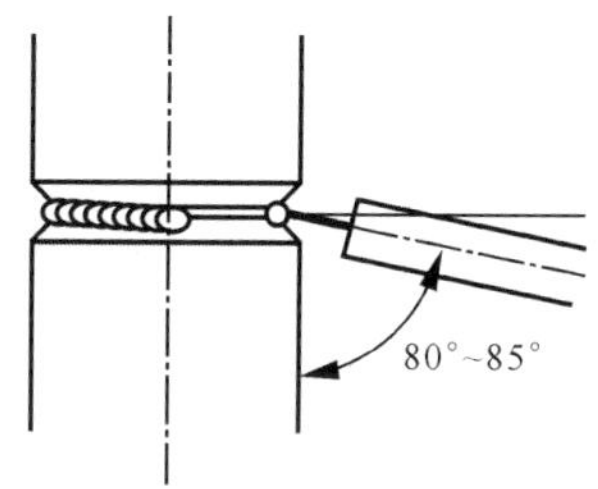

图 3.40　焊枪角度

（2）试件位置。调整好试板架的高度，将小径管垂直固定好，保证焊工坐着或站着能方便地转腕进行焊接，焊接时能焊一半的管道，尽量减少接头数量。管径打底焊可以根据管径大小先焊接一半的管子，然后再焊另一半。

（3）焊接。调试好焊接工艺参数后，按下述步骤焊接。

① 在右侧引弧，焊枪小幅度作横向摆动焊接。焊接过程中尽可能地保持熔孔直径不变，熔孔直径比间隙大 0.5~1mm 较合适，从右向左焊到不好观察熔池处熄弧，熄弧后不能马上移开焊枪，需利用余气保护熔池至完全凝固为止，不必填弧坑。

② 将弧坑处磨成斜面后，转到右侧开始引弧处，再从右至左焊接，如此重复，直到焊完一圈焊缝。

整个焊接过程中需注意以下几点：

① 尽可能保持熔孔直径一致，以保证背面焊缝的宽、高均匀。

② 焊枪沿上、下两侧坡口作锯齿形横向摆动，并在坡口面上适当停留，保证焊缝两侧熔合好。

③ 焊接速度不能太慢，防止烧穿、背面焊缝太高或正面焊缝下坠（图 3.41）。

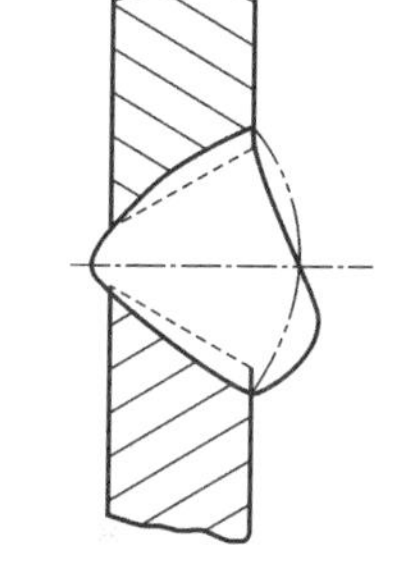

图 3.41　焊缝表面不对称

3.21　CO_2 气体保护焊中径管水平固定焊接的操作要点

（1）焊接前，检查试件清理与组对是否符合要求，焊接方向为从下向上焊，三层三道，焊枪角度为左右各 90°（参见图 3.39），焊接前进的后倾角度为 70°~90°（图 3.42）。

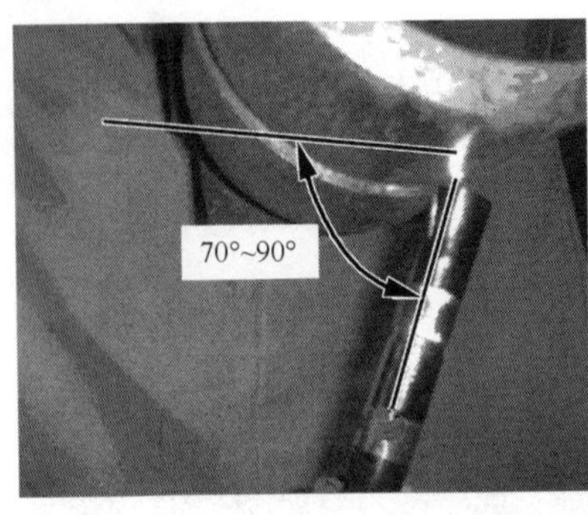

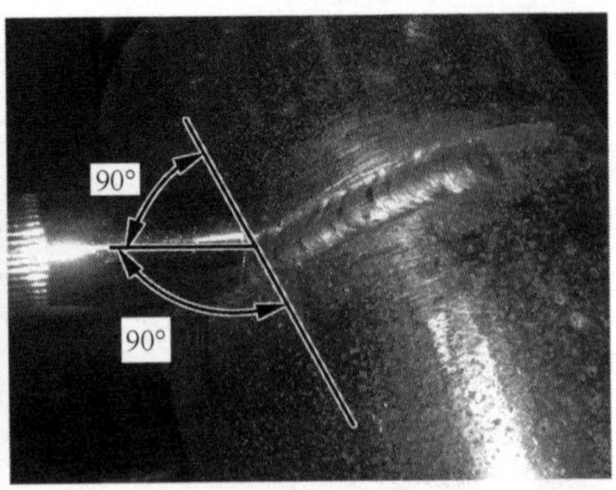

图 3.42　焊枪的角度

（2）试件位置。调整好卡具的高度，保证焊工单腿跪地能顺时针从 5 点处焊接到 9 点处，站着稍弯腰能从 9 点处焊到 12 点处，管道另一半焊接方向为逆时针方向。焊接过程中不准改变小管子的相对位置。

（3）打底焊。调整焊接工艺参数。焊接起弧时从 5 点位置起弧，采用小幅反月牙形、锯齿形或断弧摆动，摆动过程中，电弧自下向上沿顺时针方向焊接。待点固焊一侧边缘形成熔孔后转入正常焊接，焊接时要注意观察熔孔大小，尽量保持一致，通常熔孔直径比间隙大 0.5~1mm 较为合适。焊枪角度要随管子圆周方向随时改变角度，焊接电弧要始终托住熔池向上移动，防止产生穿丝等现象，焊接到 9 点位置点固焊缝处停弧。注意：灭弧后不要马上把焊枪移开，需利用 CO_2 气保护熔池到完全凝固为止。将收弧部位打磨成斜面，从高点起弧沿顺时针方向焊至 12 点处断弧。将 5 点处的焊缝头部打磨成斜面，引弧并沿逆时针方向焊至 2~3 点处断弧，将焊缝收弧部位端面打磨成斜面。仍沿逆时针方向焊完封底焊缝，在 0 点收弧并填满弧坑。注意在接头处根据斜口形状和熔孔大小及时调整摆动幅度和焊接速度，保证接头良好。除掉熔渣、飞溅，磨掉打底焊接头局部凸起部位。水平固定管打底焊缝成形外观见图 3.43。

图 3.43　水平固定管打底焊缝成形外观

（4）填充焊接。第二道焊枪角度与第一道相同，横向摆动幅度应稍大些。焊接时采用反月牙形或锯齿形摆动。焊接过程中，电弧要在中间快一些，在两边略做停留，防止咬边及焊缝中间下坠，保证焊缝熔合良好，最好焊道中部稍下凹，不能熔化了管子坡口的棱边。焊接过程中要控制好温度和焊缝成形，根据熔池形状和温度随时调整焊接速度及焊枪前倾角度。保证焊道离试件表面1.5~2mm。

盖面焊焊枪角度与打底焊相似，按照填充焊顺序焊完盖面焊道，焊枪摆动幅度要比填充焊大些，保证熔池边缘超出坡口边0.5~1mm。焊接速度要均匀，保证焊道熔合良好，外形成形美观（图3.44）。

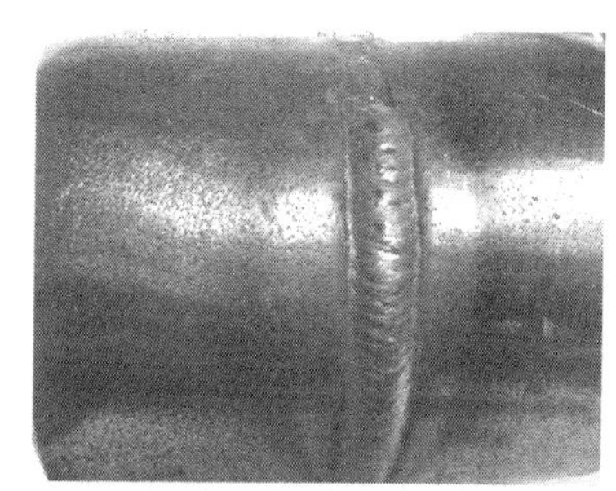

图3.44　盖面焊成形外观

3.22　CO_2 气体保护焊中径管垂直固定焊接的操作要点

CO_2 气体保护焊中径管垂直固定焊接的操作要点如下。

（1）焊接前，检查试件清理与组对是否符合要求，焊接方向为左向焊，焊枪角度为80°左右，焊接前进的后倾角度为70°~85°（图3.45）。定位焊缝打磨后的情况见图3.46。

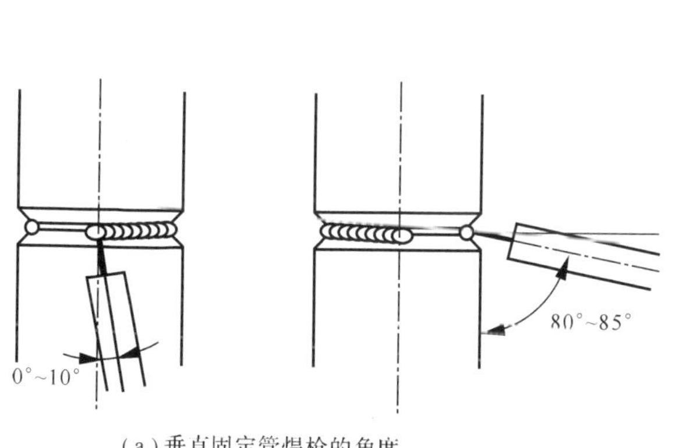

（a）垂直固定管焊枪的角度

（b）焊道分布情况

图3.45　焊接角度

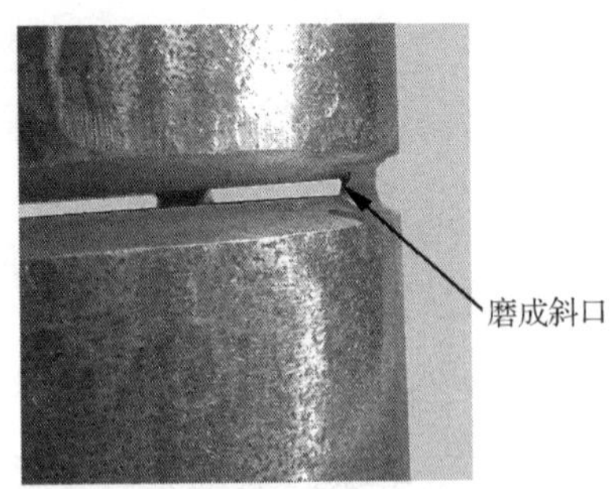

图 3.46　定位焊缝打磨后的情况

（2）试件位置。调整好试板架的高度，将中径管垂直固定好，保证焊工坐着或站着能方便地转腕进行焊接。

（3）打底焊。调整焊接工艺参数。电弧过渡为短路过渡形式，焊接采用小幅度月牙形或小幅度锯齿形在坡口内上下摆动，运弧过程中，电弧自右向左焊接，待左侧形成熔孔后转入正常焊接，焊枪角度要随管子圆周方向随时改变角度，焊接电弧要始终托住熔池防止产生穿丝等现象。焊接过程中尽可能地保持熔孔直径不变，熔孔直径比间隙大 0.5~1mm 较合适，从右向左焊到不好观察熔池处熄弧，熄弧后不能马上移开焊枪，需利用余气保护熔池至完全凝固为止，不必填弧坑。将弧坑处磨成斜面后，转到右侧开始引弧处，再从右至左焊接，如此重复，直到焊完一圈打底焊缝。注意：待焊接到最后一处接头部位 1/2 处后电弧再往回拉 2~3mm 并稍做停顿，这样可以防止接头脱节。最后把熔渣、飞溅及接头局部凸起处磨掉。垂直固定管打底焊枪角度见图 3.47。垂直固定管打底焊正面和底面成形外观见图 3.48。

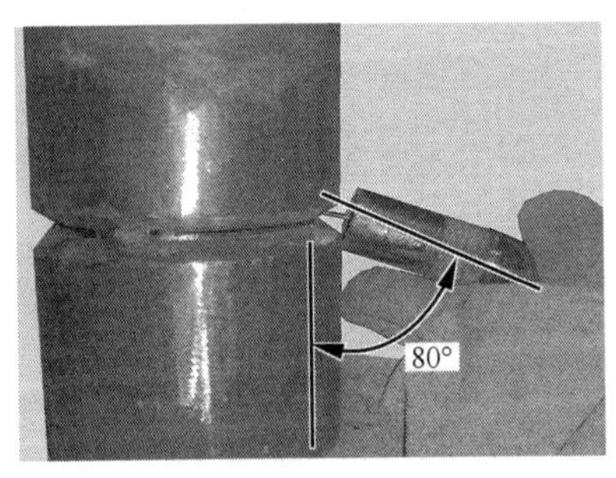

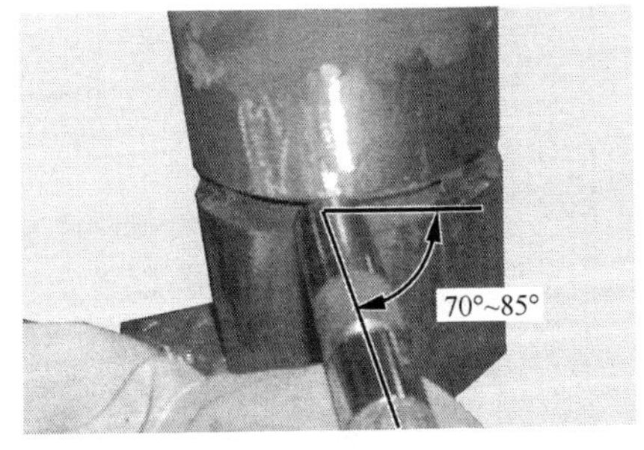

图 3.47　垂直固定管打底焊枪的角度

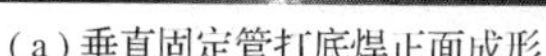

(a) 垂直固定管打底焊正面成形

(b) 垂直固定管打底焊背面成形

图 3.48 垂直固定管打底焊正面和底面成形外观

（4）填充焊。第二层焊枪角度、运条方法与板横焊相似。焊接前，调试好填充焊的工艺参数，注意以下几点。

① 适当加大焊枪的横向摆动幅度，保证坡口两侧熔合好。

② 不能熔化坡口的棱边，保证焊缝表面平整并低于管子表面 1~2mm。

③ 焊接后焊缝表面不能有尖角，尤其焊缝最上面一道容易产生未熔合现象。

④ 焊枪角度要随着管子圆周的变化随时调整（图 3.49），身体的重心也要调整，所以它的操作有一定难度。

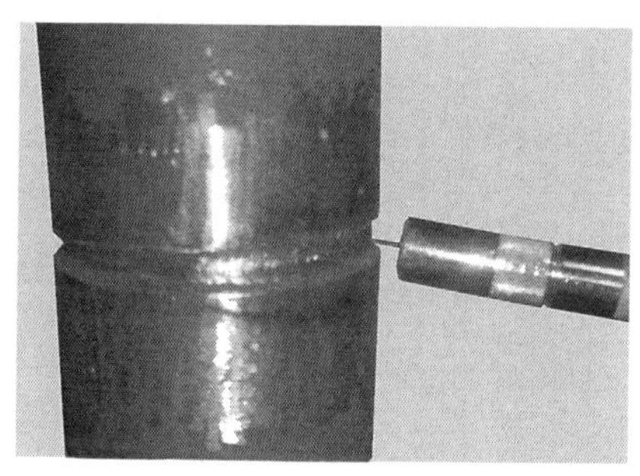

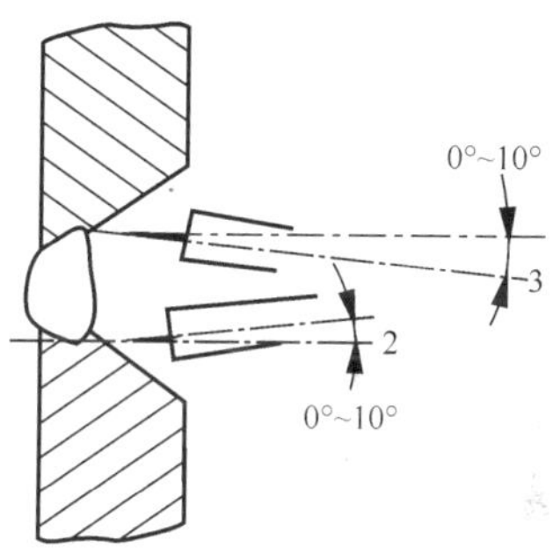

图 3.49 管垂直固定填充焊焊枪的角度

注意：填充第一道后在第二道易产生未熔合的情况，见图 3.50。填充焊完成后的情况见图 3.51。

图 3.50 填充第一道完成后的情况

图 3.51 填充焊完成后的情况

（5）盖面焊。盖面焊采用三道焊，从下自上分道向上焊，焊枪角度同板横焊，摆动方式采用斜环和往复运条方法。摆动时注意幅度一致，角度变化小，速度均匀。焊接时，起弧位置应与打底焊起弧处错开。焊接过程中要保证焊缝两侧熔合好，熔池边缘超过棱边 0.5~1mm。5、6 道焊缝要压住前一道焊缝约 2/3 处。焊接时注意观察坡口边防止产生未熔合和咬边等。盖面焊焊枪的角度见图 3.52（a）。盖面焊的成形外观见图 3.52（b）。

（a）盖面焊焊枪的角度

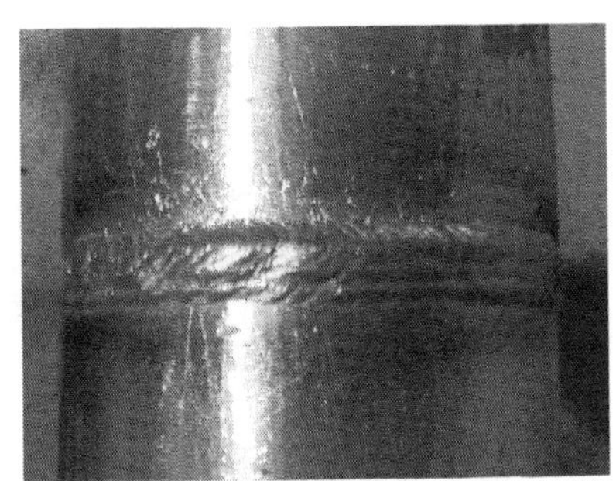

（b）盖面焊的成形外观

图 3.52 盖面焊焊枪的角度和成形外观

3.23 CO_2 气体保护焊中径管斜焊的操作要点

45° 固定管子的焊接位置介于水平固定与垂直固定之间，它们的焊接方法有相似之处，也有不同之处。焊接时分成两个半圈进行，每个半圈分为斜仰、斜立、斜平三种位置，从相当于时钟 5 或 7 点开始焊接到 12 点位置收弧。

（1）焊接前，要检查试件清理与组对是否符合要求，焊接方向为从下向上焊，焊三层三道，焊枪角度为左右 55°~60°，焊接前进的后倾角度 70°~90°（图 3.53）。

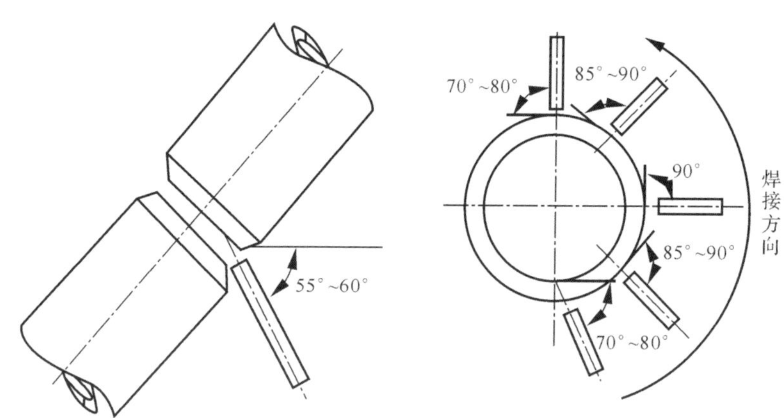

图 3.53　焊接角度和焊接方向

（2）试件位置。调整好卡具的高度，保证焊工单腿跪地能从 5 点处焊接到 9 点处，站着稍弯腰能从 9 点处焊到 12 点处，然后固定管子，保证管子的轴线在水平面 45° 内，12 点在最上方。焊接过程中不准改变管子的相对位置。

（3）打底焊。调整焊接工艺参数。焊接起弧时从 5 点位置处起弧，采用小幅反月牙形、锯齿形或断弧摆动，摆动过程中，电弧自下向上沿顺时针方向焊接。待点固焊一侧边缘形成熔孔后转入正常焊接，焊接时要注意观察熔孔大小，尽量保持一致（图 3.54），通常熔孔直径比间隙大 0.5~1mm 较为合适。焊枪角度要随管子圆周方向随时改变角度，焊接电弧要始终托住熔池向上移动，防止产生穿丝等现象，焊接到 9 点位置点固焊缝处停弧。注意：灭弧后不要马上

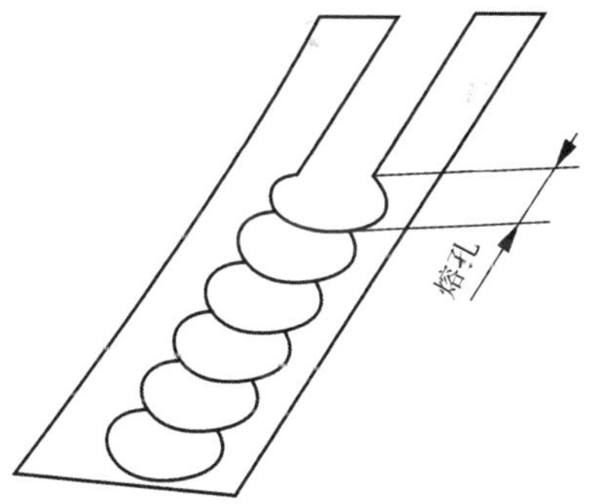

图 3.54　45° 固定管打底焊熔孔的形状

把焊枪移开，需利用 CO_2 气体保护熔池到完全凝固为止。将收弧部位打磨成斜面，从高点起弧沿顺时针方向焊至 12 点处断弧。将 5 点处的焊缝头部打磨成斜面，并沿逆时针方向焊至 2~3 点处断弧，将焊缝收弧部位端面打磨成斜面。仍沿逆时针方向焊完封底焊缝，在 0 点收弧并填满弧坑。注意熔孔大小及时调整摆动幅度和焊接速度，保证接头良好。除掉熔渣、飞溅，磨掉打底焊接头局部凸起部位。

（4）填充焊接。第二道焊枪角度与第一道相同，横向摆动幅度应稍大些。焊接时采用反月牙形或锯齿形斜拉摆动。焊接过程中，电弧要在中间快一些，在两边略做停留，防止咬边及焊缝中间下坠，保证焊缝熔合良好，最好焊道中部稍下凹，不能熔化了管子坡口的棱边。焊接过程中要控制好温度和焊缝成形，根据熔池形状和温度随时调整焊接速度及焊枪前倾角度。保证焊道离试件表面 1.5~2mm。

（5）盖面焊。焊枪角度与填充焊相似，按照填充焊顺序焊完盖面焊道，焊枪摆动幅度和斜拉幅度要比填充焊大一些（图 3.55）。盖面焊仰焊位置起头，在右半周焊道起头处的上坡口开始焊接，向右带至下坡口，斜锯齿形摆动起头呈上尖角斜坡形状，左半周焊缝从尖角下部开始焊接，由短到长斜锯齿形运条向上焊接。盖面焊起头方法见图 3.56。

盖面焊平焊位置的接头方法：焊到上部时，要使焊缝呈斜三角形，并焊过前焊缝 10~15mm，左半周焊缝与右半周焊缝收弧处呈尖角形，斜坡状合口。保证熔池边缘超出坡口边 0.5~1mm。焊接速度要均匀，保证焊道熔合良好，外形美观。

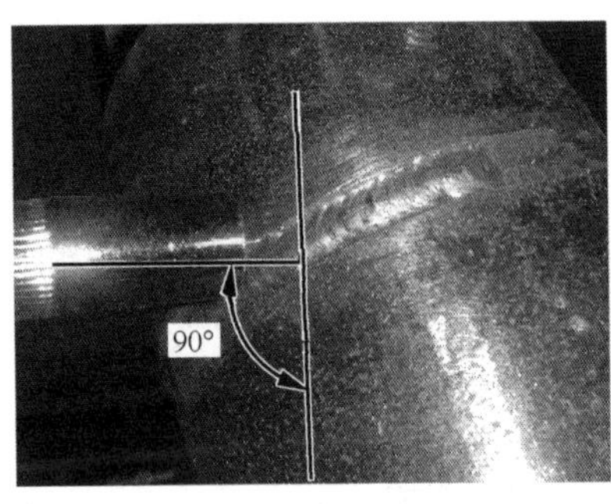

图 3.55 焊枪摆动幅度和斜拉幅度要比填充焊大一些

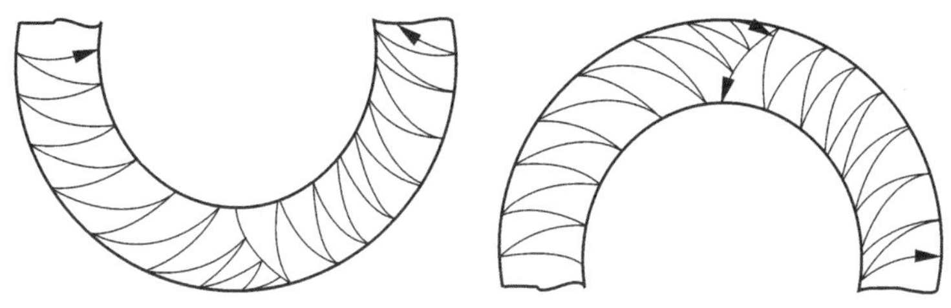

图 3.56 盖面焊起头方法

3.24 CO_2 气体保护焊管板水平固定焊接的操作要点

（1）焊接前，检查试件清理与组对是否符合要求，焊接方向采用立向上三层三道焊。管板水平固定焊定位焊见图 3.57。

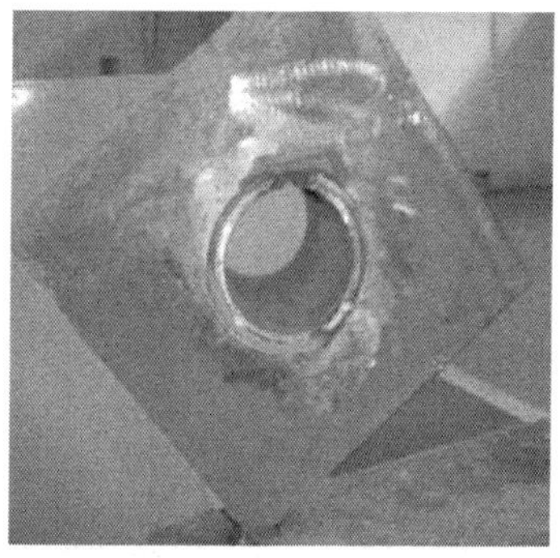

图 3.57 管板水平固定焊的定位焊

（2）试件位置。调整好卡具的高度，保证焊工单腿跪地或站立稍弯腰能从时钟 7 点处焊接到 3 点处，站着能从 9 点处焊到 12 点处，然后固定小管子，保证小管子的轴线在水平面内，12 点在最上方。焊接过程中不准改变小管子的相对位置。

（3）打底焊。首先调整好焊接规范，并使其达到短路过渡。引弧方法：在下端定位焊的一半处引燃电弧后，开始用锯齿形摆动，当电弧越过定位焊上端并形成熔孔后，转入连续向上的正常焊接。调整好焊枪角度和摆动方法。为了防止熔池金属在重力的作用下下淌，同时又能保证焊透，除了采用合理的焊接电流外，正确的焊枪角度和摆动方式也很关键。焊接过程中，焊枪角度要随时变化。在 7 点~5 点时，焊枪要顶住熔池角度略向下，而在 5 点~11 点时，焊枪要托住熔池，焊枪角度是左右各 45°，前倾角为 70°~90°。焊接过程中既要保持焊枪角度，又不能让焊枪挡住焊接时的视线。摆动时要注意摆幅与摆动波纹间距，用小摆幅或反月牙形大摆幅可以使焊道成形良好。摆动时中间要稍快些，在坡口两侧要稍作停顿。收弧时，焊过定位焊缝后再把电弧往回拉，使收弧处热量大一些，防止出现未焊透问题。控制熔孔尺寸的大小。由于熔孔的大小决定背部焊缝的宽度和余高，要求焊接时熔孔的直径比坡口间隙大 0.5~1mm。焊接过程中要仔细观察熔孔大小，并根据间隙和熔孔直径的变化、试板温度的变化及时调整焊枪角度、摆动幅度、操作手法和焊接速度，尽可能维持熔孔直径不变。保证两侧坡口的熔合。焊接过程中注意观察坡口面的熔合情况，依靠焊枪摆动，使电弧在坡口两侧的停留保证坡口面熔化并与熔池边缘熔合在一起。焊缝分左右两半周，焊接时焊工应转换体位并转腕，即使停顿也应尽可能缩短停弧时间，不必打磨接头，趁热迅速接头并继续焊接下去。焊接顺序见图 3.58。水平管板固定打底焊道正面和背面的成形外观见图 3.59。

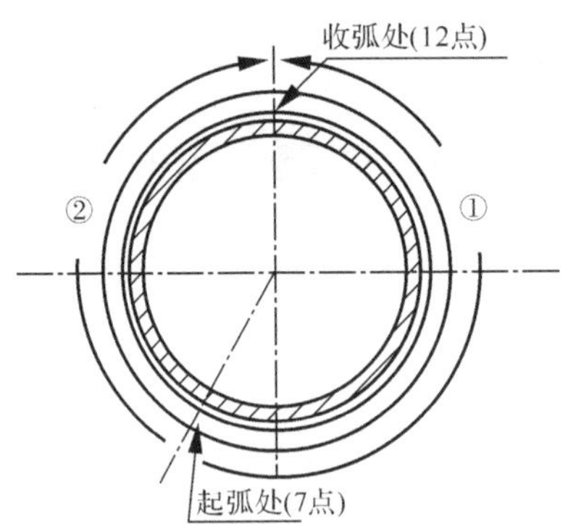

图 3.58　焊接顺序

（a）水平管板固定打底焊道正面成形外观

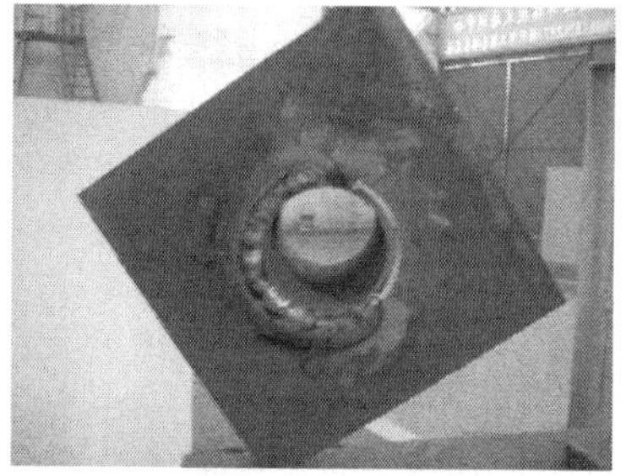

（b）水平管板固定打底焊道背面成形外观

图 3.59　水平管板固定打底焊道正面和背面成形外观

（4）填充焊。调整焊接规范。焊前先将焊层的飞溅和熔渣清理干净，凸起的部位磨平。控制两侧坡口的熔合。填充焊时，焊枪的横向摆动较打底焊时稍大些，同时焊枪从坡口一侧摆动至另一侧时速度要快，防止焊道形成凸形。电弧在两侧坡口有一定的停留，保证有一定的熔深，焊缝平整并有一定程度的下凹。控制焊道的厚度。填充焊道高度应低于母材表面 1.5~2mm，不能熔化坡口两侧的棱边，以便盖面时能够看清坡口，为盖面打好基础。焊接时，要随管子圆周方向上的变化随时调整焊枪角度和指向。水平管板固定填充焊道正面成形外观见图 3.60。

图 3.60　水平管板固定填充焊道正面成形外观

（5）盖面焊。焊前先将填充层的飞溅和熔渣清理干净，有凸起的部位打磨平整。控制焊枪的摆动幅度。焊枪摆动幅度比焊填充层时更大一些，作锯齿形或反向月牙形摆动。注意摆动一致，匀速上升，尽量水平摆动，使焊缝成形美观。注意观察坡口两侧的熔化情况，保证熔池边缘超过坡口两侧的棱边不大于 0.5~1mm，焊接过程中层与层的结合要熔合好。焊接时避免产生焊瘤和咬边，保证焊道两侧与焊件熔合好。焊脚应对称，接头凸出部分不能太高。盖面焊成形外观见图 3.61。

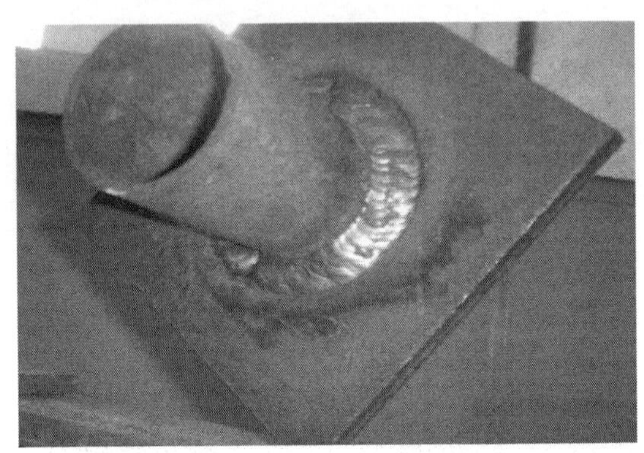

图 3.61 盖面焊成形外观

3.25 CO_2 气体保护焊产生气孔的原因及克服方法

气孔是焊接最普遍的缺陷，主要产生 CO_2 气孔、氢气孔和氮气孔。

绝大部分气孔是由于保护气体的保护效果差、劣质焊丝或较差的焊接工艺造成的。保护气体的保护效果差产生的原因可能为：焊接速度太快、保护气体太小、保护气体太大（紊流）、保护气体不纯、外界风大、喷嘴被飞溅堵塞、工件上有异物如油液、锈迹、油漆、焊丝伸得太长，焊枪角度不正确、弹簧软管内孔堵塞等（图 3.62）。

焊缝内部产生氢气孔的原因是熔池金属中存有大量的气体，在熔池凝固过程中没有完全逸出而造成的，CO_2 气体保护焊时，熔池表面没有熔渣覆盖，CO_2 气流又有冷却作用，因而熔池凝固比较快，容易在焊缝中产生氢气孔。重要结构焊接后通常需进行消氢处理。

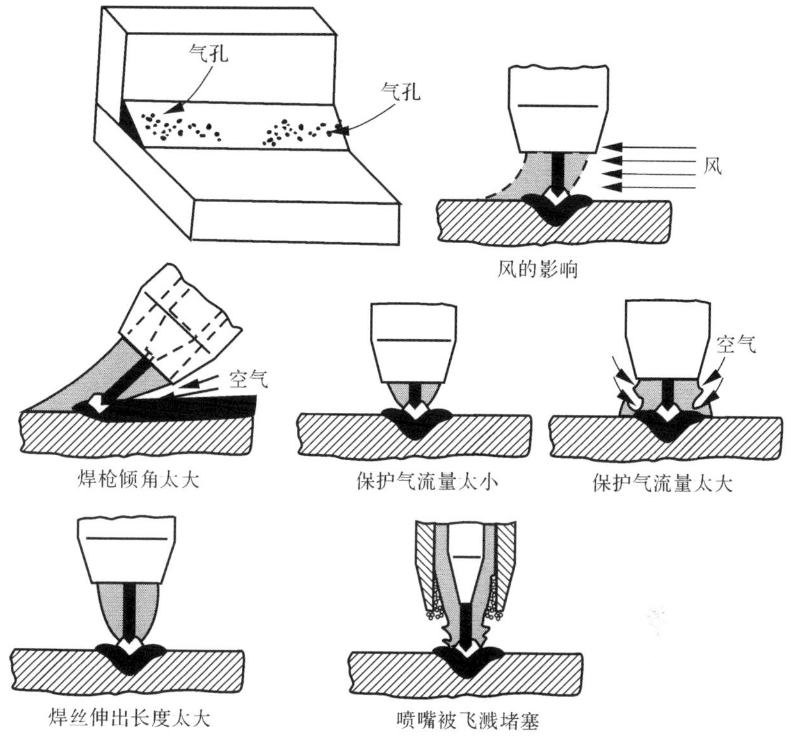

图 3.62　产生气孔的原因

3.26　CO_2 气体保护焊产生飞溅的原因

（1）由冶金反应引起的飞溅（图 3.63），这种情况主要是由 CO_2 气体造成的。

（2）由极点压力引起的飞溅，这种飞溅主要取决于电弧的极性。

（3）熔滴短路引起的飞溅，这是在短路过渡和有短路的粗滴过渡时产生的飞溅。

（4）非轴向熔滴过渡造成的飞溅，这种飞溅是在粗滴过渡焊接时由于电弧的斥力所引起的。

（5）焊接工艺参数选择不当引起的飞溅，这种飞溅是在焊接过程中，由于焊接的电流、电弧电压、电感值等工艺参数选择不当引起的。

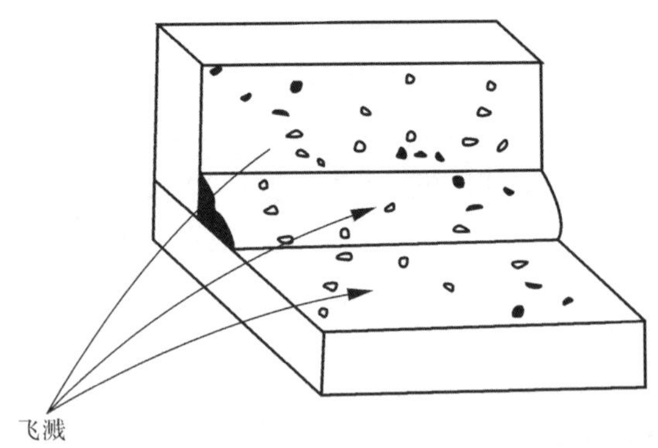

图 3.63　飞　溅

3.27　CO_2 气体保护焊产生咬边的主要原因及预防措施

CO_2 气体保护焊产生咬边（图 3.64）的主要原因如下。

（1）设备设定电压太高。

（2）行走速度太快。

（3）焊接操作方法不正确。

避免上述问题的措施如下。

（1）根据焊接要求调节设备工艺参数。

（2）确保焊接角度正确。

（3）焊枪移动时尽可能地缓慢，使熔化金属填满熔池。

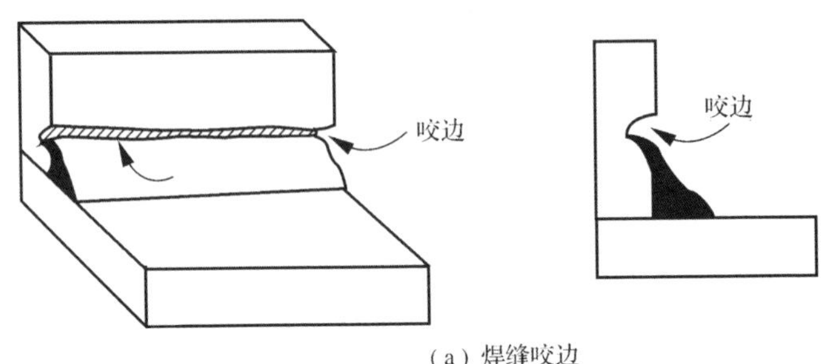

（a）焊缝咬边

图 3.64　咬　边

（b）咬边端视图

续图 3.64

3.28　CO_2 气体保护焊产生未熔合的原因及克服方法

未熔合产生的原因一般是由于热输入量过小，焊枪偏于坡口一侧，使母材或前一层焊缝金属未得到充分熔化就被填充金属覆盖而造成的；坡口或前一层焊缝表面有油渍、铁锈或氧化物和熔渣等阻碍金属的熔合（图 3.65）。

防止措施如下：焊枪角度要合适，运条摆动要适当，要注意观察坡口两侧的熔化情况，选用稍大的焊接电流，焊速不宜过快，使热量增加足以熔化母材或前一层焊缝金属；根据熔合情况调整焊接速度，保证电弧位于熔池前部；认真清理坡口及焊缝上的杂物。

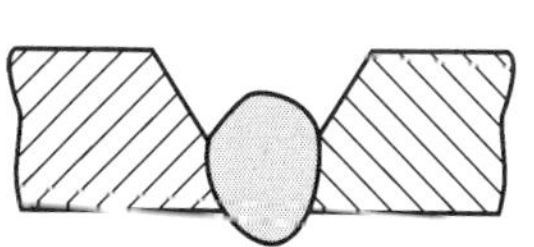

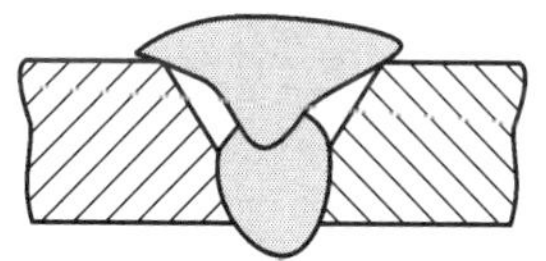

（a）打底焊道引起的未熔合

图 3.65　产生未熔合的原因

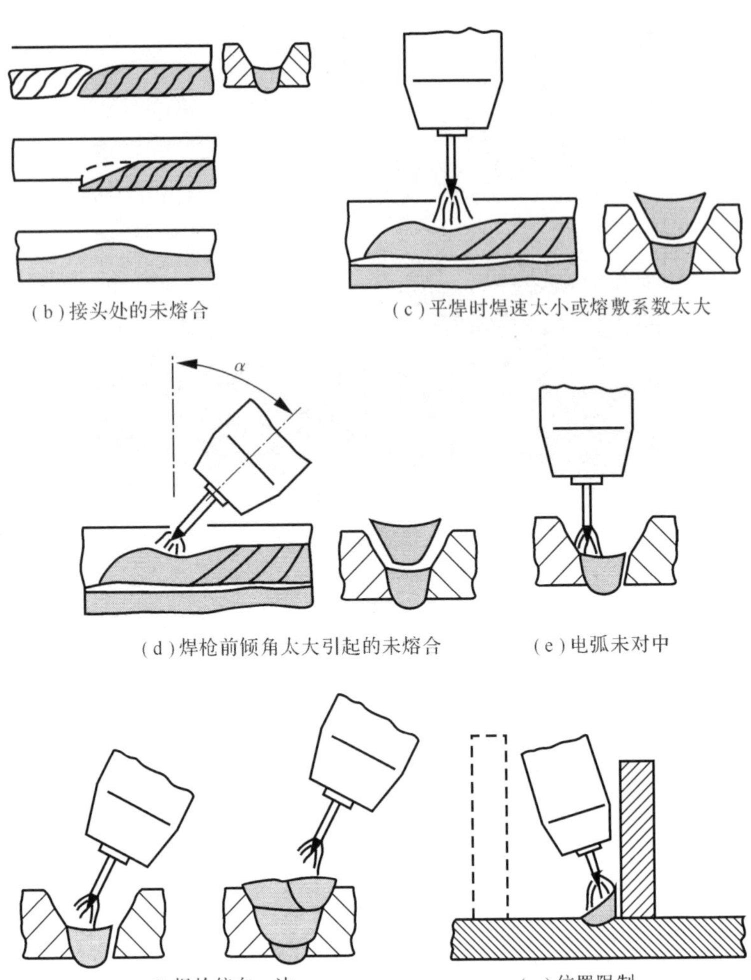
(b) 接头处的未熔合
(c) 平焊时焊速太小或熔敷系数太大
(d) 焊枪前倾角太大引起的未熔合
(e) 电弧未对中
(f) 焊枪偏向一边
(g) 位置限制

续图 3.65

第 4 章　氩电联焊操作

4.1　氩＋电小径管水平固定（5G）焊接操作要点（以 ϕ60mm × 6mm 为例）

（1）打底焊的焊接操作要领。

氩弧打底时的操作要点见氩弧焊部分的内容。

焊条电弧焊所用焊条直径为 ϕ2.5mm 或 ϕ3.2mm，管径小于 ϕ70mm 且厚度在 8mm 以下的管子用 ϕ2.5mm 的焊条，ϕ70mm 以上管壁厚度大于 8mm 以上的管子用 ϕ3.2mm 的焊条为宜。

为防止戴上面罩后，看不清引弧位置，使焊条在坡口外引燃而划伤母材表面，可以将焊条对准坡口焊条距离焊接处高度为 10mm 左右，然后戴上面罩，焊条自上而下移动，当焊条端头钢芯与母材接触后引燃电弧，立即运条至接头处，使用酸性焊条时可以拉长电弧预热 2~3s 后压低电弧，使根部两侧钝边连接，看到铁水与熔渣分离后，立即灭弧，待温度稍降，熔池颜色稍发暗（图 4.1）即将凝固时引弧给送第二滴铁水，每次电弧燃烧时间为 1~1.5s，停弧时间为 1~2s，应根据间隙、熔孔大小灵活掌握。一般熔孔宽度比间隙大 2~3mm 为宜。

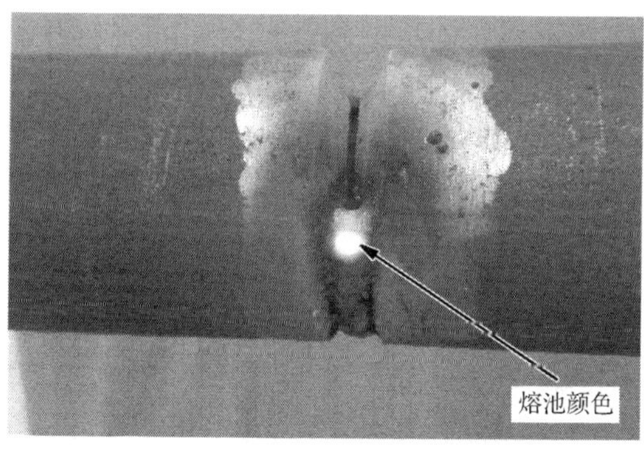

图 4.1　熔池颜色稍发暗

焊条摆动幅度要小，不宜超出坡口边缘，运条方法有一点摆动法，一点交叉断弧运条法，一点回焊运条法。如图 4.2 所示，运条中，要努力做到手要稳，焊条给送的位置要准，手腕摆动要“灵活”。

接头时，换焊条动作要快，在接头弧坑的后方大约 10mm 处引弧（图 4.3），并立即移向接头处，使用酸性焊条时，应拉长电弧对弧坑进行预热，然后转入正常焊接。使用碱性焊条则不需要预热。

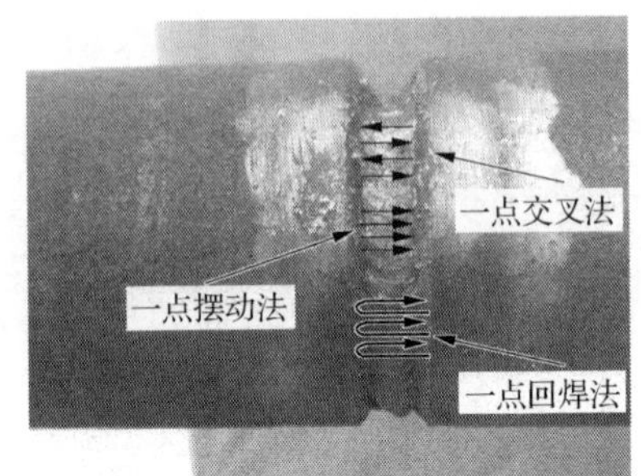

图 4.2 运条方法

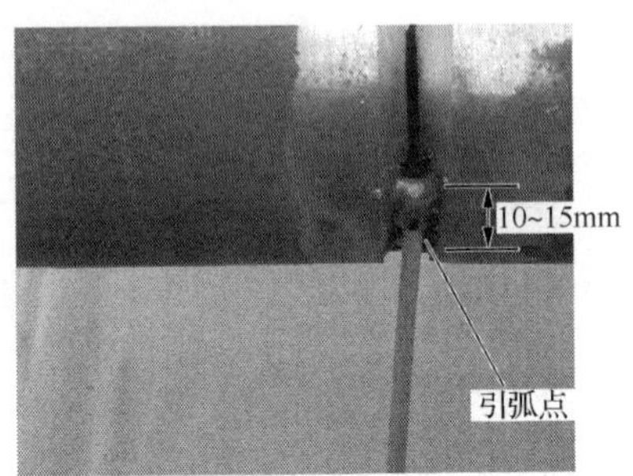

图 4.3 接头方法

焊条角度变化如图 4.4 所示，另一侧角度与其相似。

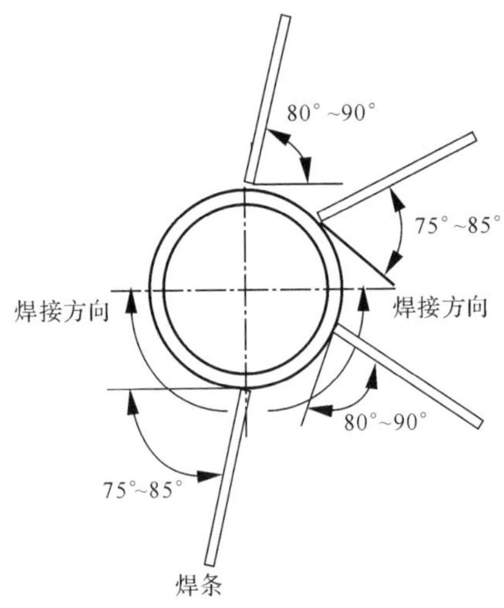

图 4.4 焊条角度的变化

仰焊和平焊位置接头时，起头处过高时可以用磨光机将接头处修磨成斜坡状，便于接头。因第一根焊条初焊时温度低，一般情况下第一根焊条电流稍大 2~3A，或者电弧燃烧时间稍长，而到平焊位置易产生根部凸出，所以平焊位置电流稍小或燃弧时间稍短，停弧时间稍长。

（2）填充盖面时，选用 ϕ2.5mm 焊条时，采用连弧焊接，用 ϕ3.2mm 焊条时，采用断弧焊接，运条方法和打底焊一样。

填充盖面焊接头时，要从待焊部位（熔池）的前方 10~15mm 处引弧（图 4.5）。

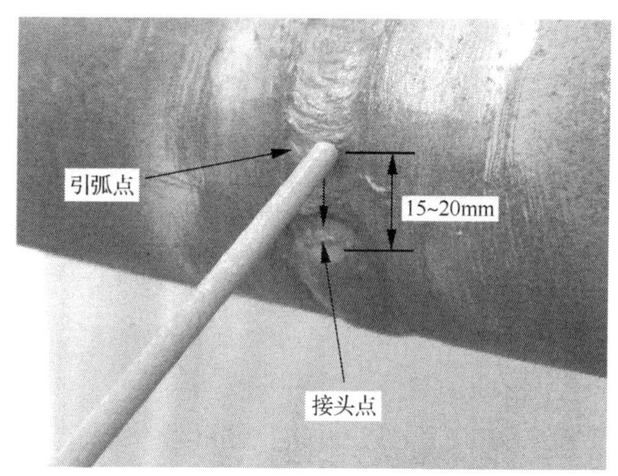

图 4.5　填充盖面焊接头

盖面时，因仰焊部位温度低，平焊位置温度高，故在仰焊部位摆动稍宽，平焊部位即时钟 12 点位置摆动稍窄，其实要保持整个焊缝宽窄一致，关键是控制熔池压棱边的宽度，一般为 0.5~1mm 为宜，只要始终控制在一定范围之内，就会达到焊缝整体宽度一致的目的。

仰焊部位铁水因重力作用易下坠，焊接时，要做到“一快两慢”，即：运条时在焊缝两侧要慢，要停顿 1s，在中间要快，总之整个焊缝的熔池要控制成椭圆形为好。

4.2　氩＋电小径管垂直固定（2G）焊接操作要点

小径管垂直固定（2G）焊接操作要领如下。

（1）打底焊的要求。选用焊条应根据管径大小，管壁厚度来确定。一般管径大于 70mm，管壁厚度大于 6mm 的选用 ϕ3.2mm 的焊条，反之，选用 ϕ2.5mm 的焊条。这些只是参考数值，焊工要根据施工现场的情况，如焊材、焊件等灵活应用。

打底焊运条法：打底运条时，可以用一点法打底，也可以用斜锯齿形打底。当间隙小于焊条直径时，选用一点法打底，当间隙大于焊条直径时，可以选用斜锯齿形打底。

打底起弧应从上坡口引燃电弧后，移向下坡口，形成一个熔池。打底采用断弧焊焊接时，后一个熔池压前一个熔池的 2/3，另 1/3 用于击穿钝边形成背部熔池。焊接中要注意观察熔孔大小，当熔孔较大时，电弧燃烧的时间要短一些，停弧时间要稍长一些，反之亦然。

准备收弧时，在倒数第二滴铁水的上方点一下，铁水量约是正常铁水的一半，甚至更少。

接头时，当接头部位为首尾相接时，可以在前一收尾处后方 10~20mm 距离处引燃电弧后，压低电弧迅速移动到接头部位，听到“噗”的一声，说明已打开熔孔，铁水已穿过间隙，因接头处温度低，这时，第一、二、三个电弧时间要长，使打开熔孔较前面的大些，确保背部铁水过渡多一些，这样才能使背部高低一致。

当遇到尾尾相对的接头时，当其熔孔为焊条直径的 1.5 倍时，连弧且焊条角度增到使待接头部位熔化良好，接头后不可立即停弧，而是应向前 5~10mm 再停弧，否则接头处会出现缩孔，或因收弧太快，使接头处一些部位还未充分熔合，从而形成接头不良等现象。

（2）填充的要求。填充要根据情况选择合适的焊条直径。焊接中，要防止烧穿，焊条角度、运条方法可以参照盖面中的要求。

（3）盖面的要求。起头与首尾接头应错开一些。焊条前倾角一般为 70°~80°。但在一些较困难位置或一些排管、十字障碍管时，焊条角度达不到要求，这时可以适当减小（起头部位）或加大（收弧部位）。为使焊缝宽度保持一致，一般起弧处焊道窄而高，收弧处窄而薄，为防止宽度不齐，高低不平，焊接时起头应适当上下摆动，使焊缝增宽，在即将收弧部位，焊条上下不摆动，或稍作摆动，减少收弧部位宽度，保持焊缝前后宽窄、高低一致。

4.3　氩＋电大径管定位焊方法

大径管定位焊的方法主要有楔形卡块定位法、抱卡定位法。

（1）楔形卡块定位法。找一块与母材相同的材料，用火焰切割或机械加工方法将其加工成三角形，将楔子的两个尖深入坡口内，并将其与母材点固，当焊到卡块部位时，去掉楔形卡块，并将点焊处用角向砂轮机打磨干净，此法适用于直径≥219mm 的管道（图 4.6）。

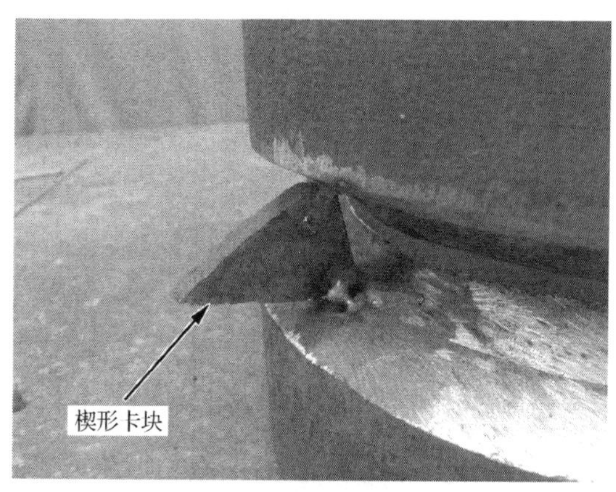

图 4.6　楔形卡块定位法

（2）抱卡定位法。

① 根据管径、周长选择或制作一个抱卡（图 4.7），抱卡中部开一宽度为 20mm，长度为 50mm 左右的间隙。使焊条或氩弧把能伸到根部焊接，能焊的部分焊完后，卸去卡子，将剩余部分焊完。此法适用于直径在 108~219mm，管子厚度＜20mm 的管道。

② 根据管径周长选择或制作一个半圆形铁板，半圆形铁板上焊上螺丝，使用有半圆形铁板夹住管道一侧，用另一侧上焊的螺栓松紧来调整错口量，使之符合要求。

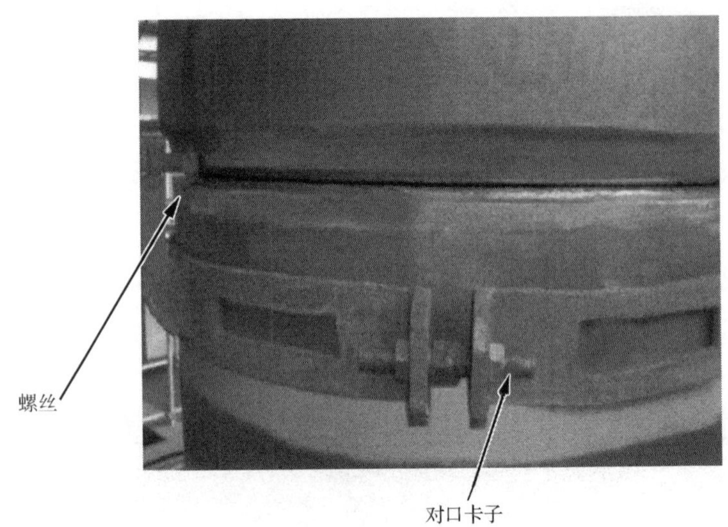

图 4.7　抱卡定位法

（3）击穿固定法。选择与打底焊相同的焊接方法，直接在坡口内进行定位焊（图 4.8），定位焊质量与打底焊一样，定位焊不能出现焊接缺陷。如有缺陷，应彻底清除，直至符合要求。此法适用于两坡口处于自然状态，无外力，不需要外力固定可以直接定位焊。

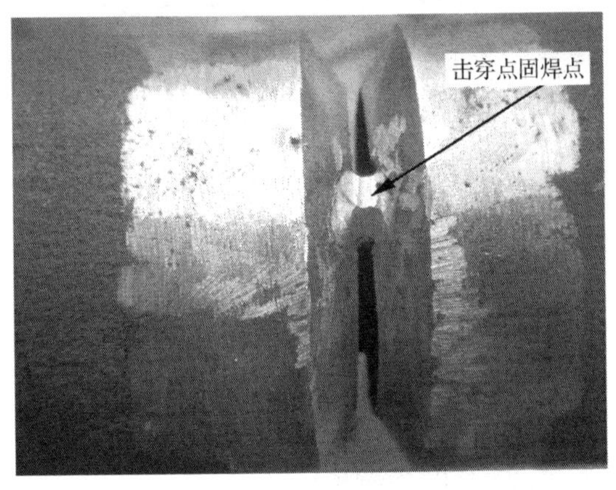

图 4.8　击穿固定法

（4）虚焊固定法。为减少打底焊道焊接接头数量，有时也在靠近母材外表面的坡口内焊接，使上下坡口连接形成焊点，达到固定坡口的目的。但不破坏根部钝边，打底时，当焊到虚焊点（图 4.9）处，可以用火焰切割或机械方法将其清除，这种方法适用于直径较大，但母材厚度较薄的管子，厚度小于 10mm 的母材为宜。这种方法一般不使用。

图 4.9　虚焊固定法

4.4　氩＋电大径管垂直固定焊的操作要点

大径管垂直固定焊的操作要点如下。

（1）打底焊。

① 当采用氩弧焊打底时，操作要领见氩弧焊部分，注意焊丝给送位置在间隙中心上方位置，如图 4.10 所示。

② 当采用焊条电弧焊打底时，在起头部位上坡口引燃电弧，然后向管子下坡口移动，移动速度要慢，使上下坡口熔合为一个整体，然后断弧。燃弧时电弧要贴近焊缝根部，要听到电弧击穿根部时的“噗噗”声，每次钝边应熔化 0.5~1mm。焊条运条角度向下倾斜（图 4.11）。

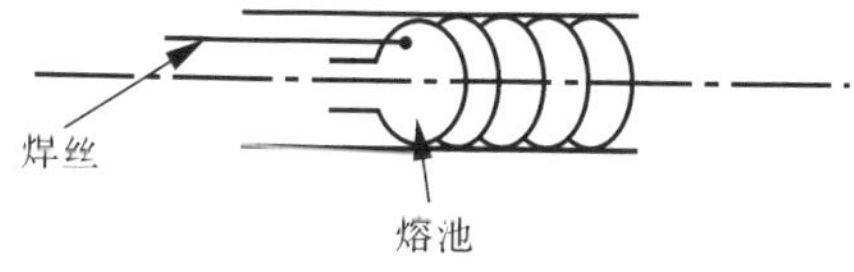

图 4.10　焊丝给送位置

图 4.11　焊条运条角度

焊条与下侧管道面的夹角是 85°~90°，采用右向焊法，焊条前倾角度为 75°~85°。

正常情况下，后一个熔池压前一个熔池的 2/3，当间隙小于 3mm 时，压 1/2，电流稍大 3~5A，电弧燃烧时间稍长，而熄弧时间稍短，相反亦然。

停弧时，在最后一个熔池斜上方送 1/2 滴铁水，即点一点即可，以防产生缩孔。

接头时，在距离接头处 5~10mm 时，焊条前倾角度为 90°~120°。

更换焊条时，接头的方法有两种，即热接头和冷接头。热接头时更换焊条、焊丝速度快；冷接头时，接头处熔化速度要慢，保证使熔池温度逐步升高。

打底焊道上部夹沟不可太深，下部不得有未熔合。

（2）填充焊。

填充焊，采用多层多道焊。焊接时，每道焊缝压下一道焊缝的 1/2~1/3，压得过多或过少会出现焊缝表面高低不平的现象。如不平可以补焊一层，或用角向砂轮机打磨掉焊缝的高出部分。运条方法为斜锯齿形、斜椭圆形或直线形。

每层每道间的接头应错开（图 4.12）。

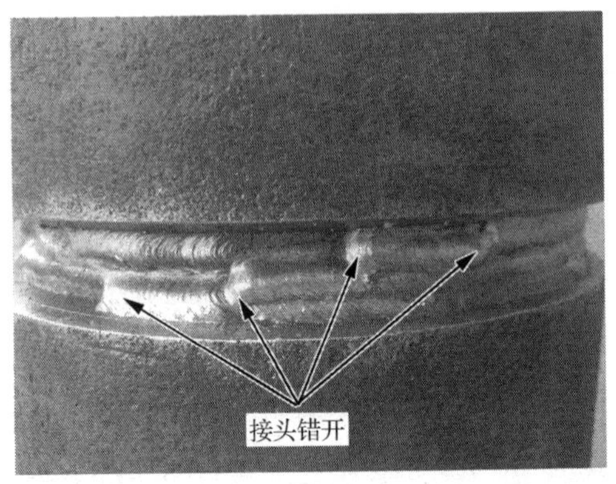

图 4.12 每层每道间的接头应错开

每层第一道的焊条与下部管道夹角为 90°~120°，最后一道为 60°~80°，其他为 85°~95°，焊条前倾角为 75°~85°（图 4.13）。

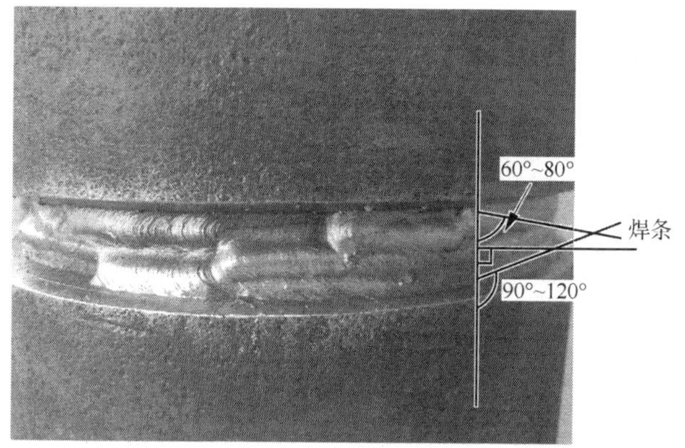

图 4.13　焊条角度

填充层最后一道距离坡口表面 1~2mm，坡口棱角边不得破坏。

后一道焊缝压前一道焊缝的 1/2~1/3。

层道间的熔渣、飞溅等必须清理干净。

（3）盖面焊。

盖面层的操作要领：其焊条角度与填充层基本相同。第一道以坡口下边缘为参照物，覆盖其 0.5~1mm，最后一道以上坡口棱边为参照物，其他焊道以前一道焊缝为参照物，压其 1/2，若前一道不平直，可以以上坡口边缘为参照物，只有努力保持每道平直，才能使焊缝表面宽窄一致，高低平整。盖面焊的焊口效果如图 4.14 所示。

图 4.14　焊口效果

4.5　氩＋电大径管水平固定焊的操作要点

大径管水平固定焊的操作要点如下。

（1）对口。工程中大径管对口时，不可采取强力对口，尽可能自然对口（即坡口间隙适当，管道同心），将管道进行固定，固定可以采取抱卡、卡块等进行固定。若用焊条电弧焊或氩弧焊点固时，电焊长度约为15~30mm，高度为3~5mm，太薄易开裂，电焊的电流不能太小，起焊处要有足够的温度防止未焊透，收弧时，要填满弧坑。利用抱卡或卡块固定时，无障碍部分焊完或加固焊长度能保证焊缝的足够强度，不会发生焊缝开裂、错口、变形时，去掉抱卡。若在坡口内点焊卡块时，焊到该处时，打掉卡块，并清除焊点（图4.15）。

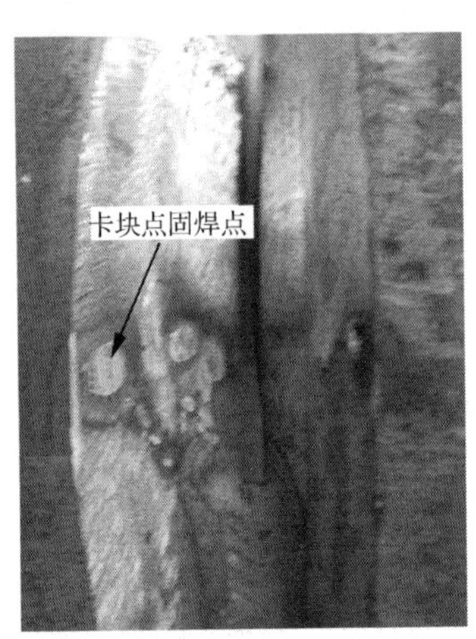

图4.15　清除卡块点固焊点

（2）打底层。根层焊缝是决定焊接质量的关键。焊接前点固焊的两端要修成斜坡，需要预热的管材按规定进行预热，需要预热的焊口，点固宜采用卡块加固。氩弧焊打底的要求及技巧见氩弧焊部分。氩弧焊打底的厚度为3~5mm，若小于3mm时易发生烧穿。当打底层较薄，或者遇到一些打底需要充氩保护但同时容易出现烧穿的情况，可以用氩弧焊再焊一层，增加打底层厚度，避免发生烧穿。氩弧焊打底时，仰焊部位采取内填丝或外填丝均可，内填丝不易产生内凹缺陷。焊条电弧焊打底时，打底焊的要领与仰板对接、立板对接、平板对接一致。仰焊部位焊条角度为后倾角，打底根部背面成形好，不易产生内凹，底部正面较平整，夹沟浅，起头薄，易接头，反之，效果较差。

（3）填充层：焊条电弧焊填充盖面时，焊条角度会随管子的变化而变化，焊条角度的变化如图 4.16 所示。仰焊时，焊条后倾角度为 70°~80°，这样，仰焊部位不易产生焊瘤。在时钟 4~5 点、7~8 点时，易产生烧穿，焊接时要特别注意，当发现产生较大弧坑，即将烧穿时，可以采取断弧焊。

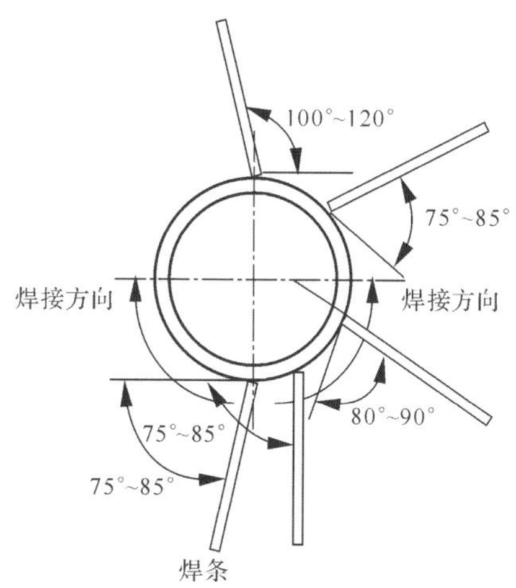

图 4.16　焊条角度的变化

采用月牙形或锯齿形横向摆动运条。运条时要“两慢一快”，即到两侧停留时间长，中间速度快。当运行到两侧时，电弧应对准坡口夹沟处，要停留 1~2s，若发现夹沟处熔渣打转时，说明夹沟处的沟槽未被铁水填满，这时等熔池上的熔渣不打转时再离开，以利于母材金属熔合及排渣，防止焊缝产生死角。焊条对准夹沟处的角度为 45°~80° 左右（图 4.17）。

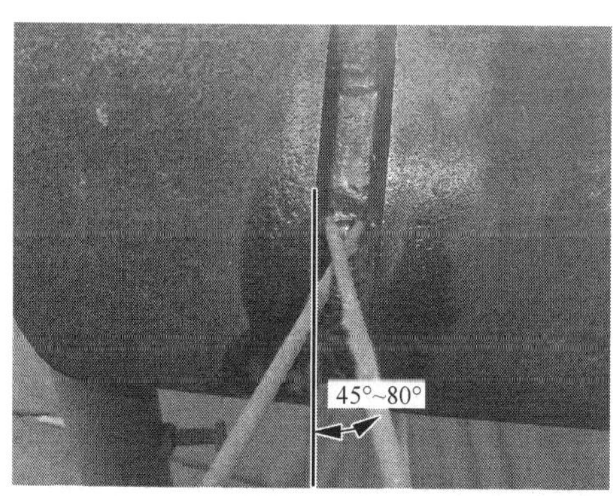

图 4.17　焊条角度

每层焊后，要仔细清理层道间的死角，防止产生未熔、夹渣等缺陷。

填充时，当焊缝表面宽度超过 20mm 时，应分道焊。

（4）盖面。当填充焊到距离母材外表面 1~2mm 时，准备盖面。盖面时，除了采取单道焊盖面外，还有退火焊道法、分道退焊法。分道焊要从左（右）到右（左）开始，第一道熔池压坡口棱边 1~2mm，第二道及以后各道压前一道焊缝 1/2 或 1/3，这样焊道外观精美，也是一些高合金管道的焊接要求。分道焊法焊缝外观类似横焊盖面（图 4.18）。

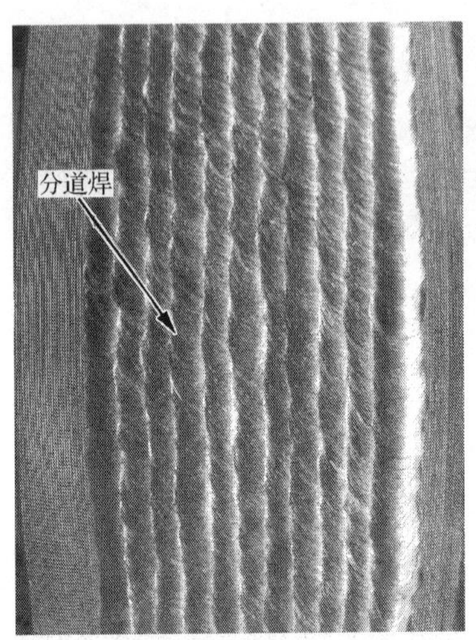

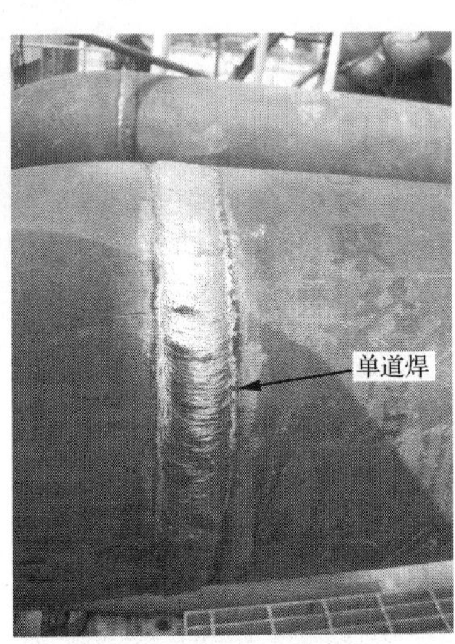

图 4.18 外观效果

4.6 管板垂直固定平焊（2FG）焊接操作要点

管板垂直固定平焊（2FG）焊接操作要领如下。

（1）打底焊。无论插入式或骑座式开坡口管板焊接，因为是单边 V 形坡口，坡口角度较小，操作难度较大，为保证质量，一般要采取氩弧焊打底，电弧焊填充、盖面。氩弧焊打底时，要特别注意，电弧应偏向钝边较厚或未开坡口的一侧，使管、板两侧的钝边熔化均匀。

采用焊条电弧焊打底时，打底的方法有两种，一种是连弧打底，一种是断弧打底。连弧打底易产生焊瘤、烧穿、未熔、接头不良等缺陷，因此应用较少。

采用断弧打底时，焊条前倾角为 75°~85°，焊条角度随管子曲度变化而变化，要求运条速度均匀平稳，电弧在不开坡口的一侧稍作停留，使根部完全熔化（图 4.19）。随着弧度的变化，手腕应不断转动，后一熔池压前一熔池的 1/2~2/3，焊接过程中应根据间隙大小，调整燃弧时间、两滴铁水的间隔时间（停弧时间），使熔孔大小一致，根部凸出均匀。

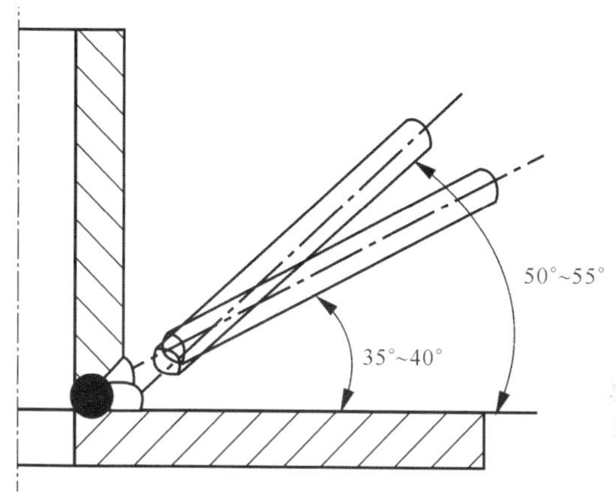

图 4.19　焊条角度

打底时，点焊点的两端及接头收弧处要适当修磨成斜坡，斜坡要薄，修磨要用小锯条（如 300mm × 10.7mm × 1.0mm 规格的小锯条），或将合金旋转锉（图 4.20）夹在内磨机上进行打磨，确保接头质量。

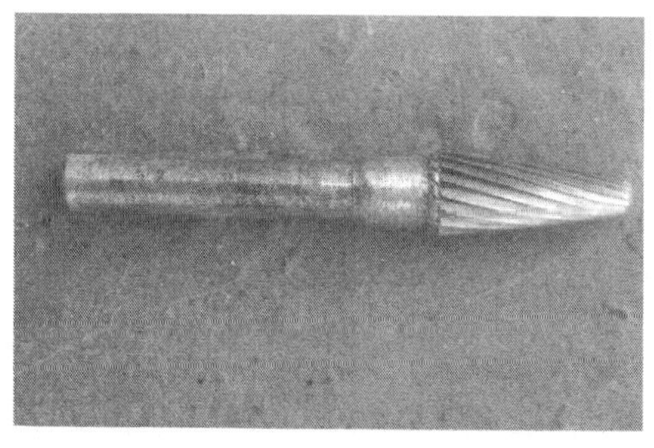

图 4.20　合金旋转锉

相对接头焊接：当相对的两个接头接上后，应连弧摆动前进 5~10mm，不可立即停弧，否则会产生内、外缩孔。

（2）填充。填充采取连弧焊，焊条直径要根据管径坡口大小来选择，一般第一层为 ϕ2.5mm 或 ϕ3.2mm 的焊条，焊条角度与板的夹角为 45° 角，斜锯齿形摆动，在上下锯齿尖处的母材上要停顿 1s 左右，斜锯齿形摆动时，要有节奏匀速前进。

第二层第一道、第二道焊条角度见图 4.19。

（3）盖面。盖面时，要注意管子不能咬边，焊脚要对称，焊脚高度与管或板壁厚较薄的一侧相等或稍大 2~3mm 即可。盖面时，要根据母材厚度而采用单层单道或多层多道焊。建议多使用多层多道焊，这样咬边少且与母材熔合良好。

氩弧焊外观效果如图 4.21 所示。电弧焊的外观效果如图 4.22 所示。

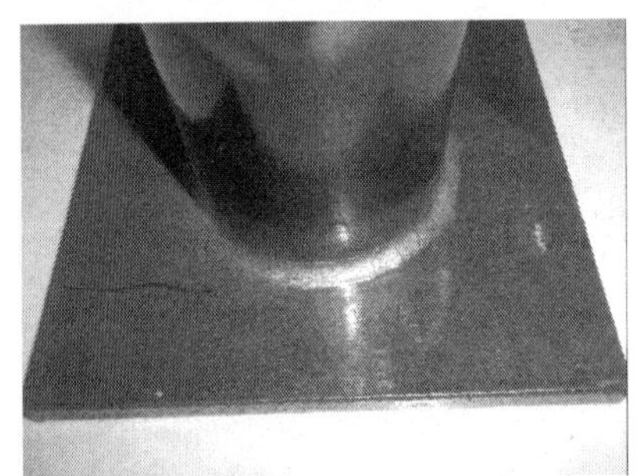

图 4.21 氩弧焊外观效果

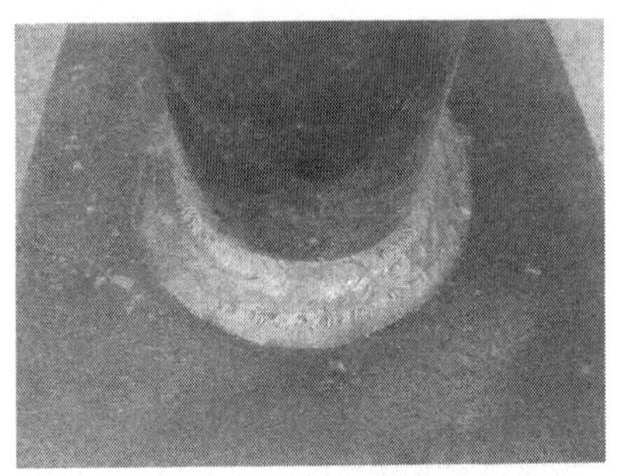

图 4.22 电弧焊外观效果

4.7 管板水平固定焊（5FG）操作要点

管板水平固定焊（5FG）的操作要点如下。

（1）打底焊。打底焊接的方法有两种：一种是连弧焊，一种是断弧焊。如果工件使用情况复杂时，为保证质量，可以使用氩弧焊。连弧焊用在一些无间隙不开坡口的管板上，若开坡口有间隙时，要采用断弧焊。电弧应偏向钝边较厚或未开坡口的一侧（图 4.23），使管、板两侧的钝边熔化。

图 4.23　电弧应偏向钝边较厚或未开坡口的一侧

整个管板焊接分两部分，应从时钟 6 点位置开始焊接，断弧焊要果断，燃弧、熄弧时间要根据间隙、钝边、熔孔大小来定。每次应打开熔孔，若间隙大、熔孔大，焊接时间要短，熄弧时间要长，反之亦然。焊条运条角度见图 4.24。

图 4.24　运条角度

（2）填充焊。填充焊用连弧焊，起头收弧要控制成斜坡状，运条时，采用斜锯齿形。起头收弧形状如图 4.25 所示。

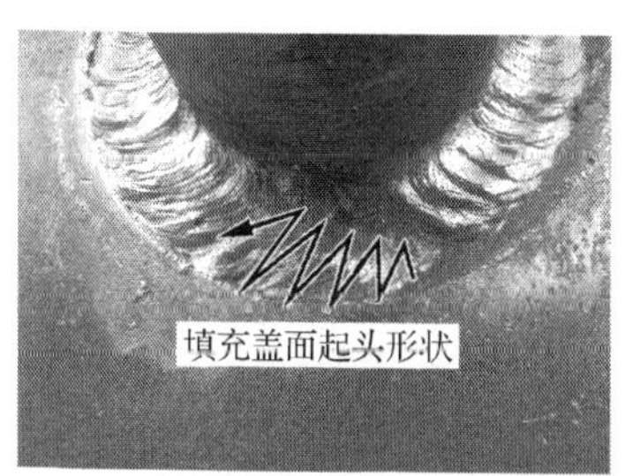

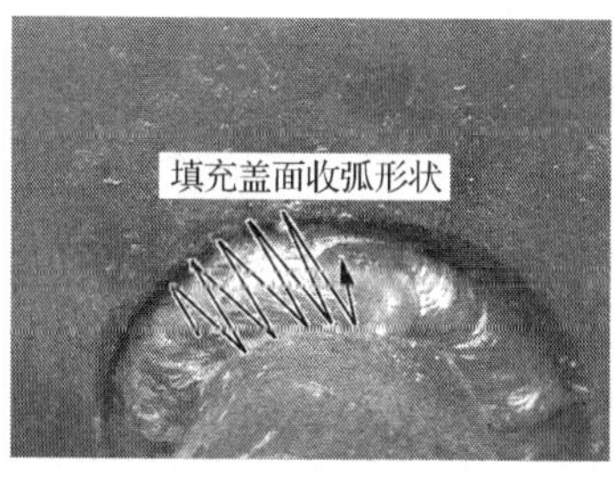

图 4.25　起头收弧形状

（3）盖面焊。焊接次序与填充焊相同，焊条摆动用锯齿形或月牙形，熔池两侧稍作停顿，以保证焊缝两侧熔化良好，防止产生咬边。填充、盖面时，努力使熔池保持水平，这样才能使焊缝成形美观。焊接时，速度要均匀，保持熔池大小基本一致，焊脚尺寸对称。

焊接时一定要注意上坡口处，要防止产生咬边，若发现咬边时，斜锯齿形的斜度应尽量减小，使上锯齿尖处的铁水不易下淌。若还有咬边，当焊条到达上锯齿尖处时，要有意识地将焊条倒退 1 步，将已咬边的地方再补充上铁水，只要连贯如一，这样上坡口就不易或减少咬边量。

在 6 点处接头时，不仅要注意上坡口咬边，也要防止下坡口因运条不到位而产生未熔。填充盖面焊的接头如图 4.26 所示。

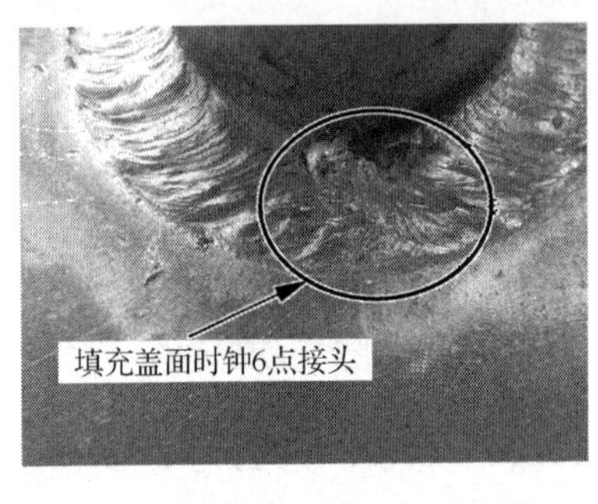

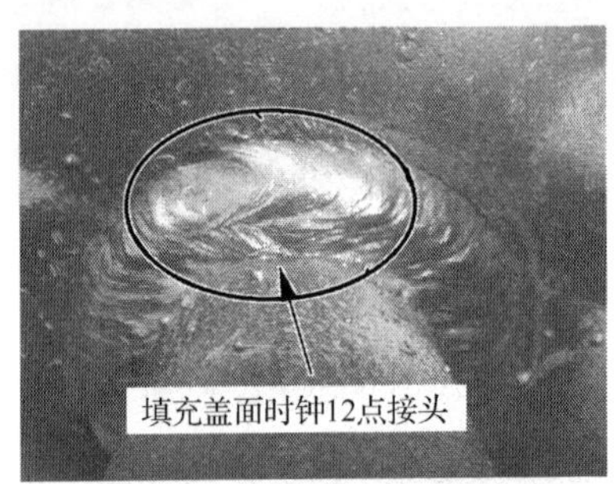

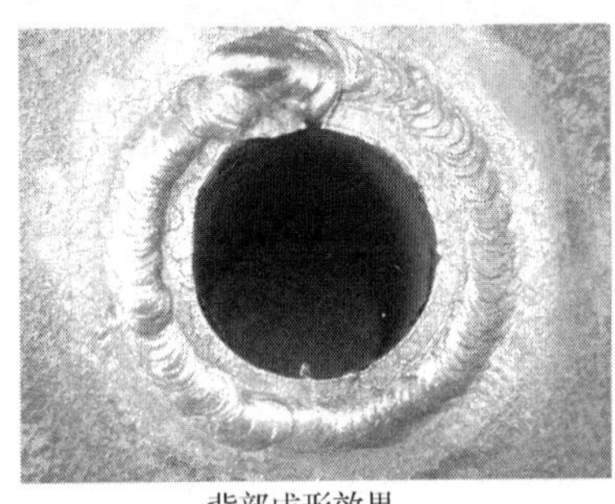

背部成形效果

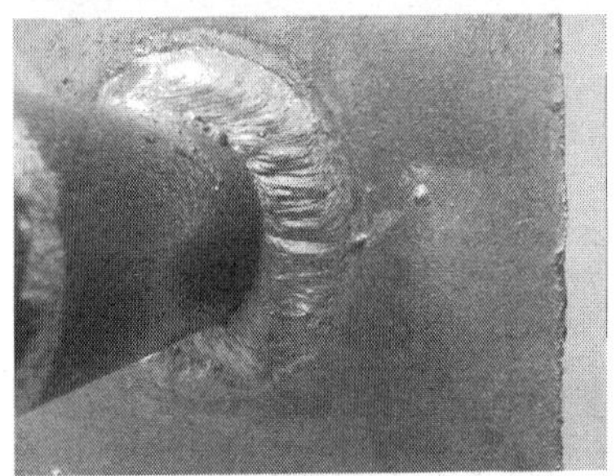

表面成形效果

图 4.26 填充盖面焊的接头和表面成形

4.8 管板垂直固定仰焊（4FG）操作要点

管板垂直固定仰焊（4FG）的操作要领如下。

（1）打底焊。采用氩弧焊打底时手要稳，钨极与焊丝不能相碰，防止熔化铁水沿钨极流进喷嘴而堵塞导电嘴（图 4.27）出气孔，使焊缝产生气孔。

采用电弧焊打底时，选用 ϕ3.2mm 或 ϕ2.5mm 的焊条，焊条指向不开坡口或钝边较厚的一侧，使打底处的钝边能充分焊透（图 4.28）。

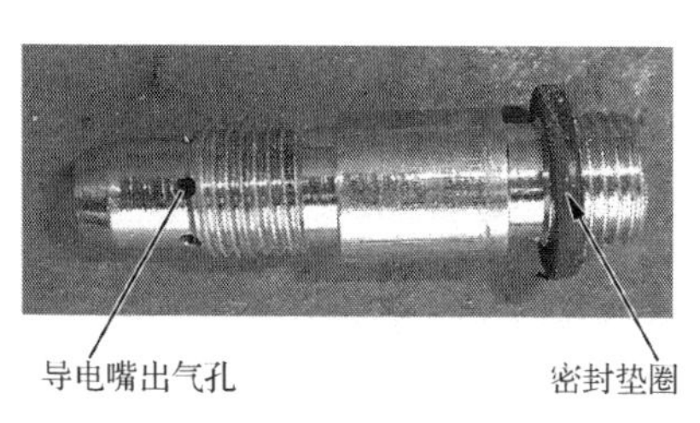

图 4.27　导电嘴

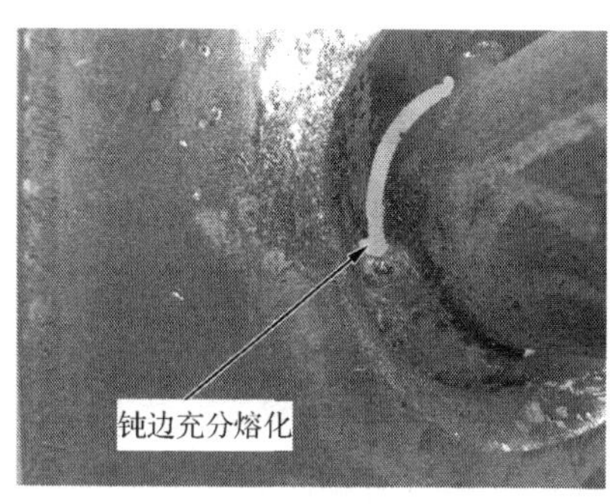

图 4.28　钝边能充分焊透

使用碱性焊条时，采用直流正接打底，其电弧吹力大，挺度好，穿透力强，打底时背部容易凸出，不易产生内凹。但直流正接打底层较薄。

打底时焊条前后倾角与仰焊板相同为 70°~80°（图 4.29），焊条与两侧母材角度应指向钝边较厚、坡口较小（无坡口），焊件较厚一侧，使管板温度均匀，保证孔板边缘熔合良好。

打底时，虽然前进角度随着管板弧度而不断变化，但焊条后倾角不能变化，使熔孔形状、熔池大小保持一致，焊件中应伴有电弧击穿根部所发出的“噗噗”声，以保证根部焊透。

图 4.29　焊条角度

焊到定位焊等相对接头时，当留下约焊条直径 1~1.5 倍（图 4.30）的熔孔时，焊条向上顶并连弧焊接，但注意不可烧穿或使铁水下坠。

更换焊条要迅速，接头时在接头处后方 5~10mm 引燃电弧，并移动到接头部位，左右摆动前进并向上顶，听到“噗噗”声，此时停留时间要稍长，等铁水将收弧处窟窿填满，然后断弧前进 5~10mm，接头过程结束（图 4.31）。

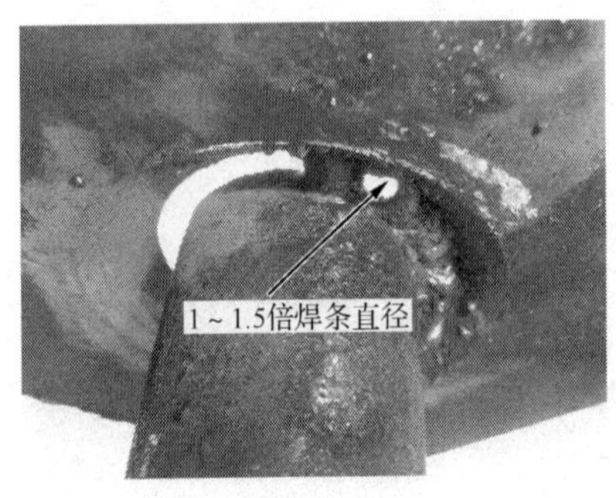

图 4.30 熔孔尺寸

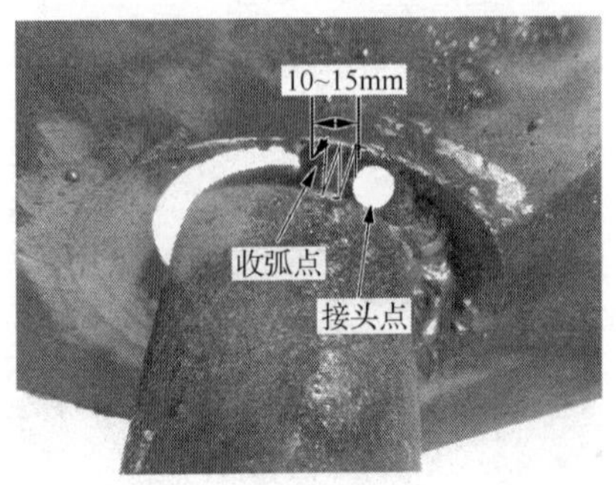

图 4.31 接头方法

（2）第一层填充为单道焊，以后各层填充可以为单道焊，也可以按照仰角焊的要求分道焊接。采用直流正接时，因打底层厚度较薄，填充时焊接电流要小，应多观察熔化情况，防止烧穿。采用直流反接时，电流应稍大些，使引弧时产生的气孔、焊瘤、夹沟等充分熔化。

（3）盖面：盖面焊接要多层多道焊，焊脚高度可以参照薄壁管的厚度加 3mm。

例如：管或板的最小厚度为 5mm，则焊脚高度为 5mm +3mm =8mm。

第5章 不锈钢/铝材/灰铸铁焊接

5.1 不锈钢小径管垂直固定氩弧焊的操作要点

不锈钢小径管垂直固定氩弧焊的操作要点如下。

（1）点固焊。焊前将试件打磨好后，将试件坡口两侧约200mm用可溶性纸（卫生纸、报纸、专用纸等）堵塞，用针形充氩管伸到坡口根部对管内充氩气；或者用可溶性纸将管子一侧堵塞，然后从另一侧开始充氩气（图5.1）。点口时也应充氩气保护，并保证其质量，特别注意不能出现未熔等缺陷。因不锈钢收缩量大，对口间隙要大些，比正常情况大1~2mm。

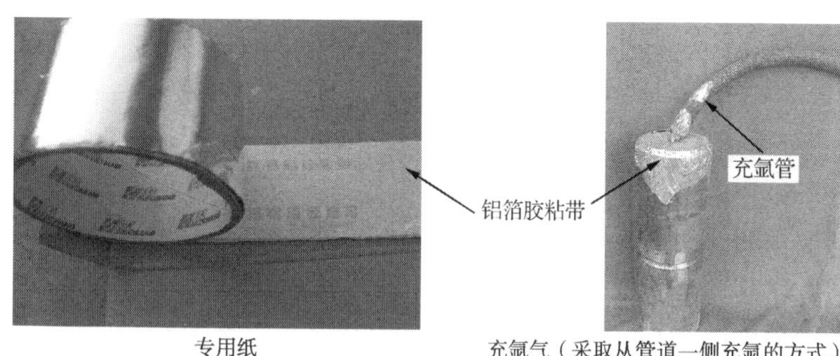

专用纸　　充氩气（采取从管道一侧充氩的方式）

图5.1　充氩气

（2）打底焊。不锈钢的打底是个难点，焊接时必须看到打开熔孔后再给丝，不可着急，接头时，熔化时间要长。

焊接用气体流量为5~8mL/min，充氩气体流量为5mL/min，焊到距离封口处约10mm时，将充氩气体减小到1mL/min或关闭气阀，否则会因氩气流量较大将接头处铁水顶起，使收弧处产生内凹。

（3）盖面时，电流应减小，采用小线能量，快焊速。或者盖面时焊接一段距离后，等焊口温度降一降然后再焊接。

操作时，焊丝要放在熔池上部，每次要等焊丝送到熔池上部时，钨极再从下部向上移动，熔化焊丝形成熔池后焊丝和钨极同时离开上部，钨极移动到下坡口处。焊丝端头始终处于氩气保护范围之内。

5.2 不锈钢小径管水平固定氩弧焊的操作要点

不锈钢小径管水平固定氩弧焊的操作要点如下。

（1）点固焊。不锈钢小管水平固定氩弧焊的焊前点固、充氩要求与不锈钢小管垂直固定氩弧焊的要求相同。当管道较长时，为节约氩气，有时会从焊缝间隙中进行充氩，充氩采用自制的针形充氩管，见图 5.2。

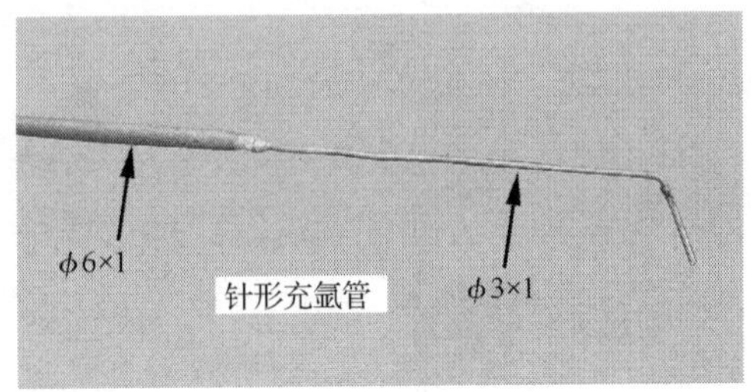

图 5.2 针形充氩管

（2）打底焊。打底时，时钟 5~7 点位置易产生内凹，焊接时要注意，每次送丝的时间要一致、均匀，不可过快或过慢。仰焊部位送丝的另一种有效方法是：焊丝送丝时不在钨极前方而在钨极的后方熔池上，并向上顶一下柔软的熔池，但用劲不可过大，否则会产生生丝头（焊丝头），且出现熔合不良现象。如果充氩效果不良，会出现根部严重氧化现象，见图 5.3。

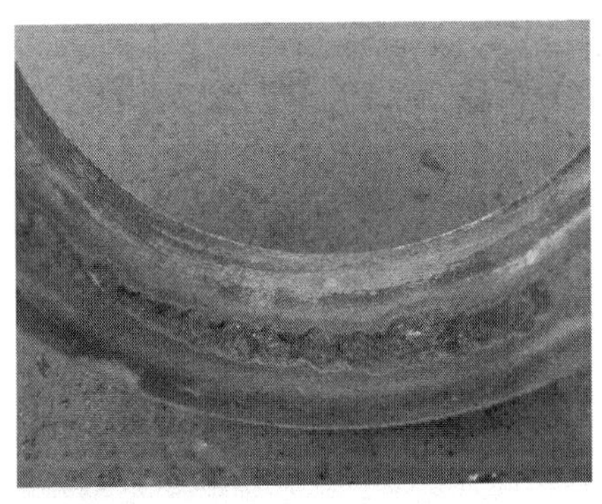

图 5.3 根部出现严重氧化现象

打底时在焊完下半部后要用手电照射观察焊口根部，经检查无缺陷后，再焊上半部分。

注意：上半部分焊口打底时易产生焊瘤，操作时电流要调小些，焊接速度适当加快，摆动幅度稍宽，或者采取两点法送丝。

（3）盖面焊。盖面时，钨极尖要尖锐，否则钨极带不动铁水，焊缝表面成形差。焊接不锈钢时，要特别注意，焊缝表面颜色呈金黄色最好（图 5.4），银白色次之，深蓝色最差。盖面时，运条方法与普通氩弧焊基本一致。

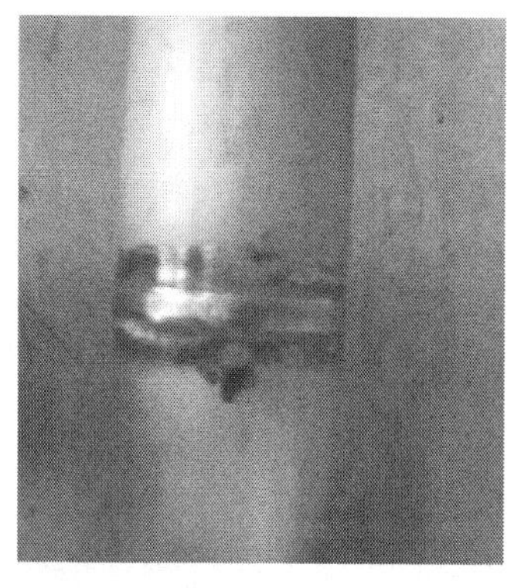

图 5.4　盖面焊的焊缝外观

5.3　不锈钢大径管垂直固定氩电联焊的操作要点

不锈钢大径管垂直固定氩电联焊的操作要点如下。

（1）点固焊。点口时，可以用充氩管从坡口外或坡口内对准需要点口的部分对焊点背部进行保护，焊口一般点三点。

点好口后，将坡口两侧约 200mm 处用可溶性纸进行封堵，对一些管径较大的焊口，还需用高温纸或保温棉将间隙部分封堵，防止氩气外泄，形成密闭的气室（图 5.5）。

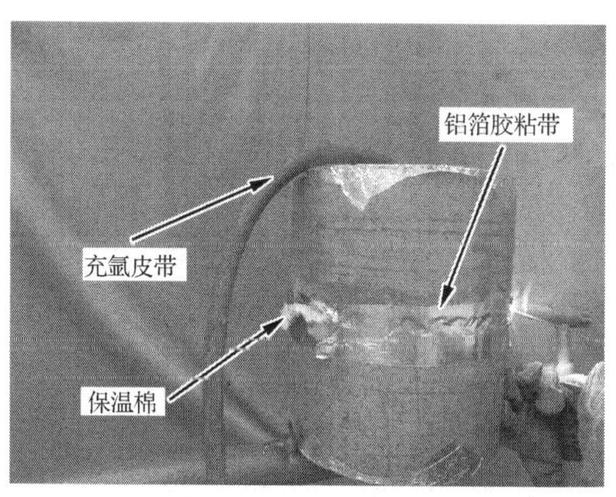

图 5.5　防止氩气外泄措施

（2）打底焊。打底时，要注意坡口两侧停留时间要长，使坡口钝边充分熔化（图 5.6）并形成较大熔孔。保证根部能凸出 0.5~2mm，因不锈钢铁水发黏，首尾接头时，钨极后退 10~20mm，以正常焊接速度前进到接头部位后，运条速度要慢，使接头部分充分熔合。尾尾相接的接头，接住头后不可立即前移，而应在接头处多停留一会，最好画圆圈形，一般转 2~3 圈即可。

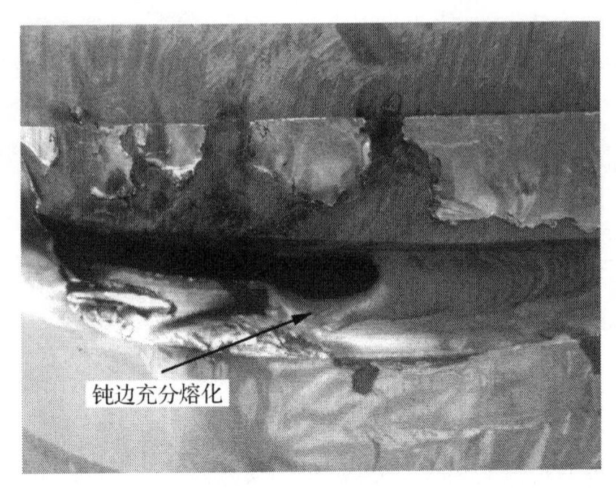

图 5.6　使坡口钝边充分熔化

（3）填充、盖面焊。填充、盖面采用焊条电弧焊。焊接电流比同规格的其他焊材所使用的焊接电流小 10~20A，焊接中常常会发生焊条发红，这是因为不锈钢电阻大，这时一根焊条分两次焊接。当焊缝呈蓝色时，说明母材温度太高，可以停止焊接，让母材温度降下来再焊接。

注意：各道衔接及接头应错开，见图 5.7。运条时，焊条要小幅度摆动，焊接速度要快，第一道要以下坡口边缘为参照（图 5.8），焊道边覆盖其 1~2mm，最后一道焊缝以上坡口边缘为参照，其他焊道以前一焊道为参照，并压其 1/2~1/3，若有一道不齐，后一道可以以上坡口棱边为参照，保证这一道焊缝中心与上坡口棱边的距离相等，这样焊道就平直。

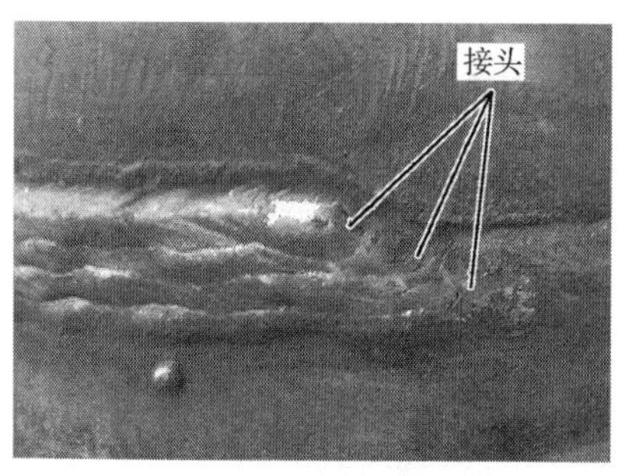

图 5.7　各道衔接及接头应错开

图 5.8　第一道要以下坡口边缘为参照

5.4　不锈钢大径管水平固定氩电联焊的操作要点

不锈钢大径管水平固定氩电联焊的操作要点如下。

（1）不锈钢大径管水平固定氩电联焊的点口、充氩气的要求与不锈钢大径管垂直固定氩电联焊的操作要领相同。从管道一侧充氩气见图 5.9。从对口间隙充氩气见图 5.10。

图 5.9　充氩方式 1：从管道一侧充氩气

图 5.10　充氩方式 2：从对口间隙充氩气

（2）打底时，运条方法为斜锯齿形或月牙形，焊丝要放在熔池上方边缘，向下运条，要注意钨极要在坡口上下两侧停顿 1~2s，使铁水与左右坡口母材熔合良好。

注意：边焊边熔化铝箔胶粘带或去掉保温棉，并且用手电筒观察打底情况，见图 5.11。封口的情况见图 5.12。

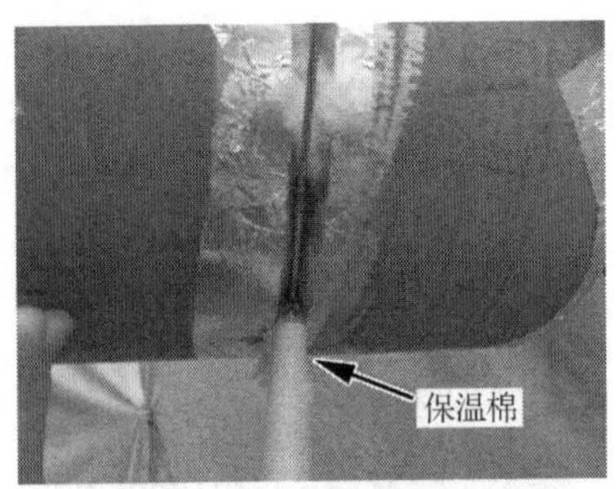

边焊边熔化铝箔胶粘带或去掉保温棉

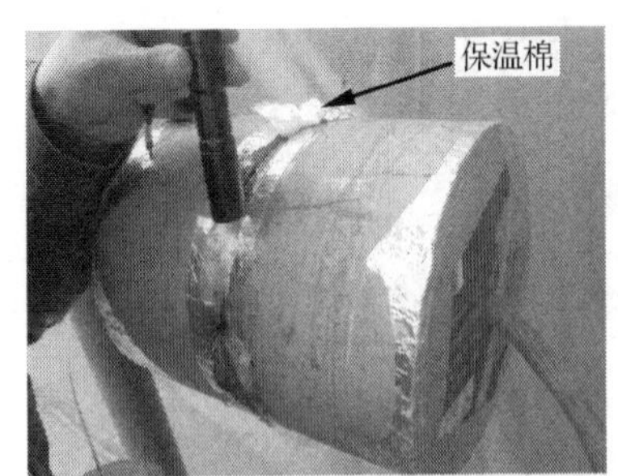

用手电筒观察打底情况

图 5.11　打底时注意观察打底情况

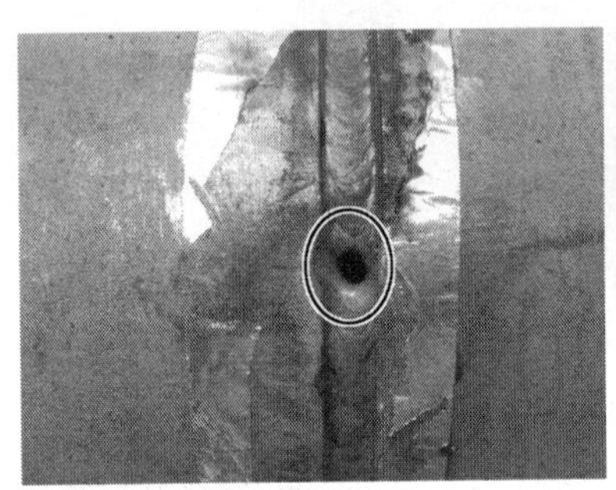
封口前

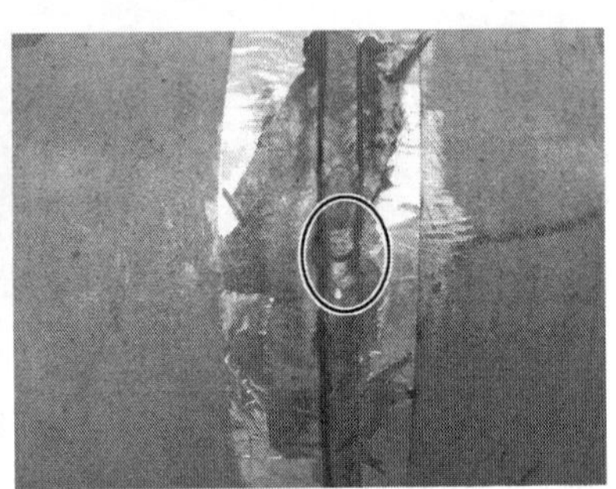
封口后

图 5.12　封口前后对比

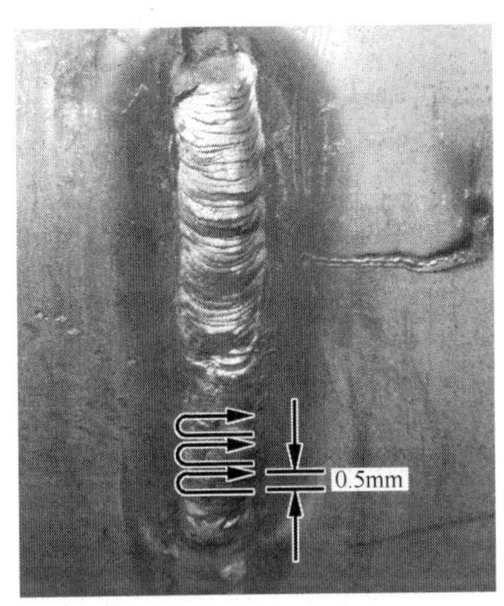

图 5.13　断弧法

（3）填充、盖面。因不锈钢热导率低，电阻率高，焊缝温度易升高，焊条在运条时要采用断弧焊（图 5.13），运条方法为左右运条法，即在坡口同一侧引弧、收弧。这样焊缝成形一致，如果采用连弧焊则焊缝会出现高低不平，咬边、过烧等缺陷。

5.5　什么是摇摆焊

摇摆焊就是把氩弧把的陶瓷嘴倚靠在焊缝坡口两侧，利用氩弧把手柄的摆动，带动陶瓷嘴以“之”字形前进，见图 5.14，并以一定的节奏来熔化焊丝、钝边、母材，使之形成焊缝。

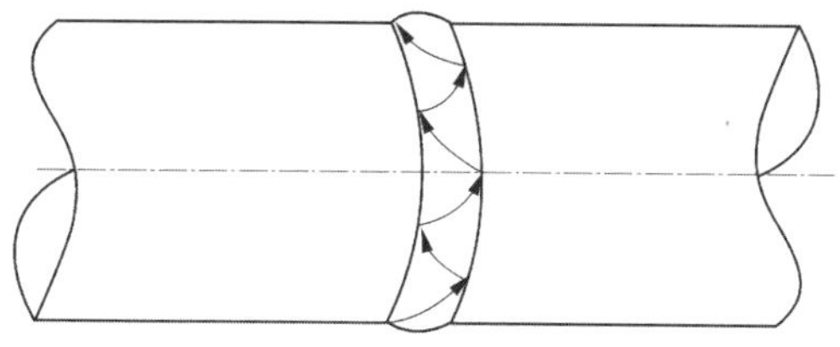

图 5.14　摇摆焊

5.6　摇摆焊的适用范围

摇摆焊可以应用于管对接、板对接、管板角接、板板角接等焊接位置中的碳钢、中高合金钢焊接，见图 5.15，特别在一些不锈钢的焊接中应用较多，焊接效果最好。

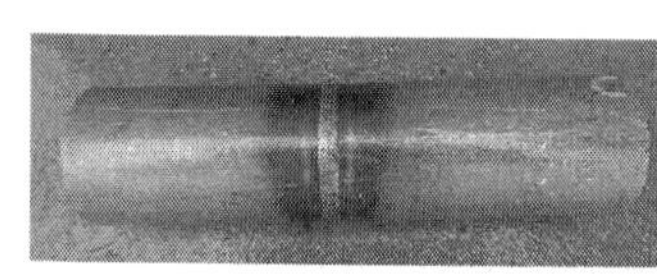

（a）管对接外观成形

（b）板板角接外观成形

（c）管板角接外观成形

图 5.15　摇摆焊的焊接范围

摇摆焊的优点是：因瓷嘴距离焊缝表面近，氩气跟踪保护效果好，应对焊缝熔池及热影响区有冷却保护作用，有效减少气孔产生的概率，细化晶粒，提高焊缝强度；焊缝根部表面高低均匀，宽窄一致，波纹细密。

因此摇摆焊在核电、化工、冶金、石油等行业及焊接技能大赛上得到广泛应用。

5.7　不锈钢小径薄壁管摇摆焊的操作工艺（以 ϕ60mm × 40mm 为例）

（1）摇摆焊使用的工具。焊接该类管子时应采用喷嘴直径为 10mm，长度约为 41mm，使用与之配套的带滤网的导电嘴即可，其喷嘴出气均匀（图 5.16）。

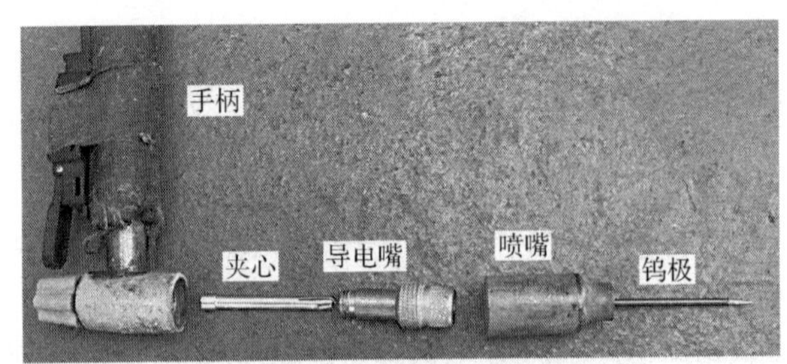

图 5.16 摇摆焊使用的工具

（2）焊接规范。焊接电流为 70A 左右，焊接电压为 10V 左右，钨极伸出长度为 1.5~3mm，钨极直径为 2.5mm，焊丝直径为 2.4mm。

（3）点口。点口前，将坡口两侧约 100mm 左右及坡口处采取封堵措施，并对管内进行充氩。

因不锈钢热收缩较大，点口时，根部装配间隙大于焊丝直径（ϕ2.4mm），约为 3~5mm，最好为 4mm，练习时应留有钝边，钝边量为 0.5~1.5mm。

点口方法：点口方法有三种。

第一种，在坡口内，直接点焊，使其成为正式焊缝的一部分；

第二种，采用相同材质，一定规格的点固棒点焊固定焊口（图 5.17）；

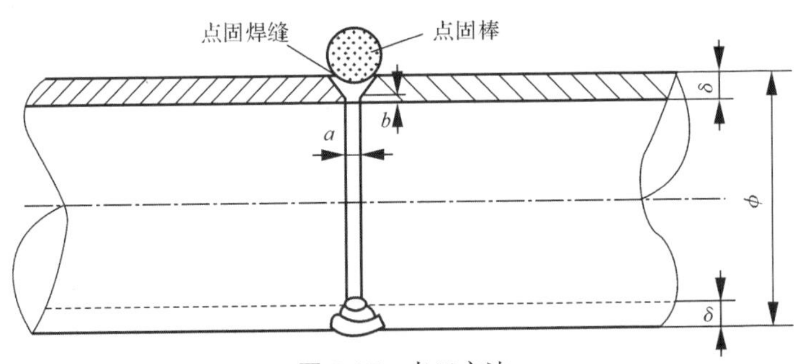

图 5.17 点口方法

第三种，采用相同材质的板材作为筋板，在母材表面进行点焊固定（图 5.18）。

图 5.18　在母材表面进行点焊固定

这三种方法的运用要根据工程上业主、监理要求来确定。

（4）工艺操作要求。

① 打底焊。仰焊部位焊接时，将焊丝穿过间隙伸到待焊部位（即内填丝），然后戴上面罩，氩弧把倚靠在坡口上，见图 5.19。

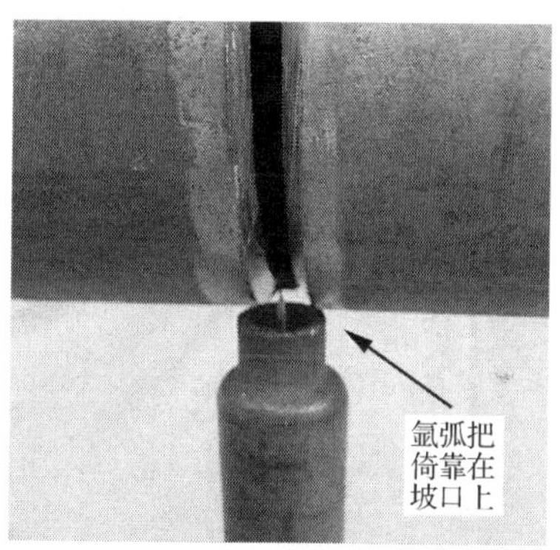

图 5.19　打底焊

按动高频开关，引燃电弧，焊丝、钨极找准待焊位置给送焊丝，大幅度摆动氩弧把把柄，瓷嘴在坡口表面呈“之”字形摆动前进，每次前进约 1mm 左右，摆动频率约为 34 次 /10mm，打底采用连续送丝。打底时能连续焊的要连续焊，单管焊接时先焊半道口，再从仰焊部位接头焊 1/4 停弧，观察已焊部位，特别是有无未熔，仰焊部位凹陷、接头不良等现象，如出现以上情况，应及时挖补并修复。因不锈钢打底非常困难，不锈钢打底时要格外重视。

采用摇摆焊操作工艺，由于摇摆焊摇摆有一定的幅度和摇摆节奏，坡口两侧停留时间要适当，焊丝应跟随钨极在坡口两侧摆动，钨极尖在熔池的对准坡口钝边处，见图 5.20。虽使用电流小，但熔合质量可以得到保证。

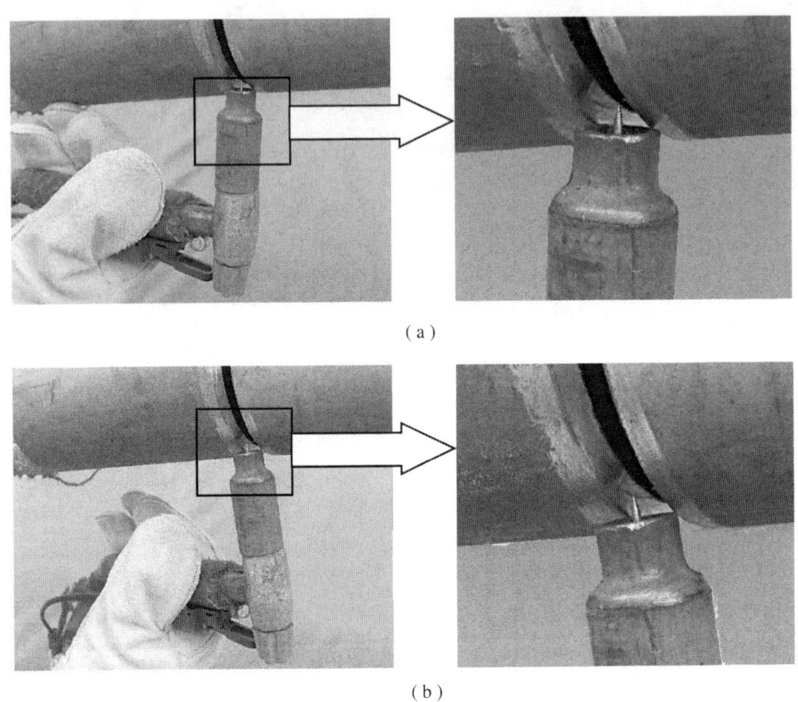

（a）

（b）

图 5.20 钨极尖在熔池的对准坡口钝边处

摇摆焊时，施焊人站在管道一侧，氩弧把与管件中心线平行。摇摆幅度为 15° 左右，摇摆幅度大小应根据坡口大小、管壁薄厚、焊丝直径、波纹大小来确定。

② 盖面焊。盖面焊时，焊丝应预放在待焊部位较近位置，一般为 3~5cm，当引燃电弧后，焊丝应迅速到达待焊部分，否则因电弧较长时间熔化仰焊部位易产生凹陷。

采用连续拖丝，也就是焊丝不停送进，使焊丝始终处于熔池的外边缘，见图 5.21。

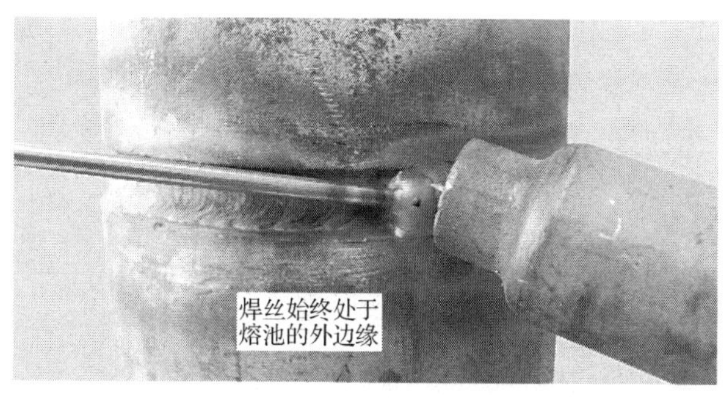

图 5.21　使焊丝始终处于熔池的外边缘

焊接时掌握送丝速度，要均匀送丝，否则会发生焊缝高低不平、波纹凌乱等问题。盖面时，应尽量少接头，不仅可以保持焊缝外观成形，又可提高焊缝接头质量。

管材水平固定和垂直固定焊的不同之处在于：垂直固定打底时，焊丝可以不用内填丝，但焊丝应放在靠近上坡口部分，防止根部产生内咬。其操作方法基本一致。

5.8　大中径厚壁管摇摆焊的打底工艺（以 ϕ133mm × 12mm 为例）

（1）使用的工具。大中径厚壁管摇摆焊使用的瓷嘴规格：长度为 60mm，小口直径为 8mm，氩弧把为 QQ—150A 即可（图 5.22）。

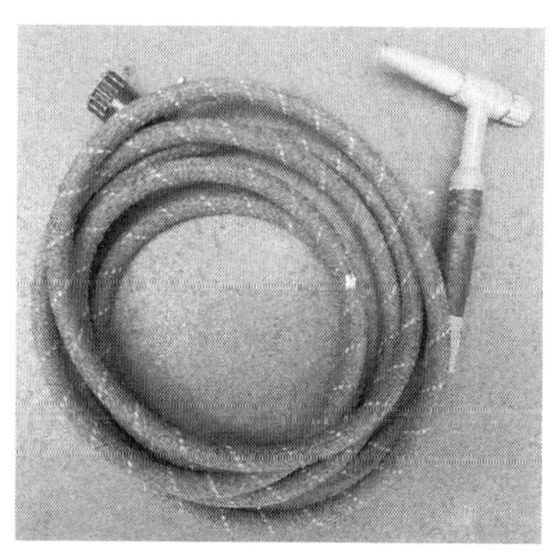

图 5.22　氩弧把

（2）适用范围。此氩弧焊摇摆工艺适用于管壁厚度大于 8mm 的管、板等。

（3）焊接规范。使用焊丝直径为 ϕ2.5mm，钨极伸出长度为 2~4mm，焊接电流为 130~150A。

（4）打底焊。

① 对于一些厚壁管能不能采取摇摆焊打底工艺，这主要看坡口角度和宽度，只要氩弧把能伸入到坡口根部，但要注意，焊前，将氩弧把瓷嘴放入坡口内后，摇动氩弧把，观察是否能正常焊接。

② 打底时，仰焊部位容易产生内凹部位采取内加丝（图 5.23），其他部位采取外加丝。当间隙较大采取连续送丝，间隙较小时采取断续送丝。

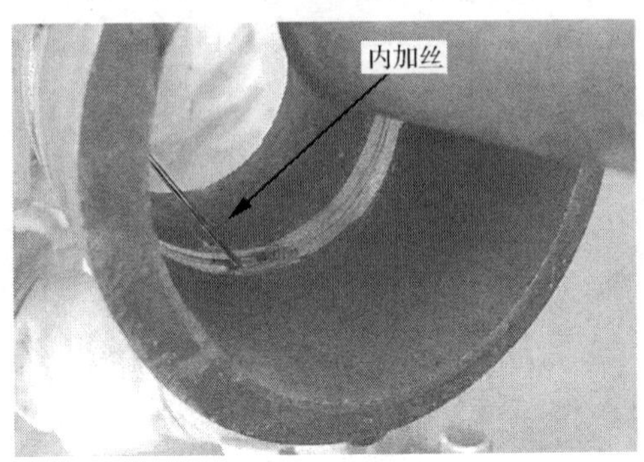

图 5.23　内加丝

③ 摇摆焊时，握把的姿势有两种：一种是氩弧把手柄与管件中心线平行（图 5.24）。

图 5.24　握把的姿势一

一种是氩弧把手柄与管件中心线垂直（图 5.25），摇摆时，氩弧把摇摆幅度一般为 30° 左右，摇摆幅度大小应根据坡口大小、管壁薄厚、焊丝直径、波纹大小来确定。

图 5.25　握把的姿势二

钨极、焊丝、熔池关系见图 5.26。

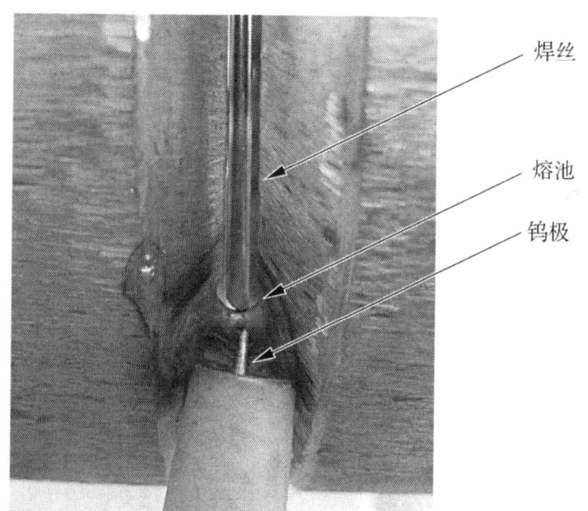

图 5.26　钨极、焊丝、熔池关系

5.9　铝管垂直固定钨极氩弧焊的操作要点

铝及铝合金的焊接性包括：熔点低，导热性好，热膨胀系数大，易氧化，给焊接带来一定的困难。焊接时存在的主要难点是：铝的氧化，易产生气孔、热裂纹和塌陷。

（1）焊前清理。

① 若坡口周围或焊丝上有油污时，可以用丙酮或氯化碳等有机溶剂

清除。焊丝去除油污后，用温度 70℃以下，15%~20% 的 NaOH 溶液浸泡 1~2min，然后清水冲洗，再用 15% 左右的硝酸浸泡 2min，浸泡完成后，用温水冲洗，然后用电吹风烘干母材坡口及焊丝的水滴（图 5.27~图 5.29）。

② 若不能碱性浸泡，也可以用锉削、刮削等手段去除母材及焊丝表面的污垢及氧化膜。实际工作中为提高效率，在内磨机的头部装上合金旋转锉（图 5.30）来清除工件表面。

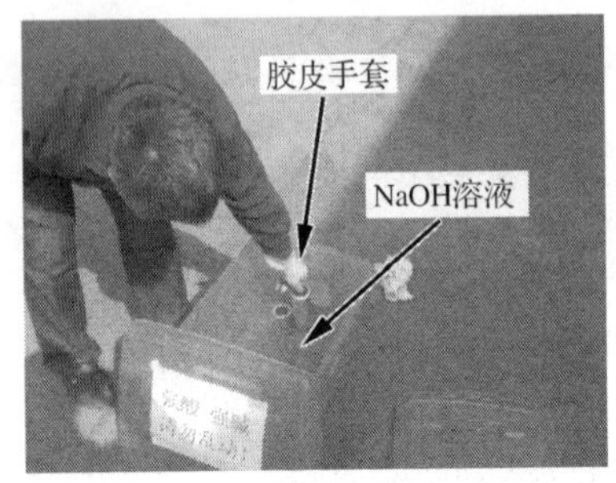

图 5.27 焊前清理一

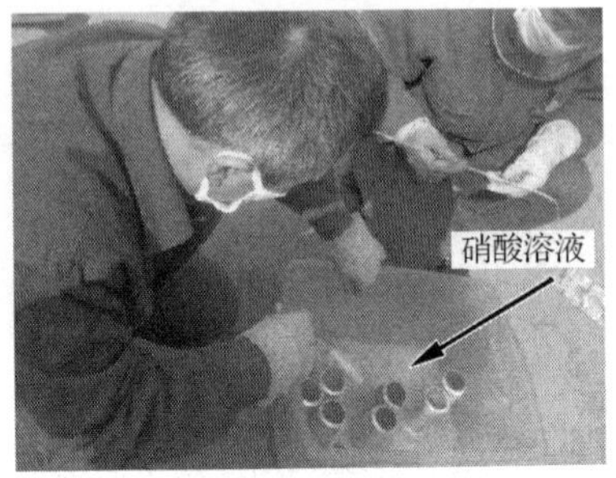

图 5.28 焊前清理二

图 5.29 焊前清理三

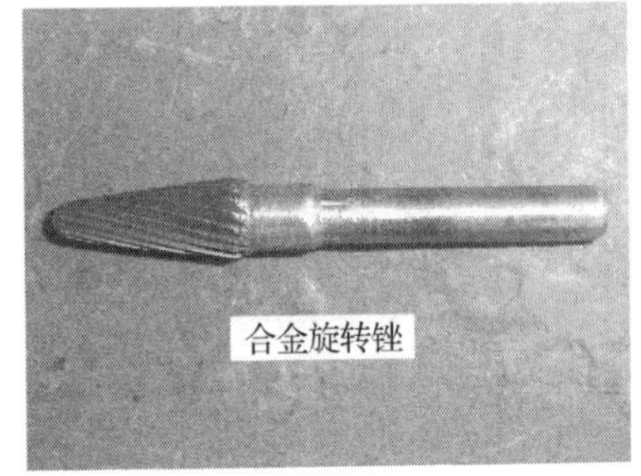

图 5.30 在内磨机的头部装上合金旋转锉

（2）电源。钨极氩弧焊时采用交流电（图 5.31）。

（3）钨极。简单的钨极加工方法是：将电流调整到 160~180A，在一块 8mm 厚度以上不锈钢板上引燃电弧，这时钨极尖会熔化成圆形即可。

（4）点口。在一般情况下，当母材开坡口时，点口不需要留间隙（图 5.32）。铝的导热性好，焊件温度易散失，点口及初始段为了提高温度，可以用钨极尖引燃电弧在待焊部位停留或来回移动，使温度升高，然后送丝焊接，若熔滴与母材不熔合，则多停留一会儿，直到熔滴与母材熔合。

图 5.31　钨极氩弧焊时采用交流电

图 5.32　点口不需留间隙

（5）铝及铝合金焊接时，易产生塌陷且不易发现（图 5.33），所以焊接时，要注意观察熔池，防止产生塌陷或未焊透。

焊接时，如果起头部位熔合良好，焊接速度要快，送丝量要大，否则易产生塌陷。

一般 6mm 以内的铝板或管采用一次成形（图 5.34）。

图 5.33　易产生塌陷

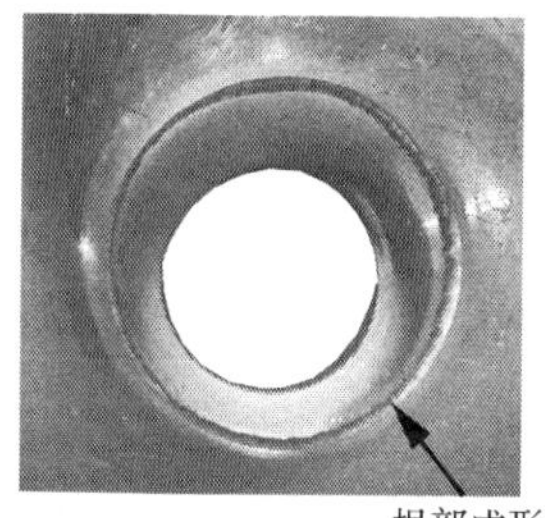

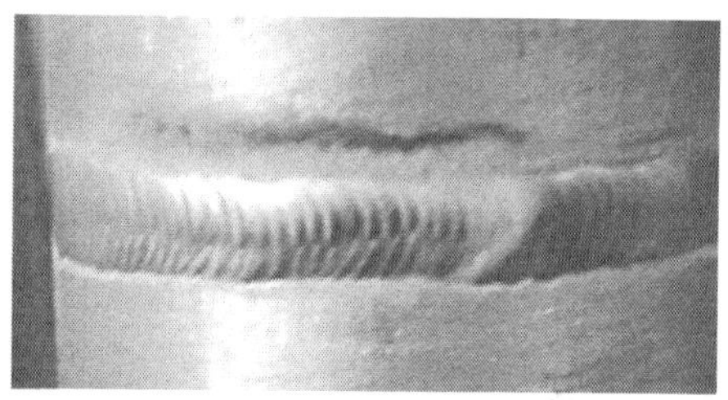

图 5.34　一般 6mm 以内的铝板或管采用一次成形

5.10　防止铸铁焊接时产生裂纹的主要措施

防止铸铁焊接时产生裂纹的主要措施如下。

（1）焊前采取热焊法、半热焊法、焊后进行保温缓冷，可以防止产生白铸铁组织，使焊件温度均匀，减小焊接应力，防止裂纹产生。

（2）加热减应区法。在焊件上选择影响焊接时自由伸缩的区域进行预热，减小应力，避免产生裂纹（图 5.35）。

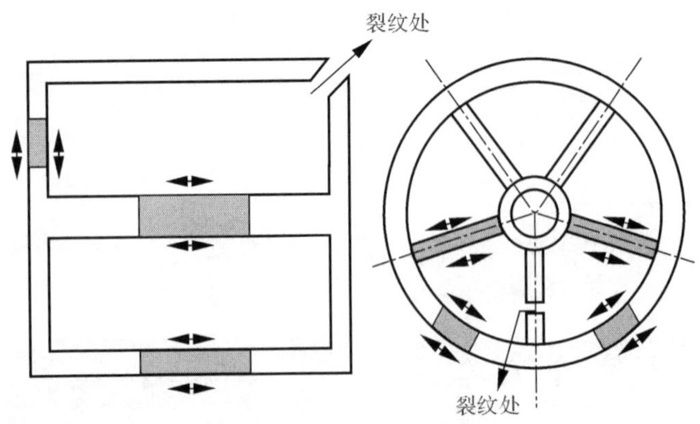

注：图中阴影部分为减应区加热部位，箭头表示伸缩方向。

图 5.35 加热减应区法

（3）调整焊缝的化学成分，选用一些非铸铁型焊接材料（E5015、E4303），使焊缝产生塑性变形，降低焊接应力，避免裂纹产生。

（4）选择合理的焊接工艺，冷焊时，选用细焊条，小电流，浅熔深，分散焊（图 5.36），断续焊，分段退焊（图 5.37）等方法。焊接过程中锤击母材，即每根焊条焊完后锤击焊缝，以减小焊接应力，防止裂纹产生。

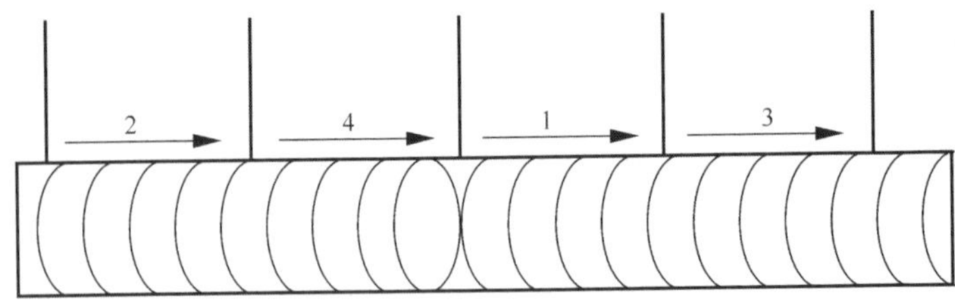

图 5.36 分散焊

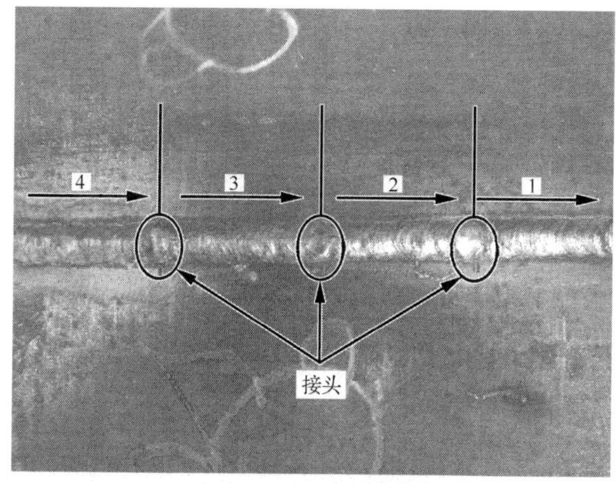

图 5.37　分段退焊

（5）栽螺钉（丝）法。焊接面积较大的铸铁件时，在焊接前焊接一些螺钉（丝），让螺钉（丝）在焊缝中承受一定压力，这样可防止焊缝与母材分离（图 5.38）。

图 5.38　栽丝法

5.11　灰铸铁的焊补方法及焊材选择

灰铸铁的焊接主要应根据铸件的大小、厚薄、复杂程度以及焊补处的缺陷情况、刚度大小、焊后的要求（致密性、强度、颜色等）来选择。其焊接方法及焊材的选择见表 5.1。

表 5.1 焊接方法及焊材的选择

焊补方法		常用焊条（丝）
焊条电弧焊	热 焊	EZC（Z248、Z208）
	半热焊	EZC（Z248）
	不预热焊	EZC（Z248）、EZNiFe-1（Z408）
	冷 焊	EZFe-2（Z100）、EZV（Z116、Z117）、EZNi-1（Z308）、EZNiFe-1（Z408）、EZNiCu-1（Z508）、E4303（J422）、E5015-G（J507）
气焊	热 焊	焊丝：RZC-1、RZC-2、RZCH 焊剂：CJ201
	加热减应区法	
	不预热焊	
钎 焊		黄铜焊丝：HsCuZn（221、222、224） 焊剂：硼砂或 1/2 硼砂 +1/2 硼酸溶液
CO_2 气体保护焊		H08Mn2SiA

5.12 灰铸铁焊条电弧焊时的预热和半预热焊法的要求

按铸件在焊接前的预热温度，可分为热焊法和半热焊法两种。

热焊法的预热温度在 600~700℃，主要用于焊后需要加工，颜色要求一致，焊补处刚性较大，易产生裂纹及结构复杂的铸件。

半热焊法的预热温度在 400℃左右。

焊接操作时，要从缺陷中心引弧，电弧逐渐移向边缘。缺陷较小时连续焊接，当缺陷较大时，逐层堆焊（图 5.39），直至填满缺陷。在焊接过程中要始终保持预热温度，焊后要用硅酸铝针刺毯（俗称保温棉）保温布进行覆盖保温。对于重要的铸件，要立即加热到 600~700℃，保温一段时间，焊后缓冷，进行消除应力处理。

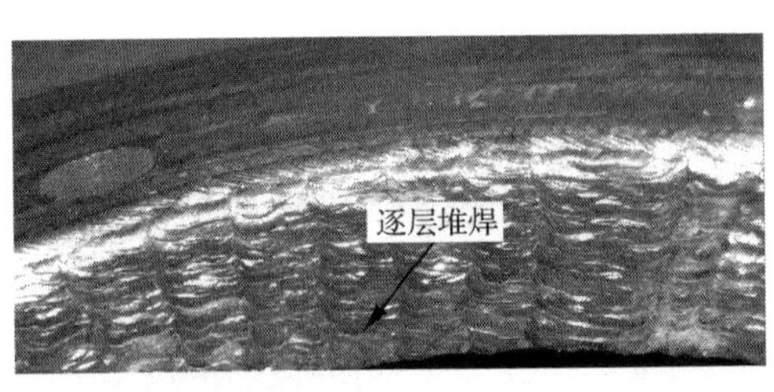

图 5.39 逐层堆焊

5.13　铸铁焊条电弧焊冷焊法的焊接工艺要求

铸铁冷焊时，一般采用异质焊接材料，例如纯镍铸铁焊条、铜铁铸铁焊条、高钒铸铁焊条、普通低碳钢焊条和不锈钢焊条等。

焊接时应注意以下事项。

（1）焊补时，采用小电流、快焊速、细焊条，以减小焊接热输入和焊接应力，防止产生裂纹。图 5.40 所示为打磨坡口的操作。

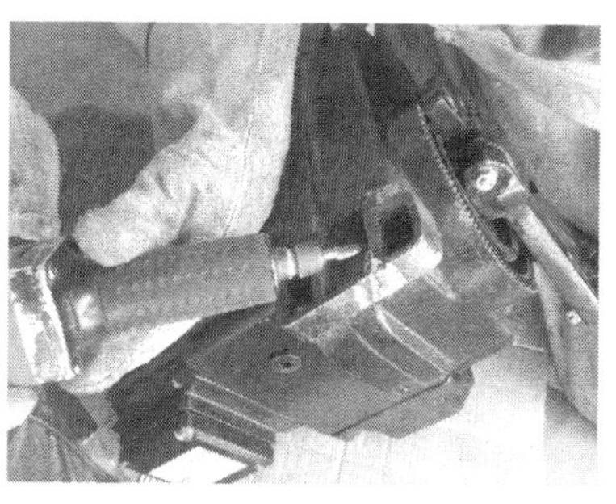

图 5.40　打磨坡口

（2）焊接时，采用短段焊、分散焊、断续焊、分段退焊法，每焊一段约 20~50mm 立即停弧，并锤击焊缝，以减小焊接应力和裂纹倾向，见图 5.41。

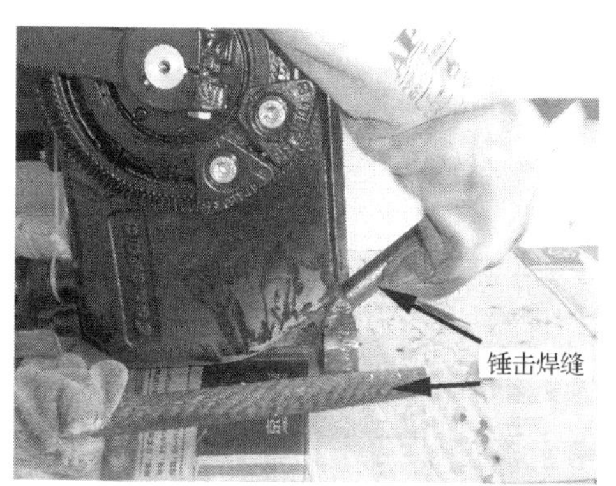

图 5.41　锤击焊缝和焊后检验尺寸

（3）当焊补处的坡口较大，焊补范围较宽时，可以分层焊，或者分层焊与栽丝焊法相结合，以提高焊缝强度。

第 6 章 异种钢焊接

6.1 异种钢焊接的工艺要求

异种钢焊接的工艺要求见表 6.1。

表 6.1 异种钢焊接的工艺要求

环境要求	施工现场温度≥5℃，有防风、避雨、防雪、防寒措施
预热要求	不易采用火焰加热，应选用中频、工频感应或远红外加热法预热
人员要求	外径≥219mm 的管道及密集管排的对接焊口，宜采用两人对称焊接，其他为单人焊接
点固要求	焊接材料、焊接工艺、焊工和预热温度等与正式焊接相同。对小直径或薄壁管应采用对口夹具或直接点固。点固后应检查焊点质量，对厚壁大直径管，若采用楔形物在坡口内临时定位焊，去除楔形物时，不应损伤母材，并将焊疤打磨清除干净 定位焊缝长度、数量、厚度应以去除对口卡具后及施焊中，定位焊缝不会因载荷（自重）或膨胀等作用而撕裂为原则
根部焊接要求	当管道承受较高压力温度时，宜选用氩弧焊打底，打底后，立即用肉眼进行宏观检查，确认无缺陷后及时进行焊接
层道要求	厚壁大直径管焊接采用多层多道焊。壁厚大于 35mm 时，氩弧打底厚度 $\delta \geq 3$mm，其他层的单层厚度≤D（焊条直径）+2mm，单道摆动宽度≤$5D$（焊条直径）
接头收弧要求	多层多道焊接头应错开，收弧时熔池应填满
被迫中断焊接要求	焊接时应连续完成，若被迫中断，应采取后热、缓冷、保温等措施防止裂纹生成，再焊时应检查无裂纹后，按工艺要求继续施焊
隐蔽焊缝要求	对需做检验的隐蔽焊缝应检验合格后，方可进行其他工序
焊口校正	不得对焊接接头进行加热校正

续表 6.1

焊口追溯	焊后应及时清理焊缝，自检合格后，在焊缝附近打上焊工本人的钢印代号或其他永久性标记

注：本书所讲异种钢为奥氏体钢、马氏体钢、贝氏体钢之间的焊接技术要求。

6.2 异种钢接头两侧合金成分差异较大时的处理方法

如果异种钢接头两侧合金成分差异较大时，一般采用以下措施。

（1）当壁厚超过12mm时，可以采取堆焊过渡层的方法，来减小接头部分的材料合金的成分差。

（2）一般要在低成分侧堆焊一种中间成分的材料形成过渡层（图6.1），过渡层的厚度应不小于4mm。

（3）堆焊时采用的焊接方法有氩弧焊、焊条电弧焊、CO_2气体保护焊等。

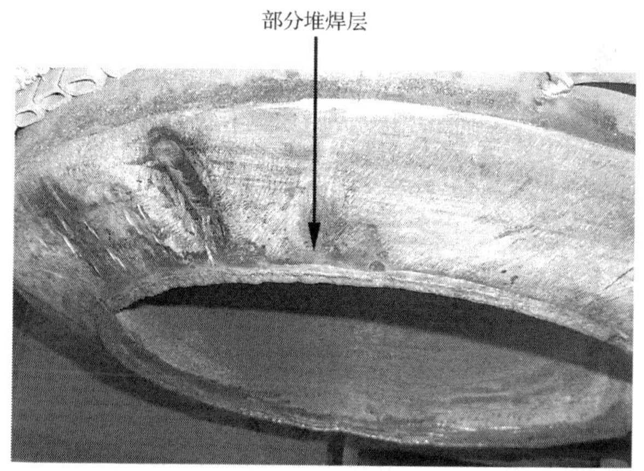

图6.1 堆焊过渡层

6.3 新型耐热钢管道焊接施工工艺流程

新型耐热钢管道焊接施工工艺流程见图6.2。

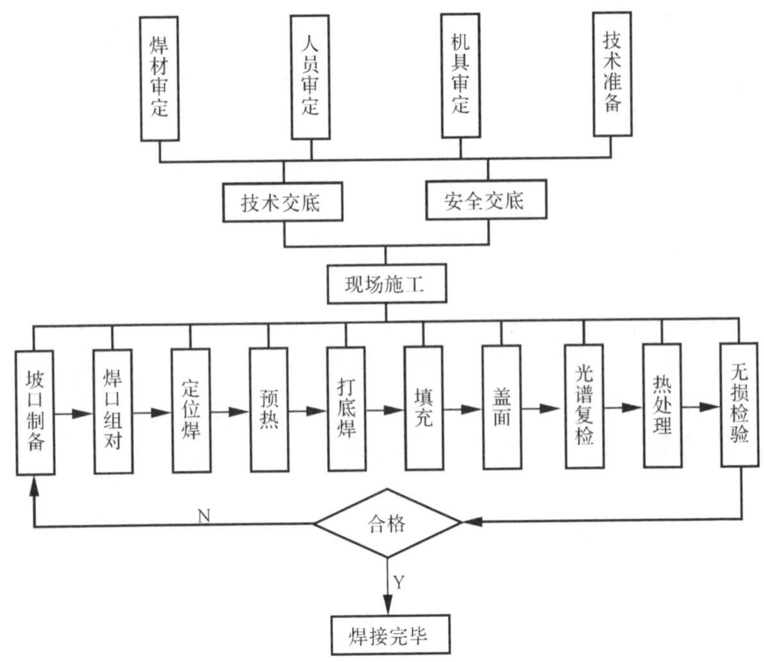

图 6.2 新型耐热钢管道焊接施工工艺流程

6.4 T91/T92 焊接工艺的要点

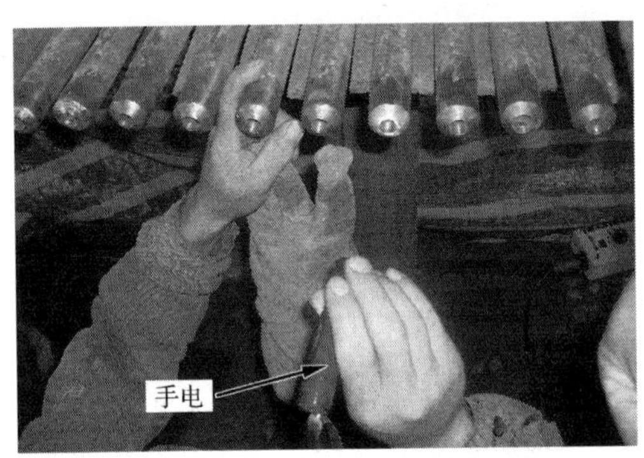

图 6.3 焊前检查

T91/T92 焊接工艺的要点如下。

（1）焊前检查坡口角度，坡口内外侧边缘 20mm 范围内有无裂纹、重皮、坡口破损，以及毛刺等缺陷（图 6.3）。管子管口端面要与管道中心线垂直。其偏斜度 Δf 的允许范围见表 6.2。

表 6.2　管子端面与管中心线偏斜度的要求

图　例	管子外径 /mm	Δf/mm
	≤60	0.5
	＞60	1

（2）焊前清理。焊件组对前应将坡口表面及附近每侧（10~15mm）的油漆、污垢、锈迹等清理干净，直至有金属光泽。

（3）焊口组对。

① 焊口组对时，应保证管子的两侧中心线在同一直线上。若间隙过大，要设法修整到规定尺寸，严禁强力对口、热胀法对口或在间隙内填加塞物。

② 焊件组对时一般应做到内壁（根部）齐平，如有错口，其局部错口值不超过壁厚的 10%，且不大于 1mm。

③ 焊件组对时，利用钢板尺测量焊口弯折度，焊接过程中注意监护，防止角变形超标，焊口弯折度不大于 1/100。

（4）焊口背部充氩气。

对于一些合金含量高的焊口，若打底时背部易出现氧化现象，这种钢材打底时就需要充氩气保护。充氩气方法一：通过焊口间隙处充氩；方法二：从管道一侧端口充氩气，见图 6.4。

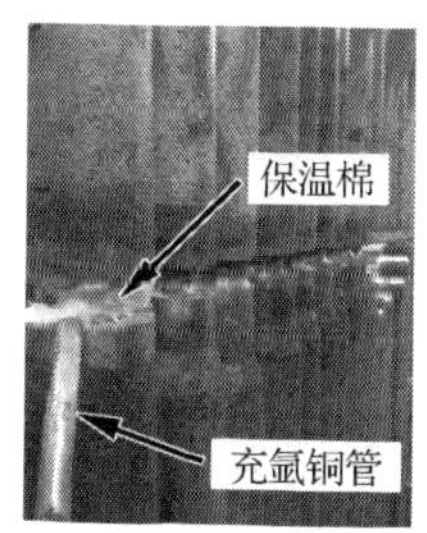

充氩方法一

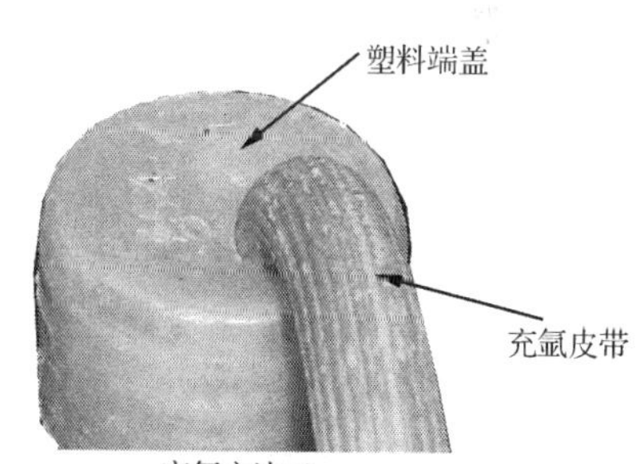

充氩方法二

图 6.4　充氩方法

焊口点焊前除点固处外，其余部分应用高温胶带或铝箔胶粘带、保温棉等对坡口密封进行充氩，使氩气达到饱和状态。

采用从间隙处充氩时，用可溶性纸将坡口两侧 50~100mm 处堵塞，若采用从管子一侧充氩气时，只要堵住管子坡口另一侧即可。充氩气一般为 2~5min，等管道内空气被置换出，将打火机点燃，靠近焊缝间隙，看到火苗有明显晃动时，说明氩气已通过管道。

（5）定位焊。

定位焊时也应充氩，定位焊焊点的数量为 1~2 点。水平固定时，在两边爬坡或 12 点位置，垂直固定时，在 6 点或 12 点位置。定位焊使用的焊材、工艺等技术要求与正式焊相同。

（6）焊前预热。

T91/T92 焊口预热温度为 150~250℃。

（7）打底焊。

氩弧焊打底厚度为 3mm，打底时，要多利用手电检查根部质量，保证根部熔合良好，且无内凹、生丝（未熔化的焊丝）、熔合不良等现象。封头时，关闭充氩气阀，否则接头处会产生内凹。需充氩气的钢材，打底焊是关键（图 6.5）。

图 6.5　打底照片

（8）填充盖面。

填充盖面的操作要领与碳素钢的相同。它与碳素钢的区别是，铁水发黏，运条时摆动动作要慢，要看到坡口两个棱边被铁水覆盖后方可向前移动。盖面外观见图 6.6。

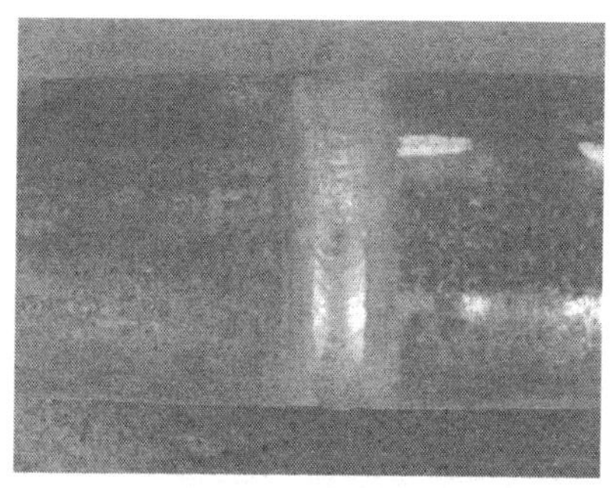

图 6.6　盖面照片

6.5　P91/P92 管道的焊接工艺要点

P91/P92 管道的焊接工艺要点如下。

P91/P92 钢材为大径管，P91 主要用于 30MPa /580℃，压力位的蒸汽管道，P92 主要用于 34MPa /620℃的蒸汽管道。

（1）坡口制备。

P91/P92 属于高合金耐热钢，其淬硬倾向大，因此坡口制备宜采用机械加工的方法，如采用热加工，切口部分应留有机械加工余量，除去淬硬层及过热金属。

管道的管口端面应与管道中心线垂直。其偏斜度 Δf 允许范围见表 6.3。

表 6.3　管子端面与管中心线偏斜度的要求

图　例	管子外径 /mm	Δf/mm
角尺 管子 Δf	≤60	0.5
	＞60	1

（2）焊口组对。

焊口组对时，应保证管子的两侧中心线在同一条直线上，严禁强力对口和在间隙内添加塞物，更不允许用热胀法对口。

对口时，一般应做到内外壁齐平，局部错口值 $\Delta S \leqslant 0.1\delta$mm，且不大于4mm。

焊口组对时，焊口弯折度不大于3/200，焊接过程中注意监护，防止角变形超标。

（3）背部充氩。

焊口组对前，用可溶性纸（报纸、麻纸等）将坡口两侧封堵，封堵距离为200~300mm。

P91/P92管道焊接时，为防止根部氧化，焊口背部必须充氩气，坡口用保温棉堵塞，氩气流量为10~15L/min，一般充氩气从间隙处进行。

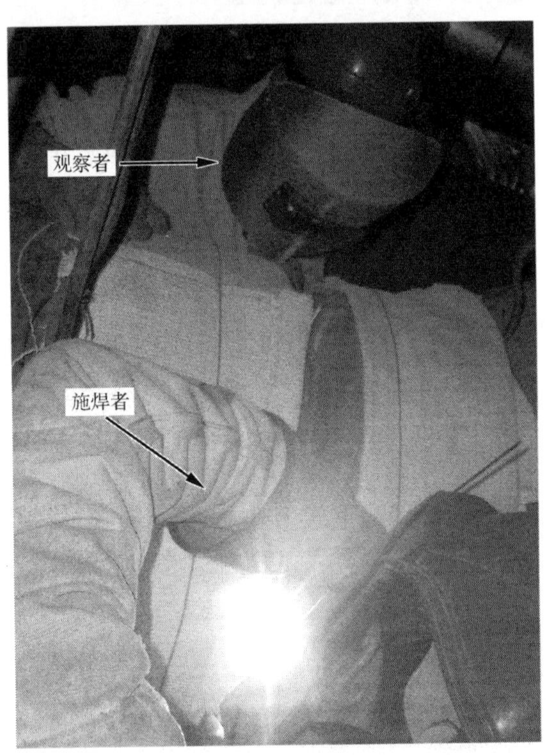

图6.7 焊接时需要一人焊接，一人观察

（4）定位焊。

水平固定焊口，定位卡块位于时钟1点、4点、8点、11点的位置。垂直固定焊口的定位焊点分别将焊口分为4等份即可。定位卡块用相同材质的焊条、焊丝点固。

因P91/P92钢材氩弧焊打底时，铁水黏稠，极易出现内凹、接头不良、未焊透等现象，焊接时需要一人焊接，一人观察，发现问题及时处理，保证打底质量（图6.7）。

为保证充氩效果，坡口间隙处用保温棉密封，一边焊一边用焊丝将保温棉扒掉（图 6.8）。

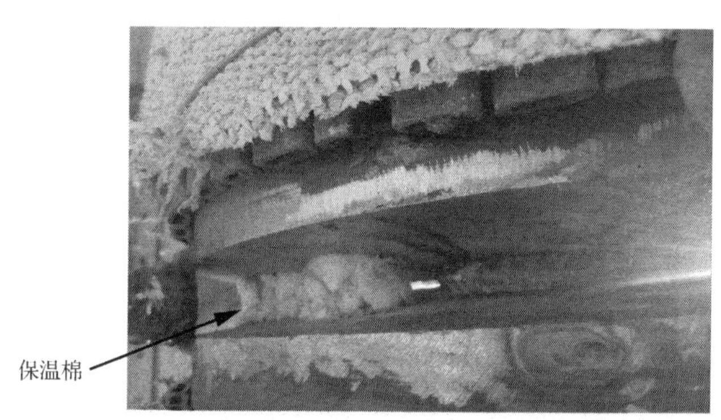

图 6.8　一边焊一边用焊丝将保温棉扒掉

打底焊的厚度应大于 3mm，为防止根部电弧焊时烧穿，影响根部质量，第一层填充用氩弧焊，第二层及以后填充为焊条电弧焊。

打底时，送丝一定要均匀，收弧时，采取衰减措施或者将电弧引到坡口边，防止产生弧坑裂纹。

（5）填充盖面。

① 手工电弧焊使用的焊条要按要求烘焙，并装入焊条保温桶，随用随取。

② 多层多道焊时，应进行逐层检查，经自检合格后方可焊接次层焊缝。所焊焊道的厚度不得超过焊条直径，宽度不得超过焊条直径的 4 倍。

③ 层道间需要进行仔细清理，可用锋钢锯条或角向砂轮机进行清理，为防止裂纹生成，不可用榔头过重地敲击焊缝。

④ 焊条电弧焊的参数要选择适当，参数过小铁水流动性差，焊缝成形不良；参数过大会增加焊接热输入，使焊缝层间温度升高。

（6）盖面焊时，水平固定焊口采用退火焊道，见图 6.9，这样相当于后一道对前几道进行退火处理。

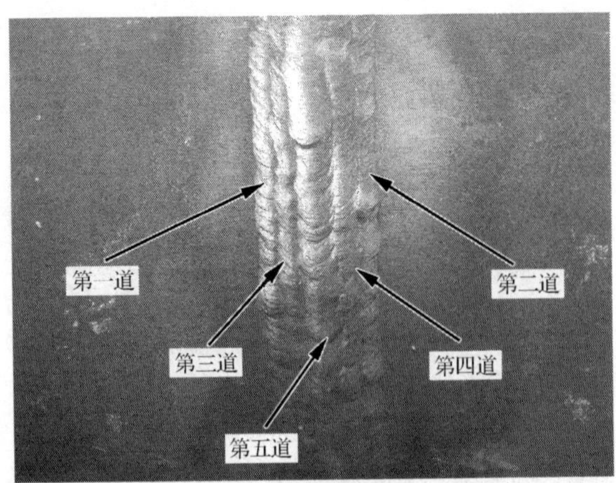

图 6.9 水平固定焊口采用退火焊道

科学出版社

科龙图书读者意见反馈表

书　　名 ______________________________

个人资料

姓　　名：__________ 年　　龄：__________ 联系电话：__________

专　　业：__________ 学　　历：__________ 所从事行业：__________

通信地址：______________________________ 邮　　编：__________

E-mail：______________________________

宝贵意见

◆ 您能接受的此类图书的定价

20元以内□　30元以内□　50元以内□　100元以内□　均可接受□

◆ 您购本书的主要原因有(可多选)

学习参考□　教材□　业务需要□　其他__________

◆ 您认为本书需要改进的地方(或者您未来的需要)

____

____

◆ 您读过的好书(或者对您有帮助的图书)

____

____

◆ 您希望看到哪些方面的新图书

____

____

◆ 您对我社的其他建议

____

____

谢谢您关注本书！您的建议和意见将成为我们进一步提高工作的重要参考。我社承诺对读者信息予以保密，仅用于图书质量改进和向读者快递新书信息工作。对于已经购买我社图书并回执本“科龙图书读者意见反馈表”的读者，我们将为您建立服务档案，并定期给您发送我社的出版资讯或目录；同时将定期抽取幸运读者，赠送我社出版的新书。如果您发现本书的内容有个别错误或纰漏，烦请另附勘误表。

回执地址：北京市朝阳区华严北里11号楼3层

科学出版社东方科龙图文有限公司电工电子编辑部(收)

邮编：100029